黔东南从江宰便铜铅锌多金属成矿作用与找矿预测

王劲松　周家喜　刘金海　马思根
张应文　何明勤　龙宣霖　金少荣　著

科学出版社

北　京

内 容 简 介

　　黔东南从江宰便铜铅锌多金属成矿区位于江南古陆西南端,该区构造岩浆发育,成矿条件十分有利,但基础研究非常薄弱。本书以研究区内具有代表性和勘查程度相对较高的地虎—九星铜金多金属矿床、那哥铜铅多金属矿床和友能铅锌多金属矿床为例,通过系统的矿床学、岩石学、矿床和岩石地球化学、成岩成矿年代学等综合研究,并率先借助Cu同位素来探讨多金属成矿作用和找矿预测方向。加之对新发现的具有找矿意义的隐伏花岗斑岩和电气石岩的岩石地球化学研究,对该区矿床成因、成矿规律及找矿预测均有重要的指导和借鉴意义。

　　本书可供矿床学、岩石学、地球化学、成矿预测等相关专业的高等院校师生、地质工作者和相关科研人员阅读和参考。

图书在版编目(CIP)数据

黔东南从江宰便铜铅锌多金属成矿作用与找矿预测 / 王劲松等著. -- 北京: 科学出版社,2014.3
　(矿床地质及开发工程丛书)
　ISBN 978-7-03-040242-4

Ⅰ.黔… Ⅱ.①王… Ⅲ.①铜矿床–成矿作用–从江县②铅矿床–成矿作用–从江县③锌矿床–成矿作用–从江县④铜矿床–找矿–预测–从江县⑤铅矿床–找矿–预测–从江县⑥锌矿床–找矿–预测–从江县 Ⅳ.①P618.401

中国版本图书馆 CIP 数据核字 (2014) 第 050421 号

责任编辑:韩卫军 / 责任校对:唐静仪
责任印制:余少力 / 封面设计:墨创文化

科 学 出 版 社 出版

北京东黄城根北街16号
邮政编码:100717
http://www.sciencep.com

四川煤田地质制图印刷厂印刷
科学出版社发行　各地新华书店经销

*

2014 年 3 月第 一 版　开本:787×1092 1/16
2014 年 3 月第一次印刷　印张:13 1/4
字数:300 千字

定价: 83.00 元

本书由以下项目联合资助

· 国家重点基础研究发展计划（973 计划）项目（2014CB440905，2007CB411402）

· 中国科学院地球化学研究所与贵州省地质矿产勘查开发局102 地质大队合作科研项目（2009~2013）

· 中国科学院矿床地球化学国家重点实验室开放基金项目（2011001，2009014）

· 贵州省科学技术基金项目（黔科合 J 字［2012］2334 号）

前　言

黔东南从江宰便铜铅锌多金属成矿区位于贵州省从江县西南部，属于江南古陆西南段金铜铅锌多金属成矿带的重要组成部分。研究区内发育多个脉状、透镜状或似层状金铜铅锌多金属矿床(点)，但只见"星星"不见"月亮"。该区地质矿产总体工作程度不高，除地调部门开展过1:20万和1:5万区测外，系统的综合研究尚未开展，但地虎铜金矿早在20世纪70年代初已开始开采。宰便铜铅锌多金属成矿区内构造-岩浆事件十分发育，具有有利的成矿地质背景和形成大型-超大型矿床的地质条件。加之当地属于经济欠发达地区，故有必要对区内代表性多金属矿床成因进行重新审视，开展系统的区域地质-构造、矿床地质-地球化学、成岩成矿作用等综合研究，以便科学合理地评价区域成矿潜力。

基于上述考虑，本书在对宰便铜铅锌多金属成矿区内多个矿床普-详查及勘探的基础上，选择地虎—九星铜金多金属矿床、那哥铜铅多金属矿床和友能铅锌多金属矿床作为典型矿床，进行深度的矿床地质-地球化学剖析，并对基性侵入岩(宰便辉绿岩株和那哥—加榜辉绿岩床)和勘查过程中新发现的那哥—加榜隐伏似斑状花岗岩及大坪层状电气石岩，开展系统的岩石地球化学及成岩年代学研究。在全面深入的成岩成矿机理认识基础上，进行科学合理的成矿规律总结归纳，依据遥感地质解译成果筛选有利的成矿远景区，开展汞气和土壤地球化学测量，进一步缩小找矿靶区，进行地球物理测量定位预测可供工程验证的找矿有利靶区。取得的阶段成果和主要认识如下：

1)研究区位于江南古陆西南端，出露地层主要为中元古界四堡群、新元古界下江群和第四系。中、新元古界主要由沉积建造和火山建造组成，富集金银铜铅锌等多种成矿元素，是区域重要的矿源层和含矿建造。区内构造形迹多样，主构造方位以近南北向和北西—北东向为主，与区域构造不协调，但明显控制着区内多金属矿床(点)的分布，是重要的导-容矿构造。区内新元古代岩浆十分发育，从辉绿—辉长岩至花岗质岩浆岩均有分布，其中辉绿岩与区内铜矿化具有密切的成因联系。

2)宰便铜铅锌多金属矿床多产于新元古界下江群中，多受控于层间滑脱构造等张性断裂中，矿化元素虽呈多金属共伴生组合，但不同矿床(点)主矿化元素组合呈现多样性，如地虎—九星以铜金组合为主，而那哥以铜铅组合为主，显示成矿条件的差异性或矿化元素的分带性。

3)地虎—九星铜金多金属矿床成矿期石英流体包裹体类型较单一，主要为富液相和纯液相及富气相和纯气相四种类型，成矿流体液相成分以 Na^+-K^+-Ca^{2+}-Mg^{2+}-Cl^--F^-为主，气相成分以 CO_2、N_2 和 CH_4 为主，含少量的 H_2。流体包裹体均一温度为 $82 \sim 417℃$，多数集中在 $180 \sim 280℃$，存在 $180 \sim 200℃$ 和 $240 \sim 280℃$ 两个峰值区间。流体包裹体盐度为 4.49 ~ 22.58wt.%NaCl，集中分布区间为 11 ~ 15wt.%NaCl，估算的成矿流体密度为 0.795 ~ 1.008g/cm³，估算的成矿压力为 48.2 ~ 320bar，换算显示成矿深度为 182 ~ 1210m。那哥铜铅多金属矿床流体包裹体类型更单一，均为气液两相，流体包裹体均一温度为 60 ~ 220℃，峰值区间为 160 ~ 180℃，盐度为 4 ~ 22wt.%NaCl，峰值区间为 10 ~ 16wt.%NaCl，流体密度为 0.91 ~ 1.08g/cm³，可划分为四个不同阶段，并具有连续演化特征。那哥铜铅矿床与地虎—九星铜金矿床相比，前者成矿温度略低，但二者成矿盐度和流体密度相当，暗示它们可能具有某种内在的成因联系。

4）地虎—九星铜金多金属矿床矿石、硫化物和赋矿围岩微量和稀土元素含量及参数对比显示，Cu-Mo，Zn-Cd-Pb 和 Co-As-In-Ag-Ni 呈组合特征，赋矿围岩中部分成矿元素具有较高的背景值，矿石和硫化物与赋矿围岩具有相似的稀土配分模式，这些暗示成矿流体中部分成矿金属和稀土元素（rare earth element，REE）可能是继承围岩。那哥铜铅多金属矿床围岩和构造岩微量元素特征显示，成矿流体中 Pb-Zn 可能与赋矿地层岩石有关，而 Cu 可能与那哥—加榜辉绿岩有关。那哥矿床矿石、赋矿围岩、辉绿岩和花岗质岩石稀土含量及参数对比显示，成矿流体中的 REE 具有继承围岩的特征。

5）地虎—九星铜金多金属矿床成矿期石英流体包裹体 H 和 O 同位素组成显示（δD_{SMOW} = -41.3‰ ~ -17.0‰和 $\delta^{18}O_{H2O}$ = +5.3‰ ~ +11.3‰），成矿流体中的 H_2O 主要为变质水，并受到大气降水的影响。此外，地虎矿段成矿流体中的水更贴近变质水，而九星矿段成矿流体中的水显示有大气降水的加入，暗示成矿流体可能由地虎向九星演化，在成矿流体演化过程中大气降水逐渐加入。那哥铜铅多金属矿床成矿期石英流体包裹体 H 和 O 同位素显示（δD_{SMOW} = -60.7‰ ~ -44.4‰和 $\delta^{18}O_{H2O}$ = +1.9‰ ~ +3.0‰），成矿流体中的水为变质水和大气降水的混合水，与地虎—九星矿床相比，更靠近大气降水线。

6）地虎—九星铜金多金属矿床硫化物硫同位素组成分析结果显示，硫化物富集重硫同位素，其 $\delta^{34}S$ 值变化较宽，为 +1.0‰ ~ +18.2‰，均值 +7.7‰，极差 17.2‰，且具有多峰值塔式分布特征，暗示地虎—九星铜金属多金属矿床硫化物沉淀具有多期多阶段性。$\delta^{34}S_{硫化物}$值明显与在 0‰值附近的幔源硫不同，与寒武纪以来的海水或海相硫酸盐 $\delta^{34}S_{CDT}$值（+20‰ ~ +35‰）也不同，表明成矿流体中硫的来源可能为岩浆硫源与海水硫源的混合。那哥铜铅多金属矿床硫化物 $\delta^{34}S$ 值为 -2.7‰ ~ +2.8‰，与慢源岩浆 $\delta^{34}S_{CDT}$值（0±3‰）相似，表明那哥矿床成矿流体中的硫具有深源岩浆硫特征。

7）地虎—九星铜金多金属矿床矿石和硫化物铅同位素组成比较稳定，且相似，均位于上地壳铅演化曲线附近，暗示地虎—九星矿床成矿流体中铅金属主要来源于上地壳物质，即赋矿地层岩石。那哥铜铅多金属矿床矿石、硫化物、辉绿岩和赋矿围岩铅同位素组成相似，且矿石和硫化物铅同位素组成位于围岩和辉绿岩之间，处于上地壳和造山带铅演化曲线之间，暗示那哥矿床成矿流体中的铅金属可能部分来源于赋矿地层岩石，部分来源于辉绿岩。友能铅锌多金属矿床全部矿石样品在 Δβ-Δγ 图解中都落入上地壳源铅区间内，且矿石全岩和浅变质沉积岩之间有部分重叠，暗示赋矿地层岩石为成矿提供了部分物质。

8）地虎—九星铜金多金属矿床黄铜矿 Cu 同位素组成相对于 NBS976 标准介于 $-0.702‰ \sim +0.528‰$，与基性岩及岩浆矿床中黄铜矿铜同位素组成相似，暗示地虎—九星矿床成矿流体中铜金属来源可能与辉绿岩有关。那哥铜铅多金属矿床黄铜矿 $\delta^{65}Cu_{NBS976}$ 值变化为 $-0.09‰ \sim +0.33‰$，落入到地虎—九星矿床黄铜矿铜同位素组成范围内，暗示其铜来源也可能与基性岩浆岩有关。此外，那哥铜铅多金属矿床中早期黄铜矿 $\delta^{65}Cu_{NBS}$ 值为 $-0.09‰ \sim +0.13‰$，中期黄铜矿 $^{65}Cu_{NBS}$ 值为 $+0.17‰ \sim +0.18‰$，晚期黄铜矿 $\delta^{65}Cu_{NBS}$ 值为 $+0.33‰$，表现出结晶矿物从早到晚，逐步富重铜同位素，是由于流体出溶过程轻铜同位素优先进入流体相的结果。铜同位素地球化学研究表明，利用铜同位素有望揭示成矿作用过程和指示可能的成矿有利靶区。

9）宰便辉绿岩侵位结晶年龄约为 848Ma，那哥—加榜辉绿岩侵位结晶年龄约为 832Ma。它们均属于钙碱性玄武质岩系，起源于过渡型地幔，并受到地壳物质的混染，形成于板内拉张环境，可能属于导致新元古代 Rodinia 超大陆裂解的地幔柱活动的产物。那哥隐伏似斑状花岗岩侵位结晶年龄约为 852Ma，属于过铝质系列，岩石成分与摩天岭、秀塘、南加、刚边等地出露的花岗质岩浆相似，可能属于同构造热事件的产物，该事件可能为地幔柱。

10）大坪电气石岩属于黑电气石-镁电气石固溶体系列，与世界各地典型喷气成因电气石岩具有相似的岩石地球化学特征，可能与本区过铝花岗质岩石具有密切的成因联系，是重要的喷气矿床找矿标志。

11）铜铅锌多金属矿床地质-地球化学资料显示，它们的成因可能属于中-低温变质热液型。成矿模式简述为大规模构造-岩浆热事件诱发区域发生变质作用，形成的变质流体在运移过程中活化或萃取基性岩（辉绿岩）中的部分 Cu 和 H_2S 等，并萃取或活化中-新元古代沉积火山建造岩石中的部分 Au-Ag-Pb-Zn 和 SO_4^{2-} 等，沿区域断裂构造运移到层间滑脱带等张性有利成矿部位，在成矿物理化学条件改变或地球化学障的作用下，金属硫化物沉淀，并在成矿后经历多期热事件叠加，形成现今的具有工业价值的脉状或透镜（似层）状矿体。

12）在成矿模式和成矿规律总结的基础上，依据遥感地质解译成果优选有利地矿远景区，开展汞气和土壤地球化学测量，进一步缩小找矿靶区。在优选的找矿靶区内，进行地球物理异常定位预测。借助构建的立体成矿与找矿模型，圈定了多个可供工程验证的成矿有利靶区，部分靶区后经钻孔和坑道验证，发现多个铜铅锌矿（化）体，有望新增铜＋铅＋锌金属资源量大于 5 万 t。

本书为中国科学院地球化学研究所、贵州省地质矿产勘查开发局 102 地质大队和贵州大学各自承担和合作的勘查与科研项目综合研究的成果，是广大地质工作者辛勤劳动的结晶。在这些项目实施过程中，得到中科院地球化学研究所胡瑞忠研究员、黄智龙研究员、温汉捷研究员、周国富研究员、樊海峰、沈能平、严再飞、包广萍等科技人员，102 地质大队王聪大队长、陈志明副总工程师、杨旭、刘永坤、杨婕、陈远兴等工程技术人员，昆明理工大学高建国教授，贵州大学杜定全教授和中国地质大学（武汉）张均、李方林教授等学者的支持和帮助，在此表示深深的谢意！

专著撰写分工是：前言，王劲松、周家喜；第一章，王劲松、周家喜；第二章，王劲松、马思根、刘金海；第三章，马思根、王劲松、何明勤、金少荣；第四章，王劲松、何明勤、马思根、周家喜；第五章，周家喜、马思根、王劲松、刘金海；第六章，周家喜、刘金海、王劲松、何明勤、金少荣；第七章，王劲松、刘金海、龙宣霖、张应文、何明勤；第八章，周家喜、王劲松、何明勤、金少荣。全书由王劲松、周家喜统一定稿完成。

由于宰便铜铅锌多金属成矿区工作基础薄弱，矿床规模小，地质条件复杂，所实施的多个项目侧重点不同，导致研究对象分散，本书中所取得的成果和认识带有局限性，加之著者水平有限，书中错漏难免，敬请读者批评指正！

王劲松　贵州地质矿产勘查开发局 102 地质大队
周家喜　中国科学院地球化学研究所
2013 年 8 月

目　录

第一章　区域地质 ………………………………………………………………… 1

  第一节　区域地层 ……………………………………………………………… 2

  第二节　区域构造 ……………………………………………………………… 6

  第三节　区域岩浆岩 …………………………………………………………… 8

  第四节　区域矿产 ……………………………………………………………… 9

第二章　典型矿床地质 …………………………………………………………… 11

  第一节　地虎—九星铜金多金属矿床 ……………………………………… 11

  第二节　那哥铜铅多金属矿床 ……………………………………………… 29

  第三节　友能铅锌多金属矿床（点） ………………………………………… 40

第三章　成矿流体地球化学 ……………………………………………………… 43

  第一节　地虎—九星铜金多金属矿床 ……………………………………… 43

  第二节　那哥铜铅多金属矿床 ……………………………………………… 51

第四章　微量和稀土元素地球化学 ……………………………………………… 58

  第一节　地虎—九星铜金多金属矿床 ……………………………………… 58

  第二节　那哥铜铅多金属矿床 ……………………………………………… 74

第五章　同位素地球化学 ………………………………………………………… 83

  第一节　地虎—九星铜金多金属矿床 ……………………………………… 83

  第二节　那哥铜铅多金属矿床 ……………………………………………… 92

  第三节　友能铅锌多金属矿床（点） ………………………………………… 100

第六章　岩石地球化学及年代学 ………………………………………………… 104

  第一节　样品来源与分析方法 ……………………………………………… 104

  第二节　宰便辉绿岩 ………………………………………………………… 108

  第三节　那哥—加榜辉绿岩 ………………………………………………… 126

  第四节　那哥似斑状花岗岩 ………………………………………………… 136

  第五节　大坪电气石岩 ……………………………………………………… 145

  第六节　小结 ………………………………………………………………… 151

第七章　矿床成因及成矿预测 ·· 152
　第一节　矿床成因信息 ··· 152
　第二节　矿床成因模型 ··· 154
　第三节　找矿模型和找矿方向 ··· 155
　第四节　小结 ··· 190

第八章　主要认识及存在的问题 ·· 192
　第一节　主要认识 ··· 192
　第二节　存在的问题 ··· 193

参考文献 ··· 194

第一章　区　域　地　质

宰便铜铅锌多金属成矿区位于贵州省黔东南苗族侗族自治州从江县境内，大地构造位置处于扬子陆块与华夏陆块过渡地带，即江南古陆西南缘（曾昭光等，2003；杨德智等，2010a；王劲松等，2012；马思根，2013）。江南古陆属于扬子陆块和华夏陆块过渡拼贴地带（周新民等，1993；贵州省地质调查院，2003），是我国重要的金银铜铅锌多金属成矿带。区域地球物理资料显示，江南古陆为古隆起（侯光久，1998）。

根据1：5万区测资料（贵州省地质调查院，2003），研究区内出露地层主要为中元古界四堡群、新元古界下江群和第四系。四堡群与下江群呈角度不整合接触，由于受后期构造作用影响，多数地段表现为断层接触（贵州省地质调查院，2003）。四堡群主要分布在归江—大弄一带，为复理石建造和火山岩建造，主要由一套砂泥质岩和基性火山岩组成。下江群为磨拉石建造和复理石建造及火山岩建造，由砾岩、砂泥质岩、碳质泥岩、碳酸盐岩及基性火山岩组成，分布在洋洞—宰便—平正一带。第四系为残坡积物、洪积物，分布于河谷两侧及山麓缓坡地带，与下伏下江群或四堡群呈角度不整合接触。

在地质历史时期中，研究区构造发展经历了武陵、雪峰、加里东、华力西—印支和燕山—喜马拉雅等五个阶段（贵州省地质矿产局，1987；贵州省地质调查院，2003）。构造运动性质既有激烈的水平运动，又有和缓的升降运动。雪峰运动奠定了扬子地块的基底，广西运动使黔东南地区相继褶皱隆起而与其西北广大地区的扬子地块融为一体，之后又经受了后期的裂陷作用和俯冲型构造运动。几次造山运动的应力场在变化多端的边界条件下，形成了挤压型、直扭型和旋转型等构造型式，形成了一幅复杂的构造应变图像（冯学仕等，2004；张家勇，2009）。研究区构造体系属于天锦黎断褶带，构造线以NEE向为主，断层-褶皱十分发育，断层具有逆冲兼走滑特征，褶皱较宽缓。与主构造线斜交的NNE-NE向断裂构造，形成网状构造，局部地段发育韧性-脆性剪切变形（冯学仕等，2004；刘志臣等，2010）。

江南古陆分布区域范围内，大面积出露新元古代火成岩，尤其是其西南端的桂北和黔东南地区广泛出露新元古代长英质岩体（约占新元古代火成岩出露面积的90%），规模最大的为摩天岭（桂北称为三防岩体，形成年龄约825Ma：李献华，1999；曾雯等，2005；樊俊雷，2009）和元宝山花岗岩体（形成年龄约824Ma：李献华，1999），以及与其空间相伴的镁铁质-超镁铁质岩体（约占新元古代火成岩出露面积的8%），如元宝山宝坛地区镁铁质-超镁铁质岩体（形成年龄约825Ma：葛文春等，2001）和从江宰便—那哥—加榜辉绿岩体（形成年龄分别为约848Ma、832Ma和788Ma：曾雯等，2005；王劲松等，2012；本书第六章）。

第一节 区域地层

一、四堡群

宰便地区出露的四堡群包括文通岩组和唐柳岩组，分布面积约110km²，厚度大于5000m（未露底）。

1. 文通岩组（Pt₂w）

文通岩组主体分布在广西境内，研究区内文通岩组底部未出露，顶部被断层破坏，岩组内褶皱断裂发育，原生面理被次生面理改造，使原始地层层序遭到强烈的破坏，难以确定原始正常层序。文通岩组岩性以灰、灰绿色砂质千枚岩和粉砂质绿泥石绢云母千枚岩、变质粉-细砂质岩为主，夹石英绿泥石片岩、粉砂质黑云母板岩及蚀变基性火山岩。该岩组在帮富山、雨田山等地发育有5层基性火山岩（贵州省地质调查院，2003）。文通岩组原岩总体以砂岩、泥质砂岩或砂质泥岩为主，夹基性-超基性岩和基性火山岩。受后期构造和区域变质作用影响，岩石发育变晶结构、千枚状和片状构造，千枚理及片理。岩石以发育紧闭线状褶皱、倒转褶皱为显著特征，伴有轴面劈理。

千枚岩呈厚层状，发育千枚状构造，局部变形弱的岩石尚见水平层理及波状纹层，千枚理产状与S₀近于平行。板岩具有中-厚层状，发育平行层理和细砂纹层，和千枚岩间多为渐变过渡。片岩总体变形变质较强，岩石具有花岗鳞片变晶结构，片状构造，片理由片状矿物，如绿泥石、绢云母等定向排列构造。原岩S₀已被后期构造面理完全置换。变质石英粉-细砂岩为中-厚层状，单层厚30~85cm，具有变余粉砂、细砂结构，其基质具有鳞片变晶结构，岩石中偶见平行层理，局部具有斜层理、交错层理。变质砂岩与片岩、千枚岩间一般是渐变过渡。岩组岩性在横向和纵向上无显著变化，东部与唐柳岩组呈断层接触，西部与下江群呈断层接触。厚2240~4100m。

2. 唐柳岩组（Pt₂t）

研究区内唐柳岩组分布有限，分布在杆洞—百秀一带，东部受长英质岩浆侵蚀，西部受混合岩化作用或断层改造（贵州省地质调查院，2003）。岩性由灰绿色石英绢云母片岩、含石榴子石石英绢云母片岩、绿泥石石英片岩组成，局部见变质砂岩透镜体。唐柳岩组岩石变形强烈，普遍发育两期构造面理，一组面理为区域性片理，由鳞片变晶矿物定向排列构成，另一组表现为区域性劈理。后期变形明显强于早期，片岩中所夹的薄-中-厚层变质砂岩被剪切成透镜体，发育紧闭褶皱、平卧褶皱。

二、下江群

下江群分布在研究区内的广大地区（图1-1），按1：5万区测资料（贵州省地质调查院，2003），从下至上出露有尧等组（Qby）、河村组（Qbh）、甲路组（Qbj）、乌叶组（Qbw）和番召组（Qbf）。地层累计厚2550～3880m，出露面积305km²，是区内重要的铜铅锌多金属赋矿层位（贵州省地质调查院，2003；陈璠等，2009a；杨德智等，2010a；马思根，2013）。

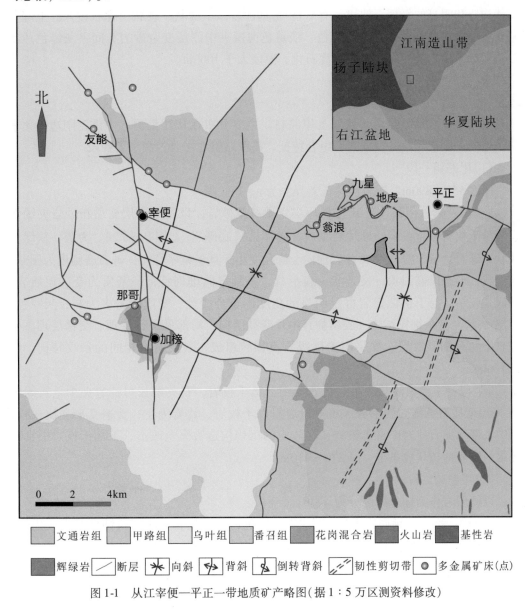

图1-1 从江宰便—平正一带地质矿产略图（据1：5万区测资料修改）

1. 尧等组（Qby）

分布在东南部，其中有基性-超基性岩脉侵入。该组以灰色、灰绿色片状绿泥石石英云母千枚岩为主，间夹少量灰色薄层、中厚层变余细砂岩、粉砂岩。下部变余砂岩中，偶含深色条带状变余硅质岩。岩石片理发育，与层理一般不易分清，但细砂岩夹层中的水平层纹和单丛系斜理可以区分。出露厚度500m左右。以大量变余砂岩的出现作为与上覆河村组划分的标志。

2. 河村组（Qbh）

出露在东南部邦富一带，整合于尧等组之上。地层由南向北减薄，具有清晰的条带状构造和明显的复理石韵律，有酸性-超基性岩体呈脉状、枝状、株状侵入。上部普遍含有星散状黄铁矿。主要为灰色、淡黄色薄层夹中厚层变余砂岩，间夹灰绿色片状石英云母千枚岩及片岩，具有绿泥石化，厚度大于1000m。

3. 甲路组（Qbj）

甲路组标准剖面在贵州从江县甲路村。主要分布在从江根勇—中讲、刚边—大平彦及地虎—摆依等地。根据岩石组合特征，将甲路组地层分为两个岩性段。

（1）甲路组一段

厚度550~890m。按岩性特征差异分为a、b亚段。

a亚段：岩性由灰、灰绿色中-厚层变质石英砂岩，以及中厚层变质粉砂岩夹绿泥绢云母千枚岩、石英绢云母片岩组成。底部见"底砾岩"，厚0~32m。为灰、灰绿色块状，砾石含量30%~40%，岩性向上砾径变小，具正粒序特征；砾石磨圆度为圆状、次圆状；形态以椭圆状、长条状、扁平状，多具定向排列特征。基质为变砂泥质岩，基底式胶结。与下伏四堡岩群呈明显的角度不整合接触。变质砂岩多为灰、灰绿色，厚层-块状，变余细粒结构，胶结物具鳞片变晶结构，局部见平行层理、交错层理。千枚岩中偶有细砂纹层，纹层由粉砂级石英颗粒组成，形成明暗相间的条纹特征。厚180~480m。

b亚段：主要由浅灰、灰绿色石英绢云母千枚岩，石英绢云母片岩夹少量灰绿色中-厚层变质石英细砂岩组成。该亚段岩石以千枚岩、片岩为主，普遍变形变质较强，其中上部绿泥石片岩中富含磁铁矿，岩石的沉积构造被完全改造，下部千枚岩中常含较多的锰质透镜状或条带。厚370~410m。

（2）甲路组二段

以钙质岩作为标志层可分为a、b、c亚段。

a亚段：称"下钙质岩系"。岩性为灰绿色钙质千枚岩夹片岩及蚀变基性火山岩。钙质千枚岩中夹浅肉红色、灰色大理岩透镜体，透镜体大小一般2cm×5cm，大者4cm×30cm，透镜体长轴与千枚理一致局部夹锰质片岩。局部有辉绿岩侵入。厚20~80m。

b亚段：主要岩性有灰黄色、灰绿色灰中-厚层变质粉砂岩、板岩、粉砂质千枚岩、含锰质片岩夹变质细砂岩。在变质粉砂岩、粉砂质千枚岩中显水平纹层。局部有辉绿岩体侵入。厚130~190m。

c亚段：称"上钙质岩系"。岩性为灰、灰绿色钙质千枚岩，含钙质千枚岩、含钙质变质粉砂岩夹锰质片岩。钙质千枚岩中含大理岩透镜体或大理岩条带，大理岩多呈浅肉红色。厚160m。

岩性及厚度稳定，是划分甲路组与乌叶组的标志层。

4. 乌叶组（Qbw）

乌叶组命名地在贵州从江县乌叶村，标准剖面位于贵州雷山县雀鸟村，乌叶组按岩性组合特征分为两个段。

（1）乌叶组一段

分为 a、b 亚段。

a 亚段：上部由灰、灰绿色粉砂质绢云母板岩与炭质千枚岩互层组成，夹中-厚层变质粉-细砂岩；中部由深灰色绢云母绿泥片岩夹炭质粉砂质绢云母板岩组成。下部由深灰色中厚层炭质粉砂质绢云母板岩、片岩组成。厚310～690m。

b 亚段：岩性由灰、灰绿色中-厚层变质石英粉砂岩、变质细砂岩组成。呈厚层及块状产出，单层厚度 60～200cm，普遍发育水平层理、斜层理，底界面清楚。厚300～350m。

（2）乌叶组二段

岩性以灰黑色薄-中厚炭质粉砂质绢云板岩、炭质千枚岩、炭质石英绿泥绢云母片岩为主，夹少量变质石英粉-细砂岩。发育水平层理、波状细纹层理及平行层理。以出现大量的黑色炭质板岩和炭质千枚岩作为与一段的划分标志。该段在矿区较稳定，普遍含碳质和细粒状黄铁矿。厚700～870m。

5. 番召组（Qbf）

番召组标准剖面位于贵州台江县番召村西。岩性由灰色、灰绿色中厚层变质砂岩、变质粉砂岩夹凝灰质粉砂质板岩和粉砂质绢云母板岩组成，该组下部发育滑塌角砾岩，呈透镜状、似层状顺层产出，长 400～800m，厚 0～30m，角砾颜色为灰黑色，角砾成分为碳质粉砂质板岩、变质砂岩，角砾呈棱角状、次棱角状、无分选、无定向特征，基底式胶结，胶结物为铁质、泥质，胶结物具有鳞片变晶结构。

该组岩性、结构构造特征等方面均呈一定规律变化：下部变质细砂岩、板岩中含有砾石，粒度向上变细；自下而上，岩石中沉积构造以水平层理为主，向上变为以斜层理、交错层理为主，局部发育透镜状层理、卷曲层理等。番召组与下伏乌叶组地层呈整合接触。以黑色炭质板岩结束或浅色厚层变砂岩出现，作为与乌叶组分界标志。

三、第 四 系

研究区内第四系残坡积层广布，呈黄褐色、紫红色、灰褐色，厚度 0～10m。在河谷地带分布有冲洪积成因的松散砂砾石层沉积物。

第二节 区 域 构 造

研究区内地质构造复杂，主要表现为武陵期的摩天岭复式背斜，呈南北向展布（贵州省地质调查院，2003；潘家勇，2009；马思根，2013）。宰便、刚边两个近南北向背斜为摩天岭复式背斜的组成部分。雪峰—加里东期构造活动，使复式背斜西延至宰便一带，并被北西西向的加车鼻状褶皱叠加，形成复合式褶皱形式，复式背斜向北倾伏至消失。宰便、刚边背斜均向北倾伏至消失。区内韧性剪切带和层间滑动带发育（图1-2）。

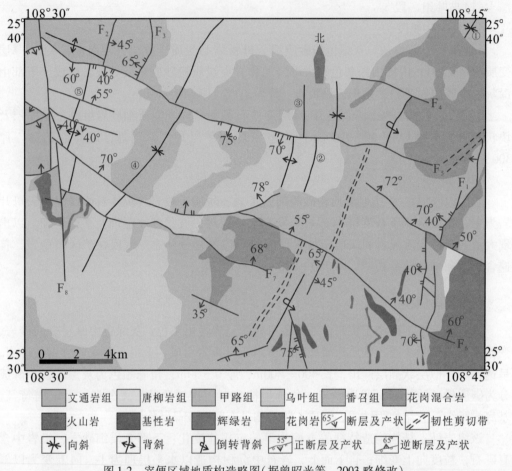

图1-2 宰便区域地质构造略图（据曾昭光等，2003 略修改）

早期断裂构造主要为南北向的宰便断裂带，沿南北向宰便背斜轴部分布，延长数十公里。晚期以加车北西西向背斜轴部的轴向断裂为主，有党扭断裂带、刚边断裂带，两断裂之间的地层下降，形成地堑式构造特征，两断裂延长约20km以上，并将宰便、刚边两背斜分割成四个半背斜（贵州省地质调查院，2003）。现将区内构造特征（为便于描述，以下褶皱和断层的编号仅与图1-2关联）分述如下：

一、褶 皱

新村倒转背斜①：为紧密型倒转褶皱，该背斜往南、北两端为下江群覆盖，背斜轴向北北东，轴线长15km，背斜轴面向东倾斜，两翼地层较陡，倾角45°~75°，该背斜由于受后期构造的影响，流变褶皱、韧性剪切带等均很发育，呈现较典型的造山带构造变形特征。

鸡脸向斜②：位于平正—新村一带，轴向为 NNE，长约 10km。轴部最新出露地层乌叶组二段，两翼出露地层为甲路组、乌叶组一段，中部被党扭断层切割。西翼 80°~90°∠20°~35°，东翼 275°~310°∠20°~65°。

板良背斜③：在南北两端分别倾伏，中部被党扭断层错开，长约 10km，轴向 NNE，轴部出露最老地层甲路组一段，两翼地层为甲路组、乌叶组。西翼 270°~300°∠15°~25°，东翼 90°~100°∠20°~30°。

加车向斜④：位于党扭—加榜一带，被后期北西西向断层切割。长约 13km 轴部最新地层为番召组一段，东西翼地层为乌叶组、甲路组。西翼 285°~320°∠5°~22°，东翼 90°~120°∠10°~20°。

加榜背斜⑤：北端交于北西向的党扭断层，受 NW 向陇雷、里培等断层的破坏，为不同程度升降。长约 10km 轴部出露最老地层为乌叶组一段，东西两翼出露地层为乌叶组一、二段。西翼 240°~300°∠13°~35°，东翼 70°~140°∠5°~25°。

二、断 裂

杆洞断层（F_1）：位于杆洞一带，走向 NNE，倾向 W，倾角 45°~65°，为逆断层。断层东盘为唐柳岩组，西盘为文通岩组，断层带宽 1~10m，带内主要为断层角砾岩、构造片岩等，带中劈理、片理、糜棱面理发育，部分角砾被拉长变形，出现韧性变形特征。

荷社断层（F_2）：为正断层，走向 SN，倾向 SEE，倾角 55°，长约 6km，西盘为下降盘，出露地层为文通组；东盘为上升盘，出露地层为文通岩组、混合岩、基性岩。带内断层角砾岩、构造片岩发育，两侧牵引褶皱发育。断层被后期北西向的江边断层及陇雷断层破坏。

摆依断层（F_3）：为正断层，走向 SN，倾向 W，倾角 65°，长约 3km，下降盘（西盘）出露甲路组一、二段；上升盘（东盘）出露甲路组一段。

平正断层（F_4）：为一正断层，长约 7km，走向 NWW，倾向 NNE，倾角 55°。南北盘均出露为文通组、甲路组、乌叶组。带内断层角砾岩发育。东端穿入混合岩逐渐消失。

党扭断层（F_5）：为正断层，长约 25km，走向 NWW，倾向 NNE，倾角 40°~85°。北盘为上升盘，两盘出露地层均为文通岩组、甲路组、乌叶组、混合岩，南盘还出露番召组。在板良一带北盘混合岩被抬升。断层带中以角砾岩为主。

陇雷断层（F_6）：为正断层，长约 30km，走向 NWW，倾向 NNE，倾角 45°~70°。北盘为下降盘，两盘出露地层均为文通岩组、甲路组、乌叶组、花岗岩，北盘还出露番召组。带内断层角砾岩、碎裂岩、石英脉发育。西端交于宰便断层，东端往花岗岩逐渐消失。

里培断层(F_7)：为正断层，长约8km，走向NWW，倾向NNE，倾角68°。南北盘均出露文通岩组、甲路组、乌叶组、混合岩；带内断层角砾岩发育。西端交于宰便断层。

宰便断层(F_8)：断层走向长13km，往北延伸出图，断层走向南北，倾向东，倾角70°~80°，断层带宽1~7m，带内主要为断层角砾岩、构造片岩、构造透镜体，两侧牵引褶皱发育。西盘上升，东盘下降，出露地层均为甲路组、乌叶组。该断层具有张性、挤压及多期活动特征。

第三节　区域岩浆岩

一、基性-超基性岩组合

主要分布于宰鸭沟一带。岩体呈层状-似层状产于四堡群变质岩中，在甲路组一段也有发现，单个岩体厚度不大，多为几米至数十米，从岩体中心至两边，可见橄榄岩-橄榄辉石岩-辉石岩-辉长、辉绿岩-辉绿岩的岩石序列。

超基性岩具有残余包晶结构、自形粒状结构，蚀变较强，普遍有闪石化、蛇纹石化和绿泥石化，以及构造片理化作用，使岩石面貌发生很大变化，仅个别残存有橄榄石和辉石假象；基性岩蚀变稍弱，多数在镜下尚能见到残余的辉绿结构以及杏仁状构造（贵州省地质调查院，2003）。

二、基　性　岩

分布在宰便—平正一带，主要产于甲路组一、二段中，在乌叶组中也有产出。就产状而言，可分为岩床状辉绿岩（曾雯等，2005；王劲松等，2012）和基性火山岩（曾昭光等，2003）两类。

1. 岩床状辉绿岩

出露在加榜、摆容、地虎、加扒等地，多为规模甚小的辉绿岩床，甲路组二段和乌叶组一段的辉绿岩多沿层产出，厚度1~2m。其中加榜岩体较大，出露约4km²。岩石为浅灰绿、灰绿色，致密块状，具辉绿结构，杏仁状构造，由于普遍受变质和蚀变作用，矿物组成以绿泥石为主。最新的锆石 U-Pb 年代学研究表明，加榜辉绿岩形成年龄为788Ma（曾雯等，2005），宰便辉绿岩形成年龄为848Ma（王劲松等，2012），那哥铜铅多金属矿区内的那哥辉绿岩形成时代为832Ma（见第六章第三节）。

2. 基性火山岩

产于地虎至翁浪一带，赋存在甲路组一段顶部，层位稳定，为区内主要的赋矿层位和岩石。由于蚀变强烈，似绿泥石岩，具花岗鳞片变晶结构、残斑结构，杏仁状构造，主要矿物为绿泥石，另有石英和晶粒状磁铁矿。基性火山岩锆石 U-Pb 年代学研究表明，其形成于815Ma（曾昭光等，2003；曾雯等，2005；黄隆辉等，2007）。

三、花岗质岩石组合

1. 摩天岭花岗岩

产于穹状复式背斜轴部，侵位于四堡群中，岩体与围岩多呈突变接触，普遍具接触变质现象，出现石榴子石和硅化蚀变带。岩体内的片麻状构造较为发育，见有钾长石斑晶和巨大的片岩残留体以及捕房体。按粒度粗细变化，由内而外可分为内部相、过渡相和边缘相。具不同粒级花岗变晶结构、斑状花岗变晶结构和片麻状构造，主要造岩矿物为石英、钾长石、斜长石和黑云母，次为白云石、电气石和刚玉，副矿物为石榴子石、钛铁矿、锆石、金红石等。

2. 花岗质混合岩

产于四堡群上段的分布在令里一带；甲路组一段中、下部分布在刚边、板田、地虎一带；甲路组一段上部分布在小桥、加扒等地。混合岩化是在区域变质作用同时形成的，与摩天岭花岗岩为同时代产物。混合岩中分基体和重熔部分。

混合岩分布于背斜轴部，受构造控制明显，混合岩混合程度从下至上由强变弱，即在四堡群为混合片麻岩类，甲路组下部在刚边至地虎背斜地带为注入混合岩类，甲路组一段顶部出现极轻微的混合岩化现象。

各类混合岩体基本特点是：原岩基本上是长英质的细砂岩或硬砂岩，岩石化学组分的对比，混合岩后与未混合岩化的原岩组分基本上没有变化，新生组成矿物以斑晶形式出现，石英多呈紫色球粒斑晶呈眼球状，长石斑晶粗大呈伟晶质，残留体普遍发育。

大量的花岗岩类锆石 U-Pb 定年结果显示，这些花岗质岩浆岩的形成时代均为新元古代中期，年龄为830~825Ma（李献华等，1999；曾雯等，2005；黄隆辉等，2007；樊俊雷等，2010）。

第四节 区 域 矿 产

区内矿产分布与地层、构造、岩石不同的特征密切相关，银多金属矿点主要分布在四个半背斜地带；在党扭断裂带中发现脉状金矿体分布；基性-超基性岩在蚀变强烈区有小型多金属矿和铜锡矿床分布；刚边一带在甲路组一段中部混合岩之上的变余砂岩中铜矿化普遍，但未形成工业矿体。

摩天岭花岗岩中有石英脉型铜矿，在岩体北部的硅化带中有白钨矿产出，分蚀变岩型和石英脉型两种，以蚀变岩型为主。平正以东的敖里、令里、拥里、宰转、宰跨等地，在甲路组一段上部断续有铜矿化产出，呈东西向展布。

　　综上所述，该区矿床类型有蚀变岩型的银多金属矿、铜矿、白钨矿等；断裂蚀变型铜矿，石英脉型铜矿、钨矿；变质岩型多金属矿；基性-超基性岩蚀变型多金属矿、铜锡矿；含铜砂岩型铜矿。产出层位有花岗岩体，基性-超基性岩体，四堡群中部，甲路组一段以及断裂带中。

第二章 典型矿床地质

宰便铜铅锌多金属成矿区内，已发现的多金属矿床（点）十余处，具有代表性的有地虎—九星铜金多金属矿床（中型）、那哥铜铅多金属矿床（小型）、友能铅锌多金属矿（点）等。本章选择地虎—九星、那哥和友能等三个勘查和研究程度最高的多金属矿床（点），作为典型矿床地质特征重点剖析对象。

第一节 地虎—九星铜金多金属矿床

地虎—九星铜金多金属矿床位于江南古陆西南段党扭断层北盘的加车鼻状背斜北东翼，矿体赋存于下江群甲路组变质沉积建造中（陈璠等，2009a），受褶皱构造控制（杜定全等，2009），分为地虎和九星两个矿段。下面从矿区出露的地层与构造、矿体特征等几个方面分别详细阐述地虎和九星两个矿段的地质特征（马思根，2013；杨芳芳，2013）。

一、地虎矿段地层

矿区内主要出露下江群（图2-1），为一套浅变质沉积建造和火山岩建造。地层南老北新，向北东、北西方向倾斜，倾角一般在 $15° \sim 30°$，地层倾向与地形坡向一致。现由新到老简述如下。

1. 下江群甲路组二段二亚段（Qbj_2^2）

由灰、灰绿色粉砂质板岩与千板状绢云母板岩组成，夹薄层硅质板岩，下部夹少量钙质片岩，厚 $100 \sim 130m$。

2. 下江群甲路组二段一亚段（Qbj_2^1）

上部为灰绿色钙质千枚岩、绢云绿泥石千枚岩夹大理岩透镜体，析劈构造发育，偶见星粒状磁铁矿。厚 $50 \sim 70m$。下部为钙质千枚岩、绿泥滑石千枚岩、夹肉红色绿泥大理岩或硅化大理岩蚀变体，见晚期石英脉穿插，在大理岩中偶见星点状黄铜矿，厚 $90 \sim 105m$。

3. 下江群甲路组一段四亚段（Qbj_1^4）

该段是本区的主要含矿层，由上至下可细分为六个岩性段或蚀变带（图2-2），各岩性段的特征概述如下：

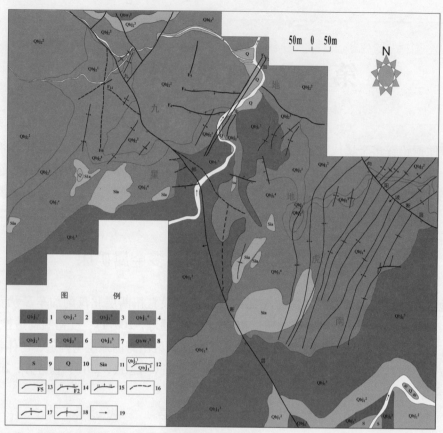

1. 甲路组一段一亚段；2. 甲路组一段二亚段；3. 甲路组一段三亚段；4. 甲路组一段四亚段；5. 甲路组二段一亚段；
6. 甲路组二段二亚段；7. 甲路组二段二亚段；8. 乌中组一段一亚段；9. 混合岩；10. 第四系冲积层、坡积层；11.
硅化粗粒石英岩；12. 地质界线；13. 不明性质断层及编号；14. 逆断层及编号；15. 正断层；16. 推测性质不明断
层；17. 背斜；18. 向斜；19. 河流及方向

图 2-1　从江地虎—九星铜金多金属矿床地质略图（据马思根，2013，略改）

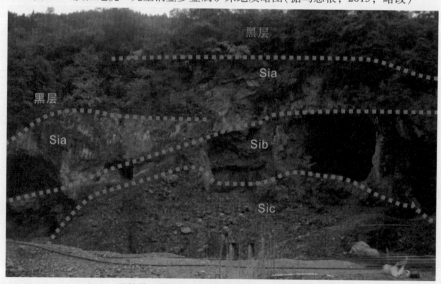

Sia. 重结晶石英岩；Sib. 致密石英岩；Sic. 石英千枚岩

图 2-2　地虎矿床矿化的空间分带（据马思根，2013）

（1）黑层（Pw）

黑褐色含铁锰质黑云绢云母蚀变岩及含铁锰质绢云绿泥石千枚岩，矿物组成包括：黑云母、绿泥石、石英、磁铁矿以及 Fe、Mn 粉末和细小微粒状集合体，并见有微量残留状辉石。该层为下江群甲路组一段四亚段的最上层，在地虎矿床的 440m 地表及 355 探矿坑道中均有出露，与九星矿床 560m 露天开采的磁铁矿体上伏黑层对应。厚度为 0～6.7m。在成矿作用过程中，该层可能起封闭作用，也可吸附含矿。

（2）绿泥石岩（Chl）

深灰色至浅灰绿色，矿物组成主要包括：绿泥石、绢云母、石英、磁铁矿、电气石、榍石、白钛矿和金红石等。该层岩石厚度变化大，呈透镜状、层状产出，是区域变质作用和混合岩化作用下形成的含长石残斑状绢云绿泥石岩。

（3）重结晶石英岩（Sia）

灰、浅灰、绿灰色中粒至粗粒块状强硅化石英岩，中夹绿泥石岩残留体或夹经硅化后的绿泥石岩呈团块状或粗网状分布，局部包裹磁铁矿、黄铁矿团块，石英含量大于90%。与上覆黑层或甲路组二段呈不整合接触，与下伏致密石英岩呈渐变关系，接触面具波状起伏。强硅化重结晶石英岩呈透镜状、层状产出，受构造控制明显，一般产出在小型复式背斜的轴部地带，厚度变化较大。据硅化体中残留有绿泥石岩等特征，初步认为硅化体的原岩为绿泥石岩，受构造变动的挤压，在背斜轴部等有利空间部位受变质热液作用形成了硅化体。硅化体是本区主要含矿岩石和矿体赋存的主要部位。因此，硅化蚀变体的空间分布及规模直接控制着 Sia 矿带中的矿体的空间分布及规模，厚度为 0～28m。

（4）致密石英岩（Sib）

灰、浅灰至褐黄色中厚层细粒硅化致密石英岩，层理清晰、层面平整，石英含量大于80%。它与强硅化重结晶石英岩是同一硅化蚀变体，与强硅化重结晶石英岩呈渐变关系，厚度上呈消长关系，不同的特点是：一是岩石的粒度上有区别，强硅化重结晶石英岩的粒度粗，致密石英岩的粒度细；二是强硅化重结晶石英岩不显层理构造，致密石英岩显层理构造；三是岩石矿物组成单一，以石英为主，而强硅化重结晶石英岩岩石矿物组成除石英为主外，还有块状磁铁矿、绿泥石等，特别关键的是在致密石英岩中没有残留的绿泥石团块出现。

致密石英岩的空间分布大体上与重结晶石英岩相同，也是含矿岩石和赋矿空间，厚度为 0～20m。Sia 矿带中的主要矿体向致密石英岩中延伸或分支，因此致密石英岩是重结晶石英岩矿带中延伸的一部分，见地虎矿床 21 号勘探线剖面图（图 2-3）。另外主矿体产生致密石英岩矿带中没有穿层的矿体，则称为致密石英岩矿带（包括赋存在下部千枚岩中的矿体）。

根据致密石英岩中矿物组成特点，该硅化体的原岩与强硅化重结晶石英岩显然不同，可能是原绢云石英千枚岩经蚀变而成，因此母岩与下伏的千枚岩为同一体，并与下伏千枚岩同划分为致密石英岩矿带（或者称含矿带）。

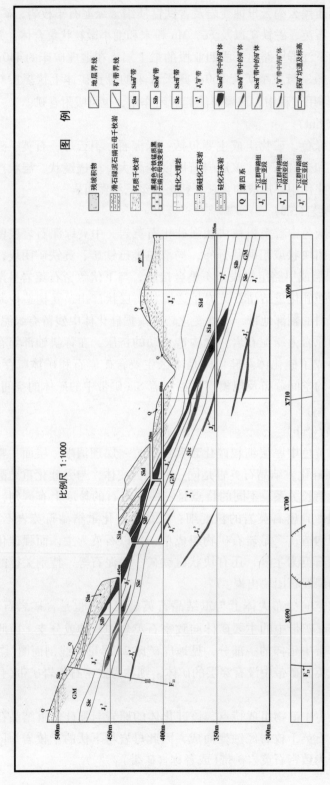

图2-3　地虎—九星铜金多金属矿床地虎矿段21号勘探线剖面图（据马思根，2013）

图　例

	残坡积物	地层界线
	滑石绿泥石绢云母千枚岩	矿带界线
Sia	钙质千枚岩	Sia矿带
	黑黄绿色含锰质黑云绢云母蚀变岩	Sib矿带
	硅化大理岩	Sic矿带
	强硅化石英岩	J$_2^1$带
	硅质石英岩	Sia矿带中的矿体
Q	第四系	Sib矿带中的矿体
J$_2^3$	下江群甲路组二段—亚段	Sic矿带中的矿体
J$_2^2$	下江群甲路组一段乙亚段	J$_2^1$带中的矿体
J$_2^1$	下江群甲路组一段甲亚段	探矿坑道及标高

比例尺 1:1000

（5）绢云石英千枚岩（Gm）

灰、灰绿色含绢云母绿泥石石英千枚岩，绢云石英千枚岩，偶见星点状晶粒磁铁矿，沿千枚理常有磁黄铁矿出现，矿物组成主要包括：绿泥石、绢云母和石英，并可见少量长石、碳质和铁质等。该层与致密石英岩和石英千枚岩的空间分布大体上相同，呈层状、似层状分布，产状稳定。也是含矿岩层和赋矿层位之一，与致密石英岩一起划为致密石英岩含矿带，厚度为1～34m，是甲路组一段四分层中最厚的一层，见地虎矿段21号勘探线剖面图（图2-3）。

（6）石英千枚岩（Sic）

灰、灰绿色薄层至中厚层细粒弱硅化石英千枚岩，硅化强烈时呈块状石英岩，矿物组成与绢云石英千枚岩相近，但石英含量明显增多，绿泥石和绢云母含量减少，颜色更浅。该层硅化现象在区内出现较稳定，呈层状、似层状分布，但厚度变化仍较大，厚度为1～20m。下伏地层为甲路组一段三亚段，是甲路组四、三分层的主要标志，局部地段过渡为未硅化的绢云母千枚岩。在地虎矿床中此岩层可见长石斑晶产于其中，估计其原岩为基性火山岩。同时，该层也是石英千枚岩含矿带，一般在厚度增大的部位控制矿体产出，见地虎矿段21号勘探线剖面图（图2-3）。

4. 下江群甲路组一段三亚段（Qbj_1^3）

顶部为灰、灰绿色绿泥石英千枚岩，有时夹块状中粒石英岩小透镜体，常有磁黄铁矿成片状沿千枚理产出，偶见棕色闪锌矿沿节理呈细脉状产出，黄铁矿、黄铜矿等金属矿物沿节理或千枚理呈细脉状出现。厚度10～30m。

中部为灰绿色绿泥石绢云母石英千枚岩，绿泥石、磁黄铁矿比上部明显增加，偶见金属硫化矿物沿千枚理呈细脉状产出，局部略有硅化现象。厚30～70m。下部为绿泥石绢云母千枚岩，偶见沿节理产出石英细脉，见少量磁铁矿呈星点晶粒状出现，黄铜矿呈浸染状分布，偶见闪锌矿细脉。厚300～360m。该层的主要矿物组成有：黑云母、方解石、阳起石、石英、绿泥石和少量的绿帘石等，并有细粒黄铁矿、黄铜矿浸染。该层的中、上部为赋矿部位，划分为甲路组三段含矿带，按照赋存的深度每间隔10m划分矿体，赋矿的特点一般规模小、厚度薄，但矿体数量多，下部仍有分散的小矿体出现。

矿体一般受小型褶皱控制或产状变化控制。金属硫化物主要呈细脉状、浸染状和星点状出现，Au、Ag含量明显减少。

5. 甲路组一段二亚段（Qbj_1^2）

绢云母石英千枚岩夹中-厚层变余砂岩，厚60～80m。

6. 甲路组一段一亚段（Qbj_1^1）

灰色、灰黄色厚层变余砂岩，底部与混合岩接触，局部见底砾岩，厚20～50m。

7. 混合岩

主要出露在矿区南东部，九郎断层上盘，呈长条形产出，长约 600m，宽 50 ~ 100m，产于甲路组一段一亚段之下，与刚边混合岩同属一岩体。

二、地虎矿段构造

1. 褶皱

加磨背斜轴向北北东，延伸大于 15km，幅宽 9km，两翼不对称，横跨在北西西向加车鼻状背斜之上，被后期党扭、陇雷两断裂带切割后，北部为加磨半背斜，南部为古矮半背斜。矿区处于加磨半背斜上北东倾没端，该背斜为宽缓开阔复式半背斜，倾伏角 30°左右、局部倾伏角 10° ~ 20°，倾伏方向角度有呈明显的由陡变缓或由缓变陡的现象（据生产坑道观察），倾伏端广泛发育着同向的花边小褶皱，这些小褶曲的轴部或由缓变陡的剥离空间，有利的层位部位为变质热液活动提供有利场所，它控制着蚀变体的分布和矿体的产出（图 2-1）。

2. 断裂

矿区断裂主要有 F_1、F_2、F_3 三条主干断裂和其他分支断层、羽状小断层组成一个旋扭帚状构造，砥柱在九郎一带，向东南方向撒开，向西北方向收敛，内旋层向撒开方向顺时针运动，外旋层向收敛方向逆时针扭动，以 F_{16} 为代表的切线面比较发育，在塑性岩石中则形成的小褶曲轴面相似于切线面，半径面不发育，显示了张扭性旋扭构造的特点（图 2-1）。为此北北向东张裂隙极为发育，为晚期石英脉充填。地虎和九星矿段分布在收敛端三分之一至二分之一的有利区内，区内次级北北东向小褶皱及层间剥离构造发育，控制蚀变体产出和矿体赋存，而远离有利区段矿化减弱。帚状构造中骨干断裂可能成为区内变质热液的通道。分述如下（断层编号仅与图 2-1 关联）。

（1）九郎断层（F_1）

斜贯整个矿区，延长 5400m，走向北西，南西方向倾斜，倾角 60° ~ 80°，北端断距 30 ~ 40m，南段断距 100m 以上，两侧次级羽状断裂发育。九星、地虎矿段分别位于 F_1 断层之上下盘，见矿区矿床地质图（图 2-1）。

（2）向阳坡断层（F_2）

走向北西，倾向南西，倾角 60° ~ 80°，断距北西端大于南东端，在铜矿油库附近见平移擦痕，为一张扭性平移正断层，北盘向西错动，南盘向东移动。

（3）翁浪断层（F_3）

与党扭、九郎两断层相交，延长约 4000m，倾向南东，倾角 80°，走向北东，为平移逆断层。

地虎矿段内为一些小型断层，分近乎东西向、南北向、北西向、北北东向四组，均为高角度张扭性平移断层，北西组断裂切割近南北向断裂，近东西向断裂又错断开前两组断裂，各组断层性质、产状见地虎矿床断层统计表（表2-1）。按照断裂与成矿的先后关系，可分成矿前期断裂和成矿后期断裂。成矿前期断裂基本上控制着矿体的产状和分布，断裂带即硅化蚀变带和矿带，因此成矿前期断裂是成矿流体的通道，同时也是容矿构造。成矿后期断裂，由于它们规模小，垂直断距也仅2~5m，一般破坏矿体作用小，对矿床开采也没有危害。

表2-1 地虎矿段断层统计表

组别	断层编号	长度/m	倾向	倾角/(°)	断距/m 垂直	断距/m 水平	性质	和矿化关系
北西	F_{11}	7600	NE	76	3	4	正	有关
北西	F_{12}	160	NE	70	2	10	正	无关
北西	F_{13}	100	NE	75	2	4	逆	密切
北西	F_{14}	170	NE	80	2	10	正	密切
北西	F_{15}	250	NE	80	2	10	逆	密切
南北	F_{22}	170	W	80	2	5	正	无关
南北	F_{18}	170	E	75	2	4	正	密切
南北	F_{20}	85	SEE	70	4		逆	有关
南北	F_{21}	95	E	68	3		正	有关
南北	F_{16}	270	E	65~75	3		逆	密切
南北	F_{19}	280	E	75~85	3		逆	密切
南北	F_{17}	100	SE	70~85	2		逆	有关
南北	F_{27}	100	E	75~80	5	3	逆	无关
近东西	F_{23}	140	W段N，E段S	70~85	5~27	2~5	W正E逆	密切
近东西	F_{24}	100	NE	75	2		正	有关
北东	F_{25}	90	SE	75	3	3	正	无关
北东	F_{26}	170	NW	80	5		正	有关
北东	F_{28}	120	SE	70	3	2	正	有关

坑道内对一些小型断层观察，一般表现有多期活动。断层带中角砾内有矿石角砾，也有胶结物含矿，晚期活动多被石英充填成脉状石英，这种现象在地虎和九星矿床均有出现。一般认为北北东向一组断层是成矿有关的断层，其他各组断层仍与成矿有关，但现在主要表现为成矿后期的活动迹象，并对前期断裂破碎带中矿体进行改造，一般多为石英脉充填。

三、地虎矿段矿体特征

1. 形态特征

区内主要为蚀变岩体控矿和变质岩中的弱蚀变带产出小规模的矿体，据矿体产出不同的蚀变体和层位，划分为四个矿带（或含矿带），即强硅化重结晶石英矿带（Sia）、致密石英岩矿带（Sib）、石英千枚岩矿带（Sic）和甲路组矿带（J_1^3）四个矿带。Sia 矿带（或叫含矿带）为区内主要矿体产出部位，矿体规模相对较大，连续性好、埋藏浅。Sic 含矿带次之，J_1^3 含矿带埋藏深，矿体规模小、品位低、矿体分散。为了论述方便，分别按不同矿带叙述如下。

（1）Sia 矿带特征

Sia 矿带即为区内 Sia、Sib 蚀变体分布范围，Sia 和 Sib 为同一蚀变体，只是因为矿物粒度不同等特点作了区分，硅化蚀变体受区内次级褶曲及半背斜方向倾角由缓变陡的部位控制，一般在轴部地带蚀变体的厚度增大，边部变薄。在 F_{23} 断层南部，Sia 蚀变体基本出露地表，受风化剥蚀分割成数块，特别是矿区南部硅化体顺地形坡向呈零星分布。在 F_{23} 断层的北侧蚀变体保存完整，呈椭圆形分布，长轴近东西向约 600m，短轴近南北向约 380m。Sia 矿带矿体主要呈透镜体状、似层状和扁豆状，产状与岩层产状相近，倾角 15°~30°。Sia 矿带包括部分 Sib 蚀变体，因为矿体产出在垂直上部分下延至 Sib 中，在倾斜方向矿体从 Sia 向 Sib 中延伸，或者矿体向 Sib 中分支出现 Sib 矿体。因此，Sia 矿带包含了 Sib 的上部。

Sia 矿带共发现 6 个矿体，共探明储量：矿石量占总数 61%，金银储量分别占总储量的 75.2% 和 81.5%，铜储量占总储量的 53.6%，铅储量占总储量的 87.6%，锌储量占总储量的 83.6%。Sia 矿带的矿体基本上是多元素综合矿体，顺着矿体的倾向，由南西至北东，由上（地虎南）至下，金、银含量逐渐降低，铜、锌含量逐渐升高，这说明金、银主要富集在硅化、绿泥石化的混杂蚀变体中，厚度大的地方各元素的品位随之变富，两者几乎成正比关系。Sia 矿带上部矿体，特别是地虎南的氧化矿体，其硅化、绿泥石化特征以及矿物组合与翁浪金矿非常相似。

（2）Sib 矿带特征

Sib 矿带的矿体产出在该蚀变体下部为主，包括千枚岩中产出的含矿体的空间部位，统称为 Sib 矿带。矿带分布范围与 Sia 矿带范围大体相当，但仍以蚀变体控矿为主，由于 Sia 与 Sib 之间呈消长关系，但 Sia 规模及厚度均比 Sib 大。因此，Sib 矿带规模小，探明的 6 个矿体均属小规模。矿体形态呈扁豆状、透镜体似层状，产状与 Sia 矿体产状相近。规模最大的矿体 2 号矿体，长约 200m，宽 40~80m，北部以锌为主，南部以铜为主，矿厚 1.02~5.27m，平均厚度为 1.65m，呈扁豆状分布。

（3）Sic 矿带特征

Sic 矿带是甲路组一段四亚段下部的硅化蚀变层位，是四亚段与三亚段分层的标志层，层位稳定，区内保存完整，随构造变动与上覆岩层相同发生褶曲，在背斜轴部地带基本上控制着矿带内的矿体产出，蚀变随之加强，因此矿体的分布与上覆的两个含矿带的矿体分布在垂直空间上有重叠现象，这说明构造控矿特征明显。Sic 矿带共探明 8 个矿体，除了 6 号矿体规模较大外，其他矿体规模均较小。矿体形态呈扁豆状、透镜体似层状，产状与 Sia 矿体产状相近，局部上延至千枚岩中，规模最的矿体长 210m，宽 176m，平均厚 3.02m。矿体北部以铜、金、银为主，南部以铜为主，矿体向北倾斜，平均倾角 15°。

(4) J_1^3 矿带特征

J_1^3 矿带为甲路组一段三亚段上部 50m 内矿体产出的地带为矿带范围，该矿带主要为变质岩型矿床类型，矿体主要受小褶曲及层间剥离空间控制，以铜矿物为主，次为铅锌矿物，矿物组合简单。在 50m 以下还有零星的小矿体出现，但一般埋藏较深，多为单工程(钻孔)见矿，矿山正在做深部探矿工作。矿带内共探明矿体 16 个，矿体规模均较小，但矿体延伸稳定，是 4 个矿带中产状最稳定的矿带。矿体形态呈扁豆状、透镜体似层状，矿体与岩层有一定的交切角，倾角比 J_1^3 岩层小，但基本在 J_1^3 岩层内。带内最大的矿体呈北东向展布，长约 320m，宽 30~100m 不等，平均矿厚 1.22m，为该矿带中面积最大的矿体，以铜为主，铅、锌零星分布。

2. 矿石特征

(1) 矿物组成

地虎矿石矿物组成较为复杂，表现为矿物种类多和粒度变化大的特征，且分布也不均匀。通过手标本观察、光学显微镜鉴定、电子探针分析和矿石全岩化学分析，发现主要金属矿物有黄铜矿、黝铜矿、方铅矿、闪锌矿，其次为硫锑铅矿、车轮矿、黄铁矿、自然金、银金矿及少量硫锑铜银矿、银黝铜矿。次生氧化矿物在近地表的氧化带内发育，主要有针铁矿、褐铁矿、孔雀石、铜兰、白铁矿、铅巩等。金属矿物约占总量 15%，脉石矿物以石英、绿泥石、绢云母、绿帘石等，脉石矿物约占总量 85%。各种矿石化学组分列于表 2-2，基本反映了矿体化学组分和成矿元素含量特征。各硫化物中 Au、Ag 含量见表 2-3。

表 2-2　地虎矿段矿石组分分析成果表(%)

组分或元素	块状矿石	密集浸染状矿石	条带状稀散浸染状矿石
SiO_2	64.88	70.13	83.82
TFe	8.45	9.75	3.01
Al_2O_3	7.45	4.57	5.88
CaO	0.26	0.20	0.82
MgO	1.69	0.24	0.17
Pb	2.28	2.68	0.42
Zn	0.91	1.47	0.08

（续表）

组分或元素	块状矿石	密集浸染状矿石	条带状稀散浸染状矿石
Cu	3.26	3.17	0.52
S	10.4	9.40	7.53
Au	0.0007	0.0005	0.0002
Ag	0.0095	0.0034	0.0018

表 2-3　地虎矿段常见硫化矿物含金银统计表

矿物名称	Au/(g/t)	Ag/(g/t)
黝铜矿	5.7~41.69	338~3184
黄铜矿	1~2.7	71~548
方铅矿	<0.1~0.36	192~900
闪锌矿	0.91	95~294
黄铁矿	0.04~3.8	12~260

　　黄铜矿、方铅矿、闪锌矿、黝铜矿组合常形成块状矿石，这类矿石主要出现在原生的 Sia 矿带矿体中，块状矿石一般品位较高，除上述组合的主要矿物外，常有黄铁矿、块状磁铁矿及硫锑铅矿、含金银的其他矿物等。褐铁矿、黄铁矿、自然金、银金矿组合，一般为块状矿石，该矿物组合主要出现在较浅的半氧化 Sia 矿带矿体中，除上述矿物外常见有硫锑铅矿、黄铜矿。石英、自然金、银金矿组合，常见于地虎南的土黄色、褐黄色氧化 Sia 矿带矿体中，该类矿石几乎无硫化金属矿物出现，但金的品位很高，可达 21g/t，可通过淘洗方式分离出自然金矿物。黄铜矿、闪锌矿组合，主要出现在 J_1^3 矿带中，矿石一般为细脉状、浸染状矿石。

　　地虎 Sia 矿带矿石的金主要以显微及超显微之独立矿物自然金、银金矿存在，Sia 矿体自然金粒径 0.001~0.004mm，呈浑圆状状包裹于黝铜矿中显微裂隙成串出现与黝铜矿中黄铜矿紧密共生，镜下观察自然金呈金黄色圆粒状、长棒状、双椎长棒状、半圆片状，表面不光滑，呈麻点状，粒度不等，圆粒状直径为 0.02~0.06mm，棒状长为 0.12~0.23mm，直径为 0.03~0.04mm，具有质软、金属光泽和延展性。银金矿在 Sia 矿体中多呈粒片状与黄铜矿连生或包裹于闪锌矿、毒砂之中，其接触界线为简单平滑曲线和不规则港湾状，粒径 0.002~0.004mm。

　　银的赋存状态在 Sia 矿体中了解不够清楚，主要呈独立细小分散银矿物存在于黝铜矿中，银矿物有银锑矿物、自然银、辉银矿呈针状、毛发状等，有少量的银在黝铜矿中以类质同象存在。粒径 0.001~0.023mm。在 Sia 矿石中银矿物除银金矿外，有银黝铜矿：钢灰色，反射色为亮灰色，与方铅矿相比显灰棕色，均质较软，易磨光，解理可见。含银黝铜矿：钢灰色，性脆，呈不规则粒状，其分布广与黄铜矿、方铅矿、闪锌矿等硫化物共生，扫描电镜分析含银 1.09%~1.78%。

　　（2）矿石结构

　　矿石结构主要有包晶结构、自形半自形晶结构、他形晶粒状结构、交代溶蚀结构、包含结构和斑状变晶结构等(图2-4)。

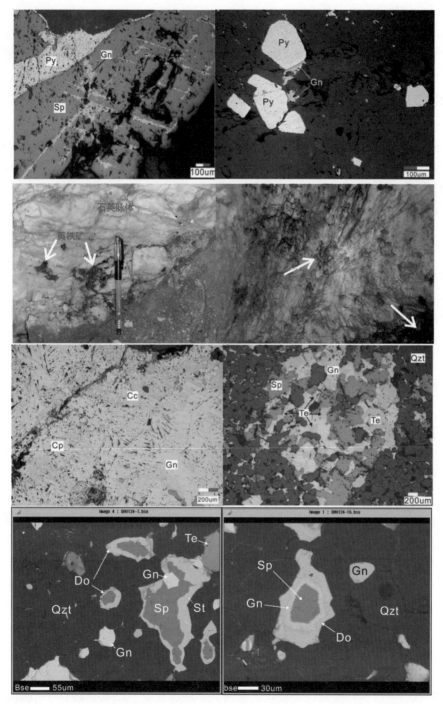

Qzt. 石英；Do. 白云石；Gn. 方铅矿；Cp. 黄铜矿；Sp. 闪锌矿；Py. 黄铁矿；Te. 辉锑矿

图2-4　地虎矿段矿石组构特征(据杨芳芳，2013，有修改)

　　包晶结构：常见早期金属矿物被晚期矿物包裹，如早期黄铜矿被晚期磁铁矿包裹；早期石英被晚期多金属硫化物包裹。

自形、半自形晶结构：黄铁矿、磁黄铁矿、磁铁矿、黝铜矿和晚期方铅矿等常呈立方体、八面体的完好晶粒。

他形晶粒状结构：主要金属硫化物如黄铜矿、闪锌矿、硫锑铅矿、车轮矿等呈他形粒状，颗粒大小变化大，从 0.01～10mm，以不等粒毗连镶嵌，大致同时生成，彼此接触界面线多呈港湾状、波状。

交代溶蚀结构：早期黄铁矿、磁铁矿被晚期金属硫化物交代溶蚀，黝铜矿被黄铜矿交代。

斑状变晶结构：自形晶结构粗大的绿帘石、黑云母和石榴子石等变斑晶与金属矿物共生，分布于鳞片变晶的绢云母、绿泥石之中。

（3）矿石构造

矿石构造主要以块状、细脉浸染状、条带状、脉状充填交代角砾状矿石构造较多（图2-4）。

块状构造：金属硫化矿物富集成致密块状，一般原生的 Sia、Sib 矿带矿体矿石都是块状构造。

细脉浸染状构造：黄铁矿、黄铜矿密集浸染或稀疏浸染、沿层理或劈理充填呈细脉状。部分 Sic、J_1^3 矿带中的矿体矿石是细脉浸染状构造。

条带状构造：金属硫化物沿片理或层理平行分布常随片理弯曲而弯曲，组成金属矿物与围岩相间的条状构造，部分 Sic、J_1^3 矿带中的矿体矿石是细脉浸染状构造。

脉状充填交代角砾状构造：J_1^3 矿带矿石硫化物呈细脉沿断裂带或碎裂面充填或交代。

（4）矿物生成顺序

根据显微观察所反映的矿物穿插关系，初步厘定矿物生成顺序：石英→磁黄铁矿、黄铜矿→黄铁矿→方铅矿→黝铜矿→闪锌矿→方解石→白云石→石英。

（5）围岩蚀变

多金属硫化物多分布于绿泥石化、绢云母化等蚀变围岩中。呈细脉状、条带状、团块状、浸染状分布。这些蚀变岩均赋存于强硅化石英岩或硅化绢云母石英片岩中。

总的看来，围岩蚀变有三期：即第一期热液蚀变为硅化，生成镶嵌均粒变晶结构之石英岩；第二期为绿泥石化、绢云母化等，伴有多金属硫化物的产出，为主要成矿期，分布于第一期硅化带中；第三期又是硅化及方解石化，伴随有少量金属硫化物，切穿第一、二期蚀变带，或方解石包裹绿泥石。说明了主要成矿期为整个蚀变过程之中期。从矿石结构看，亦可分三期，与围岩蚀变分三期基本一致。早期一般结晶较好，具自形半自形晶粒、包晶、交代融蚀及斑状变晶结构。中期生成的矿物一般结晶差，具他形粒状、乳滴状、浸染状、块状、条带状、细脉浸染状结构。晚期一般结晶完整，具自形、半自形晶粒结构。在矿床中蚀变岩体控制着矿带和矿体的产出及其形态，蚀变体的形成可能是在变质作用的晚期，当变质热液沿着低压区活动转移到背斜轴部的剥离空间与原岩发生交代作用时，形成新的岩石体-蚀变体。矿区内蚀变体主要是硅化体、黑云母蚀变岩、团块绿泥石岩体、硅化大理岩等，组成了区内围岩蚀变系列，而其中对矿体产出及其形态影响最大的是硅化和绿泥石化。

硅化：硅化是区内最广泛的一种近矿围岩蚀变，分布在背斜轴部及岩层由缓变陡的转折部位，厚度变化一般在轴部中心地带厚向周边逐渐变薄，呈透镜体产出，由于硅化体抗风化能力强，区内南部几乎裸露于地表，北部大部分埋藏在地下，见图 2-1。按硅化体的结构及空间分布可分为 Sid、Sia、Sib、Sic 四层，Sid 产在甲路组二段一亚段底部钙质千枚岩中呈透镜体产出，一部分称为硅化大理岩，原岩交代强时几乎成石英岩；Sia、Sib 两层为同一蚀变体，按原岩的结构，粗粒重结晶的为 Sia，致密细粒结构的为 Sib。Sia 在上，Sib 在下，两者互为消长关系，有时 Sib 尖灭，该两层产出在甲路组一段四亚段顶部，呈透明镜体产出，原岩可能为绿泥岩石。Sic 产在甲路组一段四亚段下部，呈层状产出，一般为硅化石英千枚岩，结晶颗粒大时称石英岩呈透镜状产出。

绿泥石化：绿泥石化是原变质作用形成绿泥石岩，经蚀变作用分解演变而成，一般混杂于 Sia 蚀变体中，或在 Sia 顶部呈似层状或透镜状分布。绿泥石化的强弱和硅化强度成正比，多与硅化体同时产出。因此，Sia 蚀变体中混杂绿泥石岩，由于分解演化的程度不同，形成多种型式出现。这种混杂的硅化绿泥石岩花斑状蚀变体是矿体的主要产出部位。在硅化体中绿泥石岩残留体常有磁铁矿、黄铁矿呈星点状密集分布，有时呈块状、透镜状分布。含铁绿泥石岩，在地表经地表水及氧化分解常形成针状和褐铁矿。热液蚀变是成矿作用的主要阶段，因此蚀变体是主要的找矿标志，该区的硅化体、黑层、大理岩透镜体的三位一体的空间分布地带是找矿的主要部位。除上述主要蚀变外，区内还有绢云母化、黄铁矿化、滑石化等。绢云母化常伴随硅化产于石英岩、石英脉的空隙中，黑层中绢云母化最为发育。黄铁矿化分为早期、晚期及成期后三种，早期为自形粗晶立方体，大者可达 15mm，晶面上有清晰的晶纹，分散产于矿体顶底板围岩中，在绿泥石岩中较多；晚期黄铁矿呈细粒致密块状、条带状、浸染状细晶聚合体，在围岩中常呈脉状、扁豆状产于矿体边缘，有的黄铁矿嵌布于闪锌矿中，有的黄铁矿颗粒被方铅矿包裹形成镶边结构，或与其他金属矿物共生呈细小的立方体。

四、九星矿段地层

九星矿段离地虎矿段较近(图 2-1)，直线距离不超过 300m，位于地虎北西部，矿床出露地层与地虎具有连续性。九星出露地层有下江群乌叶组一段一亚段(Qbw_1^1)，下江群甲路组二段的三个亚段(Qbj_2^1、Qbj_2^2、Qbj_2^3)和甲路组一段三、四亚段(Qbj_1^3、Qbj_1^4)。其中，甲路组二段主要分布在矿区的中北部，甲路组二段三亚仅在局部出露；甲路组一段四亚段主要分布在矿床中部，一段三亚段主要分布在矿床南部，各亚段岩性变化不大。

1. 乌叶组一段一亚段(Qbw_1^1)

该亚段只在矿区北部出露，与下伏甲路组地层呈整合接触，主要岩性为浅灰、灰绿色粉砂质板岩、绢云母板岩、千枚岩夹变余细-粉砂岩，厚450m。

2. 甲路组二段三亚段（Qbj_2^3）

该亚段在矿区北部出露，出露面积不大，为灰绿色绢云母钙质片岩，绢云母绿泥石钙质片岩夹肉红色、灰色大理岩透镜体，厚 20～69m。

3. 甲路组二段二亚段（Qbj_2^2）

该亚段在矿区中北部出露，出露面积较大，为灰色、灰绿色千枚岩，粉砂质板岩与变余砂岩互层，厚 100～130m。

4. 甲路组二段一亚段（Qbj_2^1）

主要为灰绿色钙质千枚岩夹灰白色、肉红色大理岩透镜体，劈理发育，厚 140～175m，为含矿系的上伏岩层。

5. 甲路组一段四亚段（Qbj_1^4）

由石英岩、石英千枚岩、绿泥石千枚岩、绢云母绿泥石石英千枚岩等组成的硅化蚀变岩系，厚 20～67m，是主要的含矿层位。由上至下可细分为六个岩性段或蚀变带（图2-2），分别是黑层（Pw）、绿泥石岩（Chl）、强硅化重结晶石英岩（Sia）、致密石英岩（Sib）、绢云石英千枚岩（Ph，在地虎矿段把此岩层编号为 Gm）和石英千枚岩（Sic），除了绿泥石岩（Chl）层与地虎矿段区别较大外，其他岩层的形态特征、次序及其岩石特征等跟地虎基本一致，这里不再赘述。各岩层分布情况见九星矿段 3 号勘探线剖面图（图2-5）。

不同的是，绿泥石岩较为发育，其为浅绿色、浅灰绿色绿泥石岩或绿泥石千枚岩，厚 0～6m，呈似层状或透镜状产出，倾向北东，倾角 15°～35°。上覆岩层为黑层（Pw）或强硅化重结晶石英岩（Sia），下层岩石为致密石英岩（Sib）或绢云母石英千枚岩（Ph）。与地虎相比不同的是：岩层有分枝复合现象，形态没有地虎稳定。在九星矿床标高560m 左右的绿泥石岩（Chl），直接出露地表，在黑层（Pw）和绿泥石岩（Chl）中间产有两层（不同期次）的石英脉，该层绿泥石岩（Chl）即为磁铁矿体。

6. 甲路组一段三亚段（Qbj_1^3）

灰绿色、深灰绿色绿泥石石英千枚岩、绢云母绿泥石千枚岩，含较多的磁黄铁矿，有铜多金属矿化和金、银显示，厚约 200～300m。

五、九星矿段构造

矿区位于党扭断层下盘、加磨—古矮背斜的北部倾没端上，区内岩层倾角在 20°～30°，局部倾角较大达 60°，背斜形态很清楚，向北倾伏，一般长 300～500m，在后期应力作用下，褶皱变形，给矿液提供了有利的富集空间。

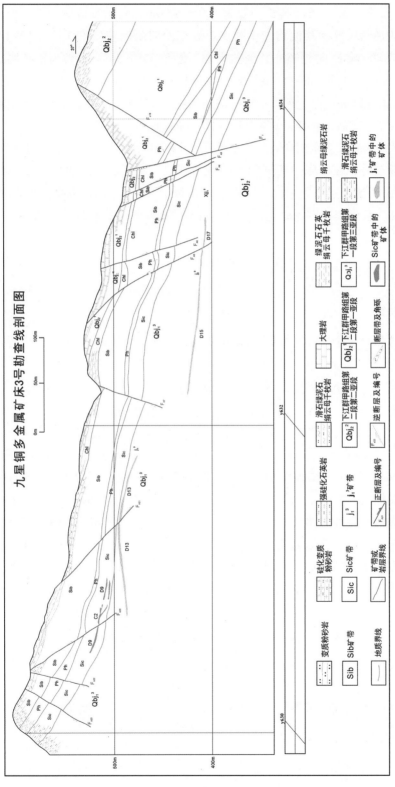

图2-5　地虎—九星铜金金属矿床九星矿段3号勘查线剖面图（据贵州省有色地质勘查局六总队，1988，修编）

在矿区内共有31条断层，可分为北西、北东向和东西向三组断层。北东向断层主要有 F_{19}、F_{16}、F_{14} 等12条，其长一般为 $200\sim1000m$，倾向东或倾向西，倾角 $49°\sim70°$，除 F_{24} 为逆断层外，其他均为正断层。近东西向断层主要有 F_5、F_7 等12条，长 $200\sim500m$ 不等，除 F_5 向北倾外其他向南侧，倾角 $53°\sim84°$，多数为正断层，仅 F_{22}、F_{23}、F_{30} 为逆断层。北西向断层主要是 F_1 及其分枝断层 F_1、F_8、F_9、F_{12}。F_1 即为九郎断层，区内出露长1200m，向北东倾，倾角 $65°\sim73°$，另外有 F_6、F_{13} 也为北西向断层。这些断层均形成于成矿后，破坏了矿体和蚀变体。除 F_1 断层外断距一般在5m以下。从断层相互错断的关系来看，近东西向断层最先形成，北东向断层次之，北西向断层最后形成。

除上述断层外，在矿床中还见到一缓倾角断层，此断层在地表出露不明显，产于绿泥石岩石与甲路组二段一亚段的接触部位，倾角约 $20°$，向北东倾，断层破碎带厚 $1°\sim2°$，主要为杂色糜棱岩，硅化，并可见较多的细粒磁铁矿和黄铁矿。

六、九星矿段矿体特征

1. 形态特征

九星矿体均分布于九郎断层即 F_1 断层下盘，F_6 号断层以东。矿体产出标高 $390\sim640m$，呈似层状、透镜体状和扁豆体状产出，局部有分枝复合现象，矿体厚度变化不大，形状较简单，产状与岩层产状一致，倾向北东，倾角 $15°\sim25°$。矿体产出位置及顺序跟地虎矿床基本一致，这里不再赘述。根据矿体产出部位自上而下可分为 Sia、J_1^4、Sib、Sic 和 J_1^3 五个矿带，共有13个矿体，各矿体规模见表2-4。

Sia 矿带共发现有5个矿体，除 Sia_3 外，其他矿体均出露地表，但出露面积均不大。Sia 矿带一般都产于 Sia 岩层中，但邻近的 Chl 和 Sib 岩层也有部分 Sia 矿带的矿体顺着岩层倾向方向插入。矿体平均厚度在 $0.92\sim2.84m$，矿体长在 $60\sim120m$，宽 $6\sim30m$。其中规模最大的 Sia_1 号矿体长120m，宽30m，最大厚度8.25m，平均厚度2.84m，厚度变化系数为74%，为较稳定类型。截至2012年底，虽然 Sia 矿带在矿山开采矿石量中（单独处理的磁铁矿除外）所占比重不到总量的4%，但金银金属量却分别占总量的59%和62%左右，说明金银的平均品位非常高。而铜金属量只占总数的3%左右，铅金属量占总数6%左右，锌金属量占总数5%左右。

表2-4　九星矿段矿体厚度、矿石量和金属量统计表

矿带编号	矿体编号	均厚度/m	矿石量/万t	金属量					
				Au/kg	Ag/kg	Cu/t	Pb/t	Zn/t	Fe/t
Sia	Sia_1	2.84	2.87	54.81	1476.7	83.77	310.83	42.57	
	Sia_2	2.11	0.78	29.72	369.33	2.83	1.15		
	Sia_3	0.92	0.12	3.63	63.72				
	Sia_4	2.52	0.34	20.33	56.54	0.54	3.06		
	Sia_5	2.75	0.42	7.69	137.1				

（续表）

矿带编号	矿体编号	均厚度/m	矿石量/万 t	金属量					
				Au/kg	Ag/kg	Cu/t	Pb/t	Zn/t	Fe/t
J_1^4	J_1^4-1	2.25	13.76						16882.55
	J_1^4-2	1.78	8.62						11698.26
	J_1^4-3	2.55	17.32						22100.41
Sib	Sib$_1$	1.63	3.33			45.3	363.51	112.63	
Sic	Sic$_1$	2.74	32.57	31.69	437.80	1311.65	2219.82	526.41	
	Sic$_2$	4.63	9.66	25.82	183.93	382.83	1411.41	49.07	
	Sic$_3$	2.18	4.72			118.94	334.31	44.13	
J_1^3	J_1^3-1	1.67	19.93	24.06	675.52	1226.3	596.67	27.72	
合计			114.44	197.75	3400.64	3172.16	5240.76	802.53	50681.22

J_1^4 矿带共发现 3 个矿体，由 J_1^4-1 矿体向 J_1^4-3 矿体自上而下顺序产出，矿体间为后期石英脉或含矿磁铁矿低的绿泥石岩（Chl）分隔。矿体厚度为 0.5~3.6m，磁铁矿的含量变化与厚度之间无相关性。J_1^4 矿带的磁铁矿矿体在历年数次地质勘探中均没有进行任何勘探工作，是矿山在生产过程发现，并进行露天开采。磁铁矿的入选品位在 15% 左右，磁铁矿中其他金属元素含量均很低，没有进行回收，未计入储量。

Sib 矿带只有一个矿体，产于千枚岩中，埋深约 30m。厚度为 0.5~4.7m，平均厚度 1.63m；长 78m，宽 16m。在矿山开采储量中 Sib 矿带所占矿石量的比例不足总数的 3%，金银品位很低，未进行统计，铜、铅和锌金属量所占比例也很低。该矿带是九星矿床中储量最少的矿带。

Sic 矿带有 3 个矿体，是九星矿床中规模最大的矿带，矿体主要产于 Sic 蚀变体中，呈似层状产出，有分枝复合现象，局部矿化较强处可见向 Sib 或 J_1^3 中延伸。倾向北东，倾角 20° 左右，埋深一般为 50m 左右，北部矿体埋深较大，南部矿体埋深较浅，矿石量约占总数的 41% 左右，金银品位不高，金银金属量所占矿床总量不足 30%，但铜、铅和锌金属量所占矿床总量分别达 57%、76% 和 77%。可见 Sic 矿带矿体为铜、铅、锌多金属矿体。

J_1^3 矿带仅有一个矿体，分布在矿床东部，呈似层状产于甲路组一段三亚段地层中，倾向北东，倾角 25° 左右。矿体长 430m，宽 100~260m，是九星矿段中最稳定的矿体。矿石量占总量的 18% 左右，金、银金属量分别占总量的 12% 和 20% 左右，铜金属量占总量的 39% 左右，铅、锌金属量所占比例均不足 12%。可见，J_1^3 矿体为一以铜为主的多金属矿体。

2. 矿石特征

Sia 和 Sib 带矿体矿石以块状和条带状矿石为主，矿石与围岩界线清晰。J_1^3 和 J_1^4 矿带矿体矿石以条带状、细粒浸染状、细脉状或网脉状矿石为主，矿石与围岩是逐渐过渡的，一般需通过连续取样确定矿体边界。矿石中常见粒状结构、包晶结构和斑状变晶结构等。主要金属硫化矿物有黄铜矿、黝铜矿、方铅矿、闪锌矿和黄铁矿，主要金属氧化物为磁铁矿；自然金、银金矿呈细小颗粒包裹于黝铜矿、黄铜矿、闪锌矿、方铅矿、磁铁矿之中；脉石矿物有石英、绿泥石、绢云母等。矿石中有褐铁矿、孔雀石、铅钒等次生氧化矿物，Sia 和 J_1^4 矿带浅部矿体有一定程度的氧化，为混合矿石，约占总矿石量的 16% 左右；Sib、Sic 和 J_1^3 矿带矿石基本全部是原生矿。

在九星矿段中有用元素是 Au、Ag、Cu、Pb、Zn 和 Fe。在不同矿带中有用元素的分布具有一定的规律性，与蚀变体中元素的垂直分带一致。Au、Ag 和 Fe 主要富集在 Sia 矿带，Cu、Pb、Zn 主要富集在 Sic 矿带，在 J_1^3 矿带中 Cu 也较富集。

在不同矿体中，各种有用元素从变化系数来看变化较大，在 Sia 矿带中，金的变化系数为 40% ~ 95%，属较均匀的类型；在 J_1^4 矿带中，铁的变化系数为 38% ~ 92%，属较均匀的类型；银的变化系数为 69% ~ 145%，属较均匀至不均匀的类型。铜、铅、锌的变化系数为 45% ~ 225%，属较均匀至极不均匀类型。在 Sib 矿带中，Cu、Pb、Zn 的变化系数为 36%、44%、58%，都属较均匀类型。在 Sic 矿带中，Ag 的变化系数为 90% ~ 142%，Pb 的变化系数为 81% ~ 129%，属较均匀至极不均匀类型，其他元素的变化系数为 113% ~ 230%，属不均匀至极不均匀类型；在 J_1^3 矿带中，Cu 的变化系数为 82%，Ag 的变化系数为 91%，均属较均匀类型。其他元素有变化系数都大于 100%，最高 Pb 达 296%，属不均匀至极不均匀的类型。

七、九星矿段围岩蚀变

热液蚀变有：硅化、绿泥石化、磁铁矿化、绢云母化、黄铁矿化和碳酸盐化等，其中硅化和绿泥石化最为发育，而硅化和磁铁矿化与矿的关系最为密切。在甲路组一段四亚段（Qbj_1^4）中，矿床北东部，绿泥石岩的磁铁矿化直接形成了浸染状磁铁矿体，铁的平均含量达到 15% 左右，而且矿化较均匀。在其他岩层中虽然也有磁铁矿化，但主要以稀疏星点状矿化为主，铁的含量很低。硅化主要是在甲路组一段顶部，形成了一套以石英岩为主的硅化蚀变岩系（Sia、Sib 和 Sic），甲路组二段一亚段的大理岩除局部有硅化外，一般未见硅化。

八、矿段地质特征对比

比较地虎、九星两个矿段地质特征不难发现：

矿区内地层出露略有差别，但层序上是连续的。地虎出露甲路组一段的全部四个亚段（$Qbj_1^1 \sim Qbj_1^4$）和甲路组二段的一、二两个亚段（Qbj_2^1、Qbj_2^2）地层，并在矿床南东部有混合岩出露。九星主要出露甲路组一段的三、四亚段（Qbj_1^3、Qbj_1^4）和甲路组二段的全部三个亚段（Qbj_2^1-Qbj_2^3），并在矿床北部有乌叶组一段一亚段（Qbw_1^1）地层出露。

矿带及矿体分布与地层、构造和岩层不同的特征密切相关。地虎和九星矿段内的矿体均分布在加车背斜上，受硅化体及断裂控制，产于甲路组一段三亚段和四亚段的绿泥石石英千枚岩、绢云母绿泥石千枚岩、绿泥石岩和强硅化重结晶石英岩等岩层中。

除了九星上部甲路组一段四亚段(Qbj_1^4)中绿泥石岩层里的磁铁矿外，两个矿段的其他矿体均为多元素综合体，并且在垂向上元素从上到下的富集是以金、银为主过渡到以铜、铅和锌为主，即Sia矿带矿体以金、银为主，J_1^3矿带矿体以铜、铅和锌为主。

两个矿段围岩蚀变特征基本相似，但地虎矿段硅化比九星矿段强，特别是地虎Sia硅化岩层中的Sia矿带矿体，表明地虎矿段成矿流体中富硅。相反，九星矿段磁铁矿化比地虎矿段强，甚至形成达到工业品位的矿体，表明九星矿段具有利于磁铁矿化的形成条件，即可能存在较高的氧逸度。

第二节 那哥铜铅多金属矿床

从江那哥铜铅多金属矿床位于加榜背斜西翼，赋存于新元古代下江群甲路组(Qbj)和乌叶组(Qbw)变质沉积建造中，受近东西向断裂构造的控制(图2-6)。本书作者从地质、构造、岩浆等多个方面对该矿床进行了详细描述(刘志臣等，2010；杨德智等，2010a，2010b；王劲松等，2010；陈芳等，2011；杨旭等，2011；周家喜等，2011；王珏和周家喜，2013)，本节在综合各类资料的基础上，开展详实的矿床地质野外观察和室内显微分析。

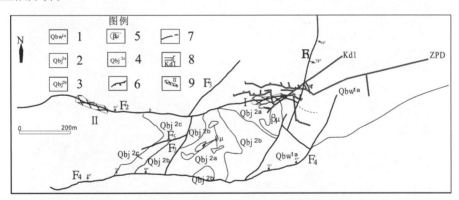

1.乌叶组一段a亚段；2.甲路组二段a亚段；3.甲路组二段b亚段；4.甲路组二段c亚段；5.辉绿岩；6.正断层；7.推测断层；8.坑道及编号；9.矿体及编号

图2-6 那哥铜铅多金属矿床地质略图(实测资料综合)

一、矿 区 地 层

矿区出露地层主要为新元古界下江群甲路组、乌叶组和第四系。现将地层由老至新简述如下：

1.甲路组(Qbj)

甲路组分为两个岩性段。

(1)甲路组一段(Qbj^1)

本区仅出露该段顶部即b亚段(Qbj^{1b})的上部地层。

主要由浅灰、灰绿色石英绢云母千枚岩及石英绢云母片岩,夹少量灰绿色中-厚层变质石英细砂岩组成。该亚段岩石以千枚岩、片岩为主,普遍变形变质较强,其中上部绿泥石片岩中富含磁铁矿,岩石的沉积构造被完全改造,下部千枚岩中常含较多的锰质透镜状或条带。厚120~200m。

(2)甲路组二段(Qbj²)

以钙质岩作为标志层分为 a、b、c 亚段。

a 亚段(Qbj²ª):称"下钙质岩系"。岩性为灰绿色钙质千枚岩夹片岩及蚀变基性火山岩。局部有辉绿岩侵入。厚50m左右。

b 亚段(Qbj²ᵇ):主要岩性有灰黄色、灰绿色灰中-厚层变质粉砂岩,以及板岩、粉砂质千枚岩、含锰质片岩夹变质细砂岩。局部有辉绿岩体侵入。厚150~180m。

c 亚段(Qbj²ᶜ):称"上钙质岩系"。岩性为灰、灰绿色钙质千枚岩,以及含钙质千枚岩、含钙质变质粉砂岩夹锰质片岩。厚160m。

甲路组二段岩性及厚度稳定,是划分甲路组与乌叶组的标志层(图2-7)。

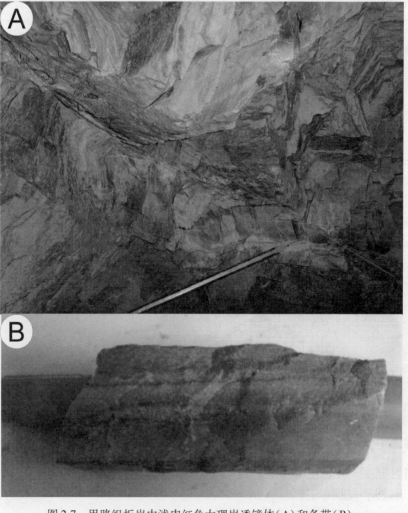

图2-7　甲路组板岩中浅肉红色大理岩透镜体(A)和条带(B)

2. 乌叶组（Qbw）

乌叶组按岩性组合特征分为两个岩性段。

（1）乌叶组一段（Qbw^1）

分为 a、b 亚段。

a 亚段（Qbw^{1a}）：下部由深灰色中厚层炭质粉砂质绢云母板岩、片岩组成。中部由深灰色绢云母绿泥片岩夹炭质粉砂质绢云母板岩组成。上部由灰色、灰绿色粉砂质绢云母板岩与炭质千枚岩互层组成，夹中-厚层变质粉-细砂岩。厚约400m。

b 亚段（Qbw^{1b}）：岩性由灰、灰绿色中-厚层变质石英粉砂岩、变质细砂岩组成。呈厚层状及块状产出，普遍发育水平层理、斜层理，底界面清楚。厚约330m。

（2）乌叶组二段（Qbw^2）

岩性以灰黑色薄-中厚炭质粉砂质绢云板岩、炭质千枚岩、炭质石英绿泥绢云母片岩为主，夹少量变质石英粉-细砂岩。以出现大量的黑色炭质板岩和炭质千枚岩作为与一段的划分标志。本段在矿区较稳定，普遍含碳质和细粒状黄铁矿（图2-8）。见厚大于400m。

图2-8　乌叶组绢云母板岩、碳质千枚岩及断层中发育的细粒黄铁矿

3. 第四系

第四系主要沿河流两面侧及山麓缓坡地带分布，按其成因分为：①冲洪积层，主要分布在山间盆地及河谷沿岸；②由于长期风化剥蚀原因，在山脊及缓坡地带分布有残积层，一般厚度为3～5m，自上而下岩性为腐殖层、土壤层、含砾层。

二、矿 区 构 造

矿区位于加榜背斜西翼，总体为一单斜构造，地层倾向 280°～330°，倾角 13°～35°。由于受岩体侵入及断裂破坏的影响，地层产状变化较大，局部地段倾向北东。矿区断裂构造发育，主要为近东西向、北西—南东向和南北向。其中近东西向构造是矿区主要的控(容)矿构造。断层性质(以下断层编号仅与图 2-6 关联)分述如下：

F_1 断层(宰便断层)：断层走向大致为南北向，全长约 34km，为区域性高角度正断层。倾向东、东南，倾角 55°～80°，垂直断距 300～500m，断层破碎带宽数米至十余米。在破碎带中有破碎角砾带和形状不规则的硅质条带及石英团块。在石英团块中发育细粒粉末状黄铁矿(图 2-8)。此外，断层带中主要为断层角砾岩、构造透镜体。

F_2 断层(尾硐溪断层)：断层走向近东西向，倾向南，倾角 45°～75°，已知长约 4km。断层面平直光滑，在走向及垂向上均表现出舒缓波状的特征，擦痕、阶步发育。断层带宽 5～10m，带内发育构造透镜体及 S-C 组构造(图 2-9)。断层上下盘均出露甲路组和乌叶组地层，辉绿岩体只分布于其下盘。

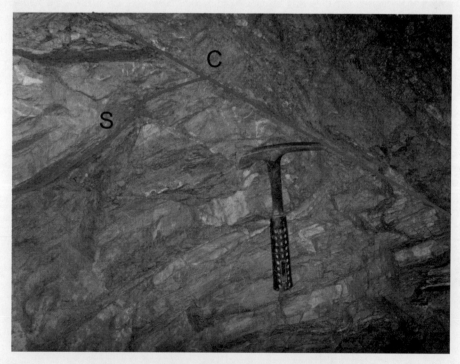

图 2-9　那哥铜铅多金属矿床 F_2 断层 S-C 组构发育

沿断层走向的不同地段，断层变形现象明显，一般表现为由断裂带中心向两侧有断层破碎带→硅化带→旁侧牵引带的渐变过渡分带特征。局部地段次级断层较为发育，部分次级断层为与主断面平行的延伸不远的小断裂，其次为与主断面倾向相反的羽状裂隙，且部分羽状裂隙中也有矿脉充填。根据断层带内不同构造部位发育的擦痕、阶步及 S-C 组构判断该断层破碎带经历了多期次、不同性质的构造活动。从断层破碎带岩性特征来看，为张扭性断层，是主要的容矿构造。

F_3 断层：断层走向北北东，倾向南东，倾角 75°左右。断层破碎带宽 1~2m，断距约 15m，该断层将被 F_2 段层错断。

F_4 断层：为正断层，走向近东西向，与 F_2 断层大致平行。东面慢慢转向北东，倾角 50°~85°。断层破碎带宽 2~8m，破碎带岩石主要为断层角砾岩，角砾为板岩、千枚岩等区域变质岩，蚀变明显，未见明显矿化。

F_5 断层：走向近东西，为次级小断裂。

三、矿区岩浆岩

矿区内岩浆岩为辉绿岩(图 2-10)，主要分布在矿区南部加榜乡那哥村附近，呈岩株、岩床状产出(王劲松等，2010a)。另外，在规那也有零星呈岩群出露。岩体规模总体较小，南北两端为断层断失，呈岩席状侵位于甲路组第一段和第二段之间。岩体主要呈块状构造，顶部见交代角砾状构造，底部因后期变形发生片理化，中心部位见交代的方解石、石英聚合斑晶。岩石呈绿色-深绿色，可见变余辉绿结构，主要矿物为基性斜长石、中性斜长石、钠长石、辉石和黑云母。岩体蚀变较强烈，主要有绿泥石化(主要为叶绿泥石，含量 20%~50%)、碳酸盐化(含量 5%~15%)、硅化(石英，含量 5%~15%)及绢云母化(1%~5%)(详细的岩石特征和岩石地球化学及年代学研究见本书第六章第三节)。

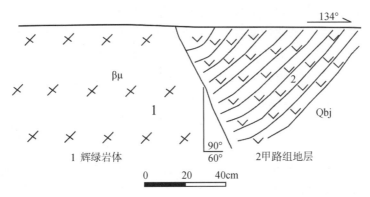

图 2-10　辉绿岩切甲路组地层呈岩墙侵入接触素描图

在研究区内还存在隐伏花岗斑岩体，在钻孔 ZK001 约 500m 处发现该岩体，钻深至 750m 左右尚未揭穿岩体(周家喜等，2011)。随后在几公里开外实施的又一钻孔进一步揭露该岩体，同时该区 2011 年底又通过 ZK1304 揭露该岩体，结合遥感线环构造解译成果，认为该岩体规模巨大。那哥矿区花岗斑岩呈灰白色，斑状结构，块状构造。斑晶主要为石英斑晶、长石斑晶(主要是斜长石)和黑云母斑晶，其中石英斑晶呈烟灰色，粒度多为 2mm×3mm，长石斑晶巨大，一般为 2mm×10mm，个别可达 2cm×3cm。基质主要为石英和长石，少量黑云母和副矿物(详细的岩石特征和岩石地球化学及年代学研究见本书第六章第四节)。

四、矿体地质特征

1. 矿体形态、产状及规模

矿区铜铅化大致沿近东西向展布，目前发现的矿体和矿化均产于辉绿岩体旁侧和附近的构造断裂强硅化蚀变碎裂带中，矿体总体受尾硐溪断裂（F_2）控制，断层走向 270°～280°，倾角 45°～85°。根据矿床联合中段图以及控矿断裂的产状推测本矿床目前揭露的是两个矿体，分别称为 I 号矿体和 II 号矿体。与矿化关系较为密切的地层主要为甲路组二段（Qbj^2）。矿体总体走向近东西，倾向北西，主要呈脉状、透镜体状产出，形态复杂，变化系数大，多呈不连续状分布，矿体膨大狭缩现象明显。

I 号矿体：矿体呈似层状、透镜状、脉状，赋存 F_2 断裂破碎带中，主要赋矿围岩为绢云母板岩、片岩及千枚岩。矿体产状与断层产状基本一致，断层走向 270°～280°，倾角 65°～80°。F_2 断裂破碎带宽一般 4～6m，局部可达 10m。通过坑道工程和钻探工程，控制的矿（化）体沿走向长约 230m，沿倾向宽约 120m，矿体一般厚 1.5～2.4m，平均厚 1.88m，厚度变化系数 28%，厚度属稳定类型，矿石矿物为方铅矿、黄铜矿，少量黄铁矿，矿石品位 Pb 为 1.11%～9.25%，Cu 为 0.1%～0.88%。矿物组合有两种类型，一种为石英-硫化物型，主要矿石矿物为黄铜矿、黄铁矿及少量方铅矿，脉石矿物为石英。另一种为硅化-硫化物型，主要矿物是方铅矿，方铅矿呈团块状及细粒侵染状。

II 号矿体：与 I 号矿体赋存于同一条矿化破碎带（F_2 断裂）中，两矿体相距约 400m。矿物组合以硅化-硫化物型为主，主要矿物是方铅矿，方铅矿呈团块状及细粒侵染状。矿体产状以段层产状基本一致，走向近东西向，倾向北，倾角 65°～80°。矿（化）体呈脉状、透镜状，走向长约 120m，厚 1.54～3.60m，平均厚 2.51m。矿石矿物为方铅矿，少量黄铁矿和黄铜矿，矿石品位 Pb 为 1.14%～3.03%。

2. 矿化类型

石英脉型：石英脉型矿化是矿区最主要的矿化类型，是两个矿体的主体，分布范围最广，矿化规模及矿化强度最强。富铅贫锌、矿化分布极不均匀为本区矿化的主要特点，且在较短距离内矿石品位变化大。

蚀变岩型：在石英脉两侧发育，为含矿热液灌入早期硅化围岩、围岩间的微裂隙而形成的，矿化相对较弱，以铅矿化为主。

3. 矿物成分

主要矿石矿物有黄铁矿、黄铜矿、方铅矿以及少量的闪锌矿，脉石矿物以石英、绢云母、方解石、黄铁矿、绿泥石为主。主要金属矿物特征如下：

黄铁矿手标本中为亮黄白色，金属光泽，解理不发育，硬度与小刀相当，矿物呈细粒粉末状，半自形-自形，立方体晶型清晰可见。反光镜下呈黄白色，含量次于黄铜矿，属于除两种主要成矿矿物以外含量最高的金属矿物。黄铁矿呈半自形-他形粒状，大部分被交代，有的交代残余很显著，有的被黄铜矿沿着晶体边缘交代形成镶边结构。

方铅矿是主要矿石矿物，亮铅灰色，自形-半自形粒状结构，通常呈立方晶体，强金属光泽，条痕色为灰黑色，粒度一般为 1～3mm，个别可达 7mm，硬度低于小刀。主要呈块状、浸染状、细脉状分布于石英脉中或硅化围岩的破碎带中。反光镜下呈白色，含量较高，黑三角孔十分明显，使得揉皱现象较容易就观察的到。方铅矿有的呈细脉状穿切石英，有的将石英交代呈港湾、岛弧状。

闪锌矿反光镜下呈灰色，含量很少，有内反射色，红褐色。在以黄铜矿为主的光片内闪锌矿分布稍多，然而在方铅矿强烈揉皱的光片内几乎没有分布闪锌矿。

黄铜矿是次要矿石矿物，铜黄色，局部可见锖色，细粒半自形或他形，金属光泽，条痕色为绿黑色，硬度低于小刀。主要呈团块状、被膜状与方铅矿共生，也有单独产在石英脉中的黄铜矿，还有部分黄铜矿呈粒状分布在蚀变辉绿岩中。在 PD2 中还可见孔雀石。反光镜下呈铜黄色，典型的他形集合体，有的表面被氧化出现粉、紫色等锖色。明显出现两种分布形态，一种是星点状分布在石英内，含量较少；另一种是大面积分布，与其他金属矿物一起明显交代石英，含量较高。

五、结构-构造及围岩蚀变

1. 矿石结构

根据野外实地地质观察和室内光、薄片鉴定以及电子探针分析（图 2-11～图 2-16），本区矿石结构主要有：

半自形-他形粒状结构：黄铁矿晶体被交代的程度不同，导致有的黄铁矿晶体晶型尚可辨认，即成半自形-他形粒状结构，而黄铜矿、方铅矿等为他形。

包含结构：早期形成的黄铁矿被黄铜矿包含其中，黄铁矿晶型尚可见。

镶边结构：是黄铜矿沿着黄铁矿的晶体边缘四周交代，呈现出镶边的假象。

交代残余结构：黄铁矿和石英被黄铜矿、方铅矿不同程度的交代，但都见被交代矿物的残余，即成交代残余结构。

解理结构：方铅矿的黑三角孔就是方铅矿的三组解理相交而成，而三角形表面的方铅矿脱落导致三角孔变成黑三角。

揉皱结构：通过方铅矿的三角形边的弧弯体现出方铅矿的揉皱现象，有的方铅矿揉皱现象程度较低，但是还有方铅矿出现多向的定向高程度揉皱现象。

压碎结构：黄铁矿晶体呈现出不同程度的碎裂形态，可能是因为受到外力作用而黄铁矿硬度较高，脆性较大，所以出现压碎结构。

2. 矿石构造

本区矿石构造主要由条带状构造、浸染状构造、角砾状构造、细脉状构造、网脉状构造、团块状构造等（图 2-11～图 2-16）。

图 2-11　矿体及手标本照片

a. 方铅矿被石英包裹与黄铜矿共生；b. 石英、方铅矿被黄铜矿包裹；c. 方铅矿被黄铜矿包裹与石英共生；d. 石英、方铅矿被黄铜矿包裹。Qz. 石英；Gl. 方铅矿；Clp. 黄铜矿

图 2-12　电子探针背散射照片

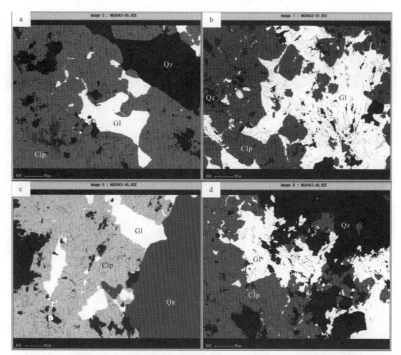

a. 方铅矿被黄铜矿包裹；b. 黄铜矿被方铅矿交代；c. 方铅矿被黄铜矿包裹与石英共生；
d. 方铅矿交代黄铜矿。Qz. 石英；Gl. 方铅矿；Clp. 黄铜矿

图 2-13　电子探针背散射照片

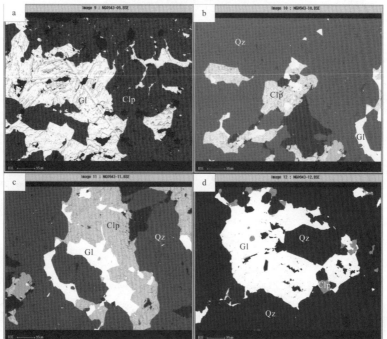

a. 黄铜矿被方铅矿交代形成港湾构造；b. 方铅矿被黄铜矿包裹，黄铜矿被石英包裹；c. 方铅矿被
黄铜矿包裹与早期石英共生，均被晚期石英包裹；d. 早期石英被方铅矿包裹，与黄铜矿共生被晚
期石英包裹。Qz. 石英；Gl. 方铅矿；Clp. 黄铜矿

图 2-14　电子探针背散射照片

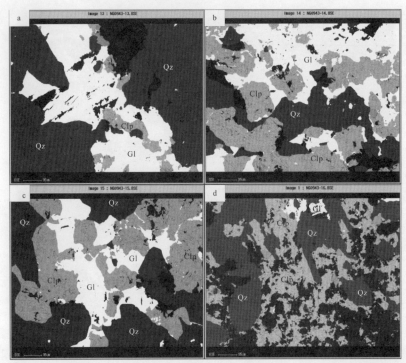

a. 黄铜矿被方铅矿包裹，后被石英包裹；b. 方铅矿包裹交代黄铜矿；c. 方铅矿、黄铜矿石英共生；
d. 交代残余黄铜矿与石英共生。Qz. 石英；Gl. 方铅矿；Clp. 黄铜矿

图 2-15　电子探针背散射照片

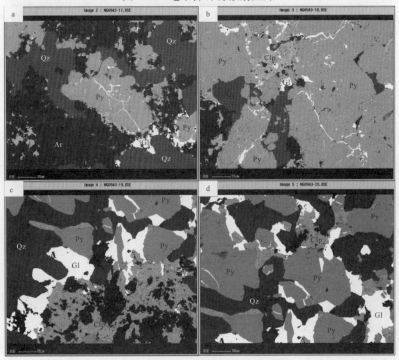

a. 方铅矿呈细脉状穿于黄铁矿中；b. 方铅矿呈细脉状穿于黄铁矿中；c. 方铅矿、黄铁矿石英共生；
d. 石英与硫化物共生。Qz. 石英；Gl. 方铅矿；Clp. 黄铜矿；Py. 黄铁矿

图 2-16　电子探针背散射照片

条带状构造：方铅矿沿灰白-烟灰色石英脉分布，形成稳定的颜色深浅不同的条带。

浸染状构造：方铅矿、黄铜矿的集合体形态不规则，沿着石英脉表面呈稀疏星散状分布。

细脉状构造：方铅矿、黄铜矿沿着石英脉呈细脉状分布。

网脉状构造：方铅矿、黄铜矿等硫化物沿着硅质岩的网状裂隙充填交代而成。

团块状构造：黄铜矿-石英脉中的黄铜矿集合体呈团块状分布在石英脉中，局部可见黄铜矿呈致密块状分布在石英脉中。

3. 围岩蚀变

围岩蚀变多发育于断层破碎带、片理及节理化和两侧围岩。主要有硅化（呈烟灰色）、方解石化、黄铁矿化、绢云母化、绿泥石化等（图2-17）。以硅化（呈烟灰色）、绿泥石化、碳酸岩化最为广泛（杨德智等，2010a）。

图 2-17　围岩蚀变特征

硅化：硅化在坑道内广泛出现，为区内主要的蚀变类型，可以出现在矿体的上、下盘，形成的矿物为隐晶质硅质和石英集合体。硅质热液交代近矿辉绿岩、板岩和千枚岩等而呈致密块状的硅质岩石，或呈石英脉、石英网脉的形式穿插在地层、辉绿岩体中，对指导找矿具有重要意义。

绿泥石化：在矿区内分布也较为广泛，但是在矿体下盘中所见较多，绿泥石呈绿—深绿色，由于赋矿围岩主要为钙质板岩、基性火山岩，并且在含矿断裂的下盘还分布有辉绿岩，当含矿热液与这些岩石发生交代时，便形成了绿泥石化。发生绿泥石化的岩石较为疏松，断面有时含有片状白色矿物。绿泥石化与矿化的关系也较为密切。

碳酸盐化：蚀变较为普遍，为后期蚀变次生产物，呈不规则团块状、细脉状、晶簇状分布，可见方解石穿插早期石英脉或与石英共生，局部可见方铅矿呈细脉状分布在方解石脉中。

第三节　友能铅锌多金属矿床(点)

一、矿区地层

矿区出露地层主要为上元古界青白口系下江群甲路组、乌叶组。现将地层简述如下。

1. 乌叶组(Qbw)

乌叶组按岩性组合特征分为两个段。

(1)乌叶组一段(Qbw^1)

按岩性组合特征分为 a、b 亚段。

a 亚段(Qbw^{1a})：上部由灰、灰绿色粉砂质绢云母板岩与炭质千枚岩互层组成，夹中-厚层变质粉-细砂岩；中部由深灰色绢云母绿泥片岩夹炭质粉砂质绢云母板岩、片岩组成；下部由深灰色中厚层炭质粉砂质绢云母板岩、片岩组成。厚 350～520m。

b 亚段(Qbw^{1b})：岩性由灰、灰绿色中-厚层变质石英粉砂岩、变质细砂岩组成。呈厚层及块状产出，单层厚度 60～200cm，普遍发育水平层理、斜层理，底界面清楚。厚约300m。

(2)乌叶组二段(Qbw^2)

岩性以灰黑色薄-中厚炭质粉砂质绢云板岩、炭质千枚岩、炭质石英绿泥绢云母片岩为主，夹少量变质石英粉-细砂岩。发育水平层理、波状细纹层理及平行层理。以出现大量的黑色炭质板岩和炭质千枚岩作为与一段的划分标志。见厚大于430m。

2. 甲路组(Qbj)

本区仅出露二段 b 亚段(Qbj^{2b})及其以上地层。

b 亚段(Qbj^{2b})：主要岩性有灰黄色、灰绿色灰中-厚层变质粉砂岩、板岩、粉砂质千枚岩、含锰质片岩夹变质细砂岩。在变质粉砂岩、粉砂质千枚岩中显水平纹层。厚130～190m。

c 亚段(Qbj^{2c})：称"上钙质岩系"。岩性为灰、灰绿色钙质千枚岩，含钙质千枚岩、含钙质变质粉砂岩夹锰质片岩。钙质千枚岩中含大理岩透镜体或大理岩条带，大理岩多呈浅肉红色。厚160m。岩性及厚度稳定，是划分甲路组与乌叶组的标志层。

3. 第四系

第四系主要沿河流两面侧及山麓缓坡地带分布，按其成因分为：①冲洪积层，主要分布在山间盆地及河谷沿岸，冲积层由粗砾到细砾的二元沉积结构。②由于长期风化剥蚀原因，在山脊及缓坡地带分布有残积层，一般厚度为 3~7m，自上而下岩性为腐植层、土壤层、含砾层。

二、矿区构造

铅锌矿位于宰便逆断层的西盘，属于党扭正断层，发育有北西向韧性剪切带以及北东向背向斜。北西向断层是矿区主要的控矿构造。

三、矿体地质特征

矿体赋存层位为乌叶组一段灰、灰黑色粉砂质绢云母板岩、绢云母板岩(图 2-18)，矿体受北西向的党扭断层控制，断层倾向 200°~210°，倾角 70°~74°。由坑探工程揭露，浅部矿体沿断层破碎带呈脉状、透镜状产出。见矿脉长度大于 150m，厚 2~6m，Pb 品位 1.35%~9.70%，Zn 品位 0.01%~2.08%。

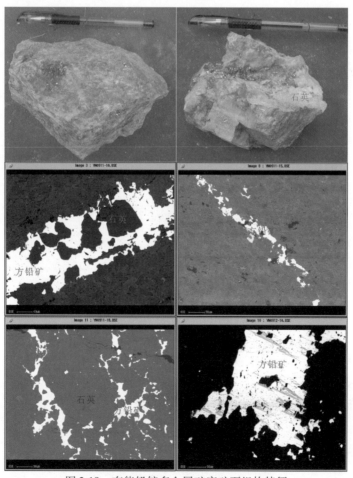

图 2-18　有能铅锌多金属矿床矿石组构特征

四、矿石特征和围岩蚀变

矿石矿物为方铅矿、闪锌矿。脉石矿物主要是绢云母、陆源碎屑、石英、黄铁矿，次为白云石、绿泥石、含钛矿物、电气石(图2-18)。矿石中的主要有益组分为铅、锌，经取样分析，有能矿段矿石品位一般含 Pb 为 2.00% ~ 9.7%，Zn 为 0.01% ~ 2.08%，局部含 Pb 品位可达15.20%。矿石结构主要为自形-半自形-他形粒状结构，不等粒镶嵌结构、碎粒结构、包含结构、交代结构。矿石构造有角砾状构造、细脉状构造、浸染状构造、浸点状构造、网脉状构造、团块状构造等(图2-18)。围岩蚀变主要有硅化、白云石化、黄铁矿化、绢云母化、绿泥石化等。

第三章 成矿流体地球化学

流体包裹体是矿物形成时被俘获的成矿溶液,它保存了丰富的成矿信息(卢焕章,2004),流体包裹体观测是了解成矿物理化学条件的基本方法和有效途径之一。本章拟以地虎—九星铜金多金属矿床和那哥铜铅多金属矿床为例,深入剖析多金属成矿的物理化学条件及其对矿床成因的指示信息。

第一节 地虎—九星铜金多金属矿床

一、包裹体特征

成矿期石英流体包裹体发育情况的显微观察显示,包裹体以原生包裹体为主,少量沿愈合裂隙分布的可能是次生包裹体。包裹体较小,大多为 $6 \sim 13\,\mu m$,包裹体类型以气液包裹体为主,气液比变化较大。包裹体形状不规则,多数为浑圆形、长条形、负晶形及无规则多边形(陈瑶等,2009a;马思根,2013)。原生包裹体呈集中成群分布或不规则分散分布(图 3-1)。次生包裹体呈条带状或线状分布,体积细小。按包裹体在室温下的相态特征,将矿床矿体中石英流体包裹体分为以下几种类型(表 3-1)。

表 3-1 地虎—九星矿床石英流体包裹体一般特征

矿段	样品号	包裹体类型	气液比/%	含量/%	大小/μm	相态组合	形态及分布
地虎	DH019 DH030 DH0116 DH0117 DH0104 DH0110 DH042 DH046	富液体包裹体	5 ~ 45	65	3 ~ 18	L + V	浑圆形、长条形、负晶形、不规则多边形,大多数为较均匀分布或线状分布
		富气体包裹体	55 ~ 95	15	4 ~ 16	L + V	
		纯液体包裹体	0	15	2 ~ 13	L	
		纯气体包裹体	100	5	5 ~ 15	V	
九星	JX0116 JX0106 JX0101 JX0113 JX0105 JX046	富液体包裹体	5 ~ 45	55	2 ~ 18	L + V	椭圆形、菱形、不规则多边形、负晶形,均匀分布或集中成群分布
		富气体包裹体	55 ~ 95	25	4 ~ 17	L + V	
		纯液体包裹体	0	10	2 ~ 12	L	
		纯气体包裹体	100	10	4 ~ 16	V	
		纯气体包裹体	100	5	4 ~ 12	V	

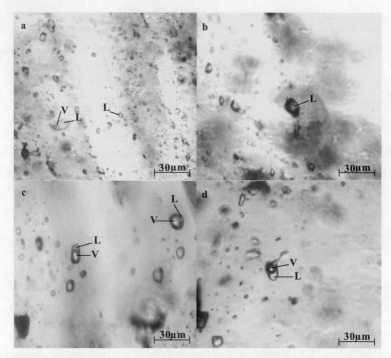

a.富液体及纯液体包裹体；b.纯气体包裹体；c.富气体包裹体；d.次生气液包裹体

图 3-1　　地虎—九星矿床石英流体包裹体特征

1. 富液体包裹体

该类型包裹体室温下由气相和液相组成，极少部分包裹体含有两种气相成分，液相占整个包裹体体积 50% 以上，均一到液相。包裹体的形状大多数是椭圆形、菱形及不规则棱角状，有负晶形。包裹体大小在 5 ~ 16μm。该类型包裹体占包裹体总数的 60% 左右，地虎—九星矿床石英中均发育该类型的包裹体，但地虎矿床中富液体包裹体所占比例相对较多。

2. 富气体包裹体

室温下由气相和液相组成，气相占整个包裹体体积达 50% 以上，均一到气相。包裹体的形状大多数为负晶形，少数为椭圆形，包裹体相对较大，大小为 5 ~ 14μm。该类型包裹体占包裹体总数的 25% 左右，地虎—九星矿床矿体石英中均发现该类型包裹体，而在九星矿床中富气体包裹体所占比例相对较多。

3. 纯液体包裹体

该类型包裹体室温下由单一液相组成，个体较小，大小为 2 ~ 6μm。包裹体形状以不规则状、椭圆状及多边形状为主，多数呈稀疏状分布，发育较少，该类型包裹体占包体总数的 10% 左右。地虎—九星矿床石英中均发育该类型的包裹体，其中地虎矿床中纯液体包裹体所占比例相对较多。

4. 纯气体包裹体

该类型包裹体室温下由单一气相组成，该类型包裹体形状较规则，多数为负晶形。包裹体大小为 7~12μm。该类型包裹体占包裹体总数的 5% 左右，地虎—九星矿床矿体石英中均发现该类型包裹体，但在地虎矿床纯气体包裹体所占比例相对较少。

二、均一温度和盐度

1. 测试方法

流体包裹体显微测温在中国科学院地球化学研究所矿床地球化学国家重点实验室流体包裹体实验室进行，运用 Linkam THMSG 600 型冷热台对包裹体的均一温度和冰点进行测定，冷热台的测试精度分别为：低于 30℃ 时，±0.2℃；大于等于 30℃ 小于 300℃ 时，±1℃；大于等于 300℃ 小于 600℃ 时，±2℃。包裹体测试过程中，采用变速升温法，低温时（<30℃）升温速率是 3℃/min，接近 CO_2 初熔点、冰点以及络合物融化等温度时升温速率降为 0.2~0.5℃/min；在中-高温时（>30℃），升温速率一般为 10~15℃/min，在相变温度附近时，升温速率再降为 1℃/min，并及时记录均一温度。冷冻测温时，利用液氮对包裹体进行降温，在温度下降过程中观察包裹体的变化，包裹体冷冻后，再缓慢升温，至冰晶刚刚熔化，记录冰点温度。在测试过程中，要求均一温度重现误差 <2℃，冰点温度重现误差 <0.2℃。

2. 均一温度

流体包裹体测温结果见表 3-2，流体包裹体均一温度直方图见图 3-2 和图 3-3。地虎矿段均一温度变化较大，为 82~417℃，大多数流体包裹体的均一温度都在 180~280℃，具有较明显的两个峰值，分别为 180~200℃ 和 240~280℃（图 3-2）。九星矿段均一温度变化较地虎略低，为 129~375℃，大多数流体包裹体的均一温度也在 180~280℃，也存在较明显的两个峰值，分别为 180~200℃ 和 260~280℃（图 3-3）。表明这两个矿段的成矿温度基本一致。

表 3-2　地虎—九星铜金多金属矿床流体包裹体均一温度及冰点测定结果

矿段	测定数量	大小	包裹体类型	气液比/%	均一温度/℃ 范围	均一温度/℃ 均值	冰点/℃ 范围	冰点/℃ 均值	盐度(wt.% NaCl) 范围	盐度(wt.% NaCl) 均值
地虎	169	3~18	富液体	5~45	82~417	268.00	-20.0~-2.7	-5.80	22.38~4.49	8.95
	88	3~15	富气体	55~80	126~355	276.00	-15.6~-3.2	-7.10	19.13~5.26	10.61
九星	109	4~18	富液体	5~45	129~330	261.00	-20.3~-4.3	-5.70	22.58~6.88	8.81
	47	3~17	富气体	55~85	151~375	273.00	-18.2~-5.7	-6.80	21.11~8.81	10.24

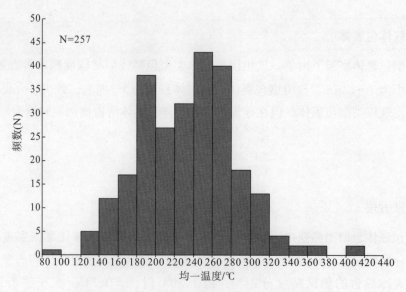

图 3-2　地虎矿段石英液体包裹体均一温度直方图

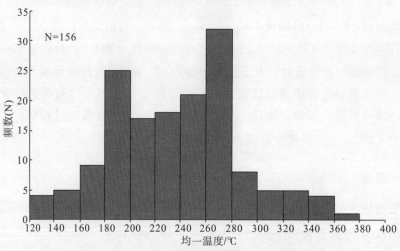

图 3-3　九星矿段石英液体包裹体均一温度直方图

3. 流体盐度

矿床石英流体包裹体的盐度主要通过气液两相包裹体的冷冻法测温来进行确定的。因为在所有类型的包裹体中富液体包裹体的数量占绝对优势，所以不管是均一温度还是冰点温度的测定均以富液体包裹体作为主要测定对象。鉴于 NaCl 是水圈水体中的主要溶解物质以及 NaCl-H_2O 二元体系的 PVTX 性质被用作大多数这些水体的模型和理解。因此，也将地虎—九星矿床的石英流体包裹体当作自然界最为丰富和常见的 NaCl-H_2O 体系，对于这种盐水包裹体的盐度，是根据包裹体冷冻回温后最后一块冰融化的温度（冰点），利用 H_2O-NaCl 体系盐度-冰点公式计算所得（Hall et al.，1988），盐度计算公式为：

$$S = \omega(\text{NaCl}) = 0.00 + 1.78T_m - 0.0442T_m^2 + 0.000557T_m^3$$

式中，S 为 NaCl 重量百分比，T_m 为冰点温度。同时，还可以根据 Bodnar（1993）总结的盐度-冰点关系表查得流体包裹体体系盐度的近似值。

　　而对富气体包裹体，即 H_2O-CO_2-NaCl 包裹体，包裹体盐度根据所测笼合物的熔化温度来确定包裹体的盐度，盐度的计算利用 Roedder(1984)的笼合物熔化温度是水溶液相盐度的函数公式计算所得，公式为：

$$W_{NaCl} = 15.52022 - 1.02342T - 0.05286T^2$$

式中，W_{NaCl} 为 NaCl 质量分数，T 为笼合物熔化温度(℃)，应用范围为 $-9.6℃ \leqslant T \leqslant +10℃$。同时，还可以根据 Collins(1979)总结的 CO_2 笼合物熔化温度和盐度关系表查得流体包裹体水溶液相的盐度近似值。

　　包裹体盐度计算结果见表 3-2，可见地虎矿段盐度变化为 4.49~22.38wt.% NaCl，平均盐度值为 9.52wt.% NaCl，盐度值主要分布在 11.00~15.00wt.% NaCl(图 3-4)；九星矿段盐度变化为 6.88~22.58wt.% NaCl，盐度平均值为 9.18%，盐度值也是主要分布在 11.00~15.00wt.% NaCl(图 3-5)。两个矿段的盐度变化范围、平均值和峰值都很接近，且峰值明显。

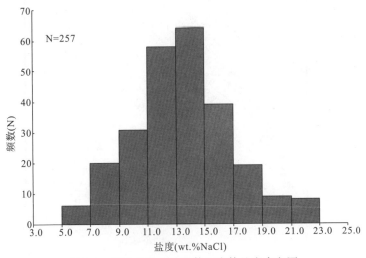

图 3-4　地虎矿段石英液体包裹体盐度直方图

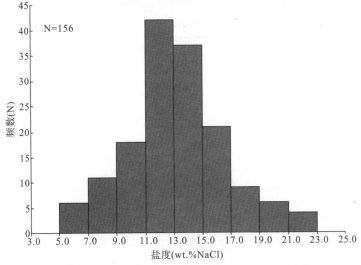

图 3-5　九星矿段石英液体包裹体盐度直方图

三、成矿流体密度

　　流体均一温度和盐度决定了流体密度。利用温度 - 盐度 - 密度图或公式计算可以求得体系的密度。由于地虎—九星铜金多金属矿床石英流体包裹体以富液体包裹体和富气体包裹体为主，可均一到液相和气相。因此，可以利用 Bodnar（1983）和 Bischoff（1991）$NaCl$-H_2O 体系的 T-w-ρ 相图（图3-6），分别求出体系的密度。计算结果显示，地虎矿段成矿流体密度为 $0.795 \sim 1.008g/cm^3$，均值为 $0.853g/cm^3$；九星矿段成矿流体密度为 $0.822 \sim 0.973g/cm^3$，均值为 $0.857g/cm^3$（表3-3）。

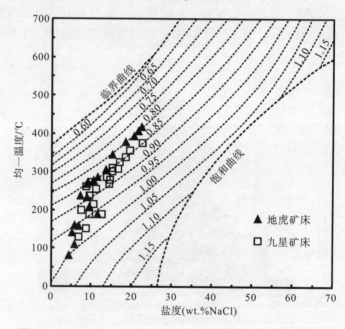

图3-6　从江地虎—九星铜金多金属矿床流体包裹体密度图解

表3-3　地虎—九星矿床成矿流体密度、压力与深度

矿段	样品数/个	密度/(g/cm^3)		均一压力/($\times 10^5 Pa$)		成矿深度/m	
		范围	均值	范围	均值	范围	均值
地虎	8	$0.795 \sim 1.008$	0.853	$55.6 \sim 320$	206	$210 \sim 1210$	778
九星	6	$0.822 \sim 0.973$	0.857	$48.2 \sim 253$	192	$182 \sim 955$	725

四、成矿压力及深度

　　成矿压力是控制成矿作用过程最重要却难以准确获得的参数之一，其估算方法较多，常用的有 CO_2 包裹体的等比容法、含 CO_2 包裹体浓度法、气体包裹体压力测定法等，这些方法分别适用于含 CO_2 包裹体、气成或沸腾条件。鉴于地虎—九星铜金多金属矿床石英流体包裹体中没有发现 CO_2 液体包裹体，其成矿压力的测定不适合用含 CO_2 包裹体的压力测定方法。因此，成矿压力的测定主要根据中低盐度 $NaCl-H_2O$ 体系的 P-t 等容式计算求得均一压力，这里采用刘斌等（1987）等容式：

$$P = a + b \times t + c \times t^2$$

式中，P 为均一压力（bar，$1bar = 1.0 \times 10^5 Pa$），$t$ 为形成温度（℃），a、b、c 为无纲量参数，计算时查阅 a、b、c 在不同盐度、不同密度下的参数值表。经过计算获得矿床石英流体包裹体压力为 48.2 ~ 320bar，均值为 89.2 ~ 206bar，代表成矿的最低压力值（表 3-3）。其中，地虎矿段石英流体包裹体成矿压力为 55.2 ~ 320bar，均值为 206bar；九星矿段石英流体包裹体成矿压力为 48.2 ~ 253bar，均值为 192bar。

地虎—九星铜金多金属矿床石英中普遍存在反映矿床形成于沸腾流体的富液体和富气体包裹体共生现象。因此，可以用矿床石英中流体包裹体平均均一温度和冰点盐度由 $NaCl-H_2O$ 体系来估算静水或静岩压力状态下的成矿深度。此外，矿床石英流体包裹体是多组分流体包裹体，流体中除了含有 NaCl、KCl 等溶质外，还含有少量的 CO_2、N_2、CH_4 等，这种沸腾包裹体是很好的地质温度计和压力计，利用沸腾包裹体测得的均一温度可不必进行压力校正，因为沸腾包裹体形成时的压力可以代表溶液的饱和蒸汽压。

根据前面计算获得的石英流体包裹体压力值，并采用 Sheperd 等（1985）的成矿深度 H（m）和成矿压力 P（bar）的通式：$P = 2.7 \times 0.0981 \times H$，进行成矿深度计算，经计算成矿深度为 182 ~ 1210m。其中，地虎矿段的成矿深度为 210 ~ 1210m，平均为 778m；九星矿段的成矿深度为 182 ~ 955m，平均值为 725m（表 3-3）。可知，地虎和九星两个矿段的成矿深度很接近，但均比相邻翁浪矿床的成矿深度大 400m 左右（陈璠等，2009b）。总体上，矿床形成于较浅成的环境，跟其他浅成热液矿床，如云南兰坪白秧坪多金属矿集区吴底厂矿床的形成深度相近（何明勤等，2004）。

五、流体包裹体气液相成分

地质作用过程中流体所起的作用和它们所扮演的角色是近年来地球科学研究的一个重要前沿课题。流体包裹体的成分分析是研究成矿流体成分、矿化机理和恢复成矿环境的必要手段。显微激光拉曼光谱是一种非破坏性测定物质分子成分的微观分析技术，是基于激光光子与物质分子发生非弹性碰撞后，改变原有入射频率的一种分子联合散射光谱（徐培苍等，1996）。到目前为止，激光拉曼是对单个流体包裹体进行原位无损分析测定的最为有效的方法之一。

在本次研究中，在包裹体显微测温的基础上，选取地虎—九星矿床中成矿期石英气液两相包裹体进行单个激光拉曼测试，测试在中国科学院地球化学研究所矿床地球化学重点实验室激光拉曼室进行。用 Renishaw inVia Reflex 型显微激光拉曼光谱仪，功率 40mW，室温 23℃，湿度 65%，激光光源为 514nm 的 Ar + 激光器，光谱的计数时间为 30s，300 ~ 4000cm^{-1} 全波段一次取峰，激光束斑大小约为 1μm，光谱分辨率 1.4cm^{-1}。

分析结果显示，石英气液流体包裹体激光拉曼光谱图相似(图 3-7)，除了主要出现寄主矿物石英(1159cm^{-1})的特征峰外，还出现包裹体气相成分 CO_2、N_2 和 CH_4 对应的 $1283 \sim 1290$cm^{-1}、$2328 \sim 2329$cm^{-1} 和 2917cm^{-1} 特征峰，液相成分 H_2O 对应的 $3442 \sim 3446$cm^{-1} 特征峰。其中地虎—九星铜金多金属矿床两个矿段均出现 CH_4、N_2 和 CO_2 的明显特征峰，并且 CO_2 的拉曼特征出现两次，一次强，一次较弱，但 H_2O 的特征峰不明显。实际上，单个流体包裹体的激光拉曼光谱测定得出的只是气体和液体各组分的相对摩尔百分数，不是各组分含量的数值，拉曼光谱峰的相对强弱，表明了各组分含量的相对百分含量的高低。此外，CH_4 的拉曼光谱特征峰明显高于 CO_2 特征峰；CH_4 是还原性气体，CO_2 是氧化性气体，但具壳幔混合性质，其主体起源于地幔，说明矿床形成过程中，金属元素的溶解、迁移以及富集与 CO_2 气体密切相关，矿床的形成过程主要发生在还原环境中，即成矿流体具有幔源的特征。

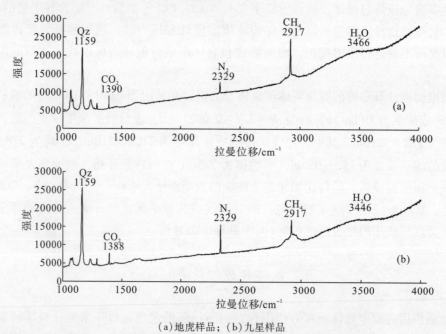

(a)地虎样品；(b)九星样品

图 3-7　石英流体包裹体气体成分典型拉曼光谱信号强度图

包裹体被喻为成矿溶液的原始样品，它可以作为译解成矿作用的密码。流体包裹体群体成分分析是一种破坏性分析方法，反映的是样品中不同类型和不同成因包裹体化学成分的平均。地虎—九星矿床石英包裹体群体成分分析结果列于表 3-4。根据表中的数据分析，可知地虎和九星两个矿段的流体包裹体具有以下特征。

成矿流体液相成分中的阳离子以 Na^+、K^+、Ca^{2+}、Mg^{2+} 为主，Na^+ 的总量大大高于 K^+、Ca^{2+}、Mg^{2+} 的总量。阴离子以 Cl^- 为主，地虎矿段含少量的 F^-、SO_4^{2-}，九星矿段仅含有少量 F^-。说明地虎—九星矿床中成矿流体主要是一种 Na^+ - K^+ - Ca^{2+} - Mg^{2+} - Cl^- - F^- 类型水。

K^+、Ca^{2+}、Mg^{2+}含量的大小在不同矿床中有较大区别，具体反映在地虎矿段中是 $K^+ > Ca^{2+} > Mg^{2+}$，而九星矿段则是 $Ca^{2+} > K^+ > Mg^{2+}$。两个矿段的 Na^+/K^+ 值都很高，地虎矿段达 18.35，而九星矿段更是达到 49.29。$K^+/(Ca^{2+} + Mg^{2+})$ 值相差较大，地虎矿段为 16.57，而九星矿段仅为 0.38。但是 Ca^{2+}/Mg^{2+} 值却相反，地虎矿段为 1.48，而九星矿段高达 123.33，相关 80 多倍。

表 3-4　地虎—九星矿床流体包裹体成分特征（据陈璠等，2009a）

参数	地虎矿段	九星矿段
Na^+/K^+	18.35	49.29
$K^+/(Ca^{2+} + Mg^{2+})$	16.57	0.38
Ca^{2+}/Mg^{2+}	1.48	123.33
F^-/Cl^-	0.016	0.015
Cl^-/SO_4^{2-}	1416	—
CO_2/H_2O	0.063	0.231
$H_2(\%)$	0.24	0.17

地虎和九星两个矿段的 F^-/Cl^- 值均很低，分别为 0.016、0.015，远远小于 1。地虎矿段 Cl^-/SO_4^{2-} 为 1416，而九星矿段不含 SO_4^{2-}。很高的 Na^+/K^+、Ca^{2+}/Mg^{2+} 值和很低的 F^-/Cl^- 值反映出大气降水热液的特征，表明两个矿段成矿热液中有大气降水热液的加入。

CO_2/H_2O 值在地虎和九星两个矿段分别为 0.063 和 0.231，九星矿段是地虎矿段的近 4 倍，其实结合前面的拉曼光谱图不难发现，地虎矿段中的 H_2O 所占的摩尔百分数明显要比九星矿段高，所以尽管 CO_2/H_2O 值相差较大，但 CO_2 所占的摩尔百分数却非常接近。

地虎和九星两个矿段均含有一定量的 H_2，它们在两个矿段气相成分的含量分别为 0.24 和 0.17，也比较接近。H_2 是成矿流体深部来源的重要证据，表明地虎—九星铜金多金属矿床成矿热液部分来源于深部，这与激光拉曼光谱分析结果中含有 CH_4 的意义一致，也是激光拉曼光谱分析的补充。

第二节　那哥铜铅多金属矿床

一、包裹体特征

本次工作选取不同成矿阶段的石英样品，磨制成测温片，对其中的包裹体进行研究（张均等，2012）。总体看来，石英中包裹体不甚发育、整体较小、物相类型单一，均为气液两相（V + L）包裹体、包裹体中气泡较小，且在常温下剧烈跳动（图 3-8）。各阶段包裹体形态及显微测温结果略有不同，具体如表 3-5 所示。

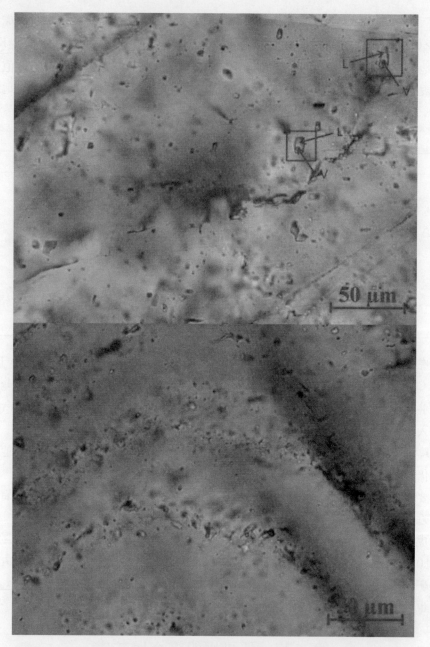

图 3-8　那哥铜铅多金属矿床流体包裹体特征

表 3-5　那哥铜铅多金属矿床石英原生包裹体特征一览表

样号岩性	采样位置	物相类型	形态	分布类型	期次	均一温度/℃	冰点/℃	盐度/wt. % Nacl	密度/（g/cm³）
B001-6 花岗斑岩	ZK001	V + L	负晶形，椭圆，楔形，长条形等	群状，少数孤立状	/	150 ~ 190	-7.5 ~ -18	11.1 ~ 20.97	0.97 ~ 1.08
BN1038 方铅矿矿石	PD0 (735m)	V + L	四边形，椭圆，负晶形，不规则等	群状，孤立状	三	130 ~ 150	-9.8 ~ -17.5	13.72 ~ 20.6	0.99 ~ 1.08

（续表）

样号岩性	采样位置	物相类型	形态	分布类型	期次	均一温度/℃	冰点/℃	盐度/wt. % Nacl	密度/（g/cm³）
BN1051 黄铜矿石	PD0（735m）	V + L	多边形，椭圆不规则状	群状，孤立状	二	160～180	-4.3～-15.6	6.88～19.13	0.94～1.07
BN2015 石英方解石	PD1（780m）	V + L	负晶形，椭圆，长条形，四边形等	孤立状、线状	四	130～150	-2.8～-18.6	4.65～21.4	0.93～1.08
NGC1-3 方铅矿矿石	PD1（780m）	V + L	负晶形，四边形，椭圆，长条形等	群状，孤立状	三、四	120～160	-3.2～-19.8	5.26～22.24	0.94～1.07
BN2021 方铅矿矿石	PD1（780m）	V + L	负晶形，椭圆，三角形，不规则状	群状，孤立状	三、四	120～160	-7～-15.7	10.49～19.21	0.97～1.08
NGC2-2 石英胶结围岩	PD2（820m）	V + L	椭圆，三角形，四边形，不规则等	孤立状，群状少数	一	140～220	-4.3～-16.5	6.88～19.84	0.91～1.06
NG-17 黄铜矿石	PD2（820m）	V + L	椭圆，长条形，四边形，负晶形等	群状为主，少数孤立状	二	140～180	-1.8～-10.3	3.06～14.25	0.92～1.00

二、均一温度

对均一温度数据进行处理，做出各阶段均一温度直方图（图 3-9 至图 3-12），由峰值所在区间得出该阶段的均一温度区间，进而对成矿阶段的划分进行验证和补充。由均一温度直方图明显可以看出，那哥铜铅多金属矿床的主要成矿温度有 4 个明显的区间，尤其是两个成矿阶段十分明显。

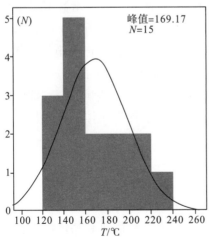

NGC2-2 石英胶结围岩角砾（第一阶段）

图 3-9 那哥铜铅多金属矿床第一阶段均一温度直方图

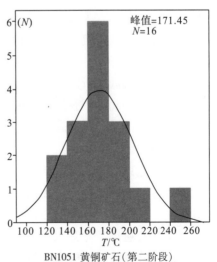

BN1051 黄铜矿石（第二阶段）

图 3-10 那哥铜铅多金属矿床第二阶段均一温度直方图

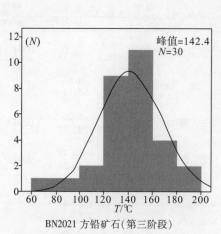

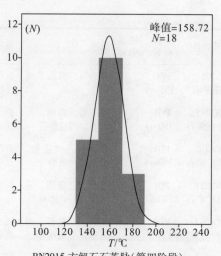

BN2021 方铅矿石（第三阶段）　　　　BN2015 方解石石英脉（第四阶段）

图 3-11　那哥铜铅多金属矿床第三阶　　图 3-12　那哥铜铅多金属矿床第四阶
段均一温度直方图　　　　　　　　　段均一温度直方图

　　第一阶段虽然温值度有一个明显的峰值出现在 140～160℃，但是该样品内的温度数据离散程度度较高，正态分布曲线所在峰值为 180℃左右，同时更高的温度区间频数也较高，综合以上考虑将该阶段的均一温度区间定为 140～220℃。相应的该样品采于PD2（820m 标高）位置，成矿热液由深部向上运移，到达顶部空间温度往往会较之前较低，所以出现跨度较大的温度区间应为正常。

　　至于 BN1051 黄铜矿石属于成矿第二阶段，从图 3-10 明显可以看出峰值位于 160～180℃。到第三阶段的铅成矿阶段，从 BN2021 的直方图中可见温度峰值为 120～160℃，但是温度变化范围较大。对于第四阶段的 BN2015，其直方图内显示数据集中度非常高，结合正态分布曲线与直方图的峰值可将该阶段的均一温度定为 140～170℃，并且温度最高不足 190℃，而在前文所划分的成矿阶段中，第三阶段就已经出现了部分碳酸盐成分，均一温度偏低，所以第四阶段与第三阶段的温度差异不是很大。

　　同时 BN2021 内的温度还有低于 100℃ 的包裹体出现，可见成矿的三、四阶段界线不清晰，呈渐变的情况，在含碳酸盐热液沉淀成方铅矿过程中流体的碳酸盐成分不断增加，渐变到成矿结束。

　　综上所述，包裹体均一温度结果在一定程度上验证了前文中的成矿阶段划分，也对成矿阶段上有了一定的补充。在温度值方面定量结果显示，那哥矿床各个阶段之间温度差异较小，并且除了两个明显的成矿阶段温度值界线清晰以外，其余的阶段之间的温度界线呈渐变趋势，尤其以三、四阶段之间为代表。对比所有测试样品的均一温度数据发现同一阶段内不同标高的均一温度存在微小的差异，表现为低标高样品的均一温度略低于高标高样品，这也符合矿液运移过程中温度略有降低的特点。而所有包裹体的均一状态均为液态，说明了原始流体为液态且挥发份含量极少。

三、流体盐度及演化特征

在成矿各个阶段已经明了的情况下，便可对成矿的演化特征进行研究，选取不同阶段的样品，分析其相应的原始流体的代表参数，得出不同阶段的成矿物理化学条件参数进而讨论成矿流体的性质，以便于了解在成矿演化过程中流体性质的变化。对于原始流体的封闭 NaCl-H$_2$O 体系，其盐度是不可或缺的一个性质参数，将各包裹体测得的冰点在冰点-盐度关系表中查得对应盐度值，做出各阶段盐度直方图（图 3-13 至图 3-16），从而得到各阶段的盐度区间。

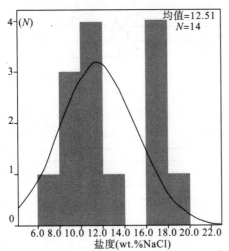

NGC2-2 石英胶结围岩角砾（第一阶段）

图 3-13　那哥铜铅多金属矿床第一阶段盐度直方图

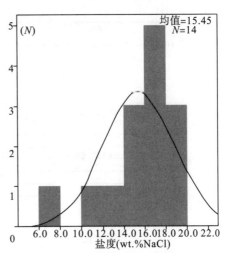

BN1051 黄铜矿石（第二阶段）

图 3-14　那哥铜铅多金属矿床第二阶段盐度直方图

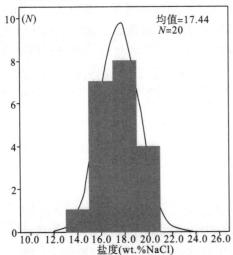

BN2021 方铅矿石（第三阶段）

图 3-15　那哥铜铅多金属矿床第三阶段盐度直方图

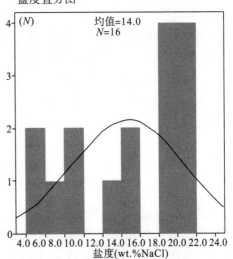

BN2015 方解石石英脉（第四阶段）

图 3-16　那哥铜铅多金属矿床第四阶段盐度直方图

可见，第一阶段的流体盐度变化较大，出现两个峰值，分别为 10 ~ 12wt.% NaCl 和 16 ~ 18wt.% NaCl，可见第一阶段的流体盐度变化较大；第二阶段盐度峰值在 16 ~ 18wt.% NaCl 出现，但其中低盐度的值较多，数据离散程度较高；而第三阶段的流体盐度数据较集中，峰值出现在 15 ~ 19wt.% NaCl；至于第四阶段，数据的离散程度最高，但是峰值非常显著，为 18 ~ 22wt.% NaCl。综上，从早到晚，成矿流体的盐度逐渐增大。

各阶段成矿流体的温度-盐度双变量图可以更好地反映流体性质的演化特征，将不同阶段的包裹体盐度、均一温度投点到盐度-均一温度关系图（图 3-17）。

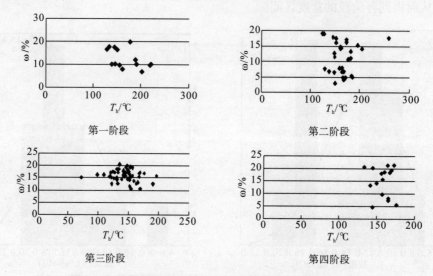

图 3-17   那哥铜铅多金属矿床各阶段盐度-均一温度关系图

在第一阶段中，流体的盐度与均一温度呈弱负相关关系；至铜成矿阶段（第二阶段），盐度与均一温度之间相关关系不明显，在温度较高时两者呈正相关关系，而到温度较低时两者又出现负相关关系；当成矿流体演化到第三阶段时，盐度呈稳定且集中的状态，随温度增加，盐度变化不明显；至成矿末阶段，盐度与均一温度之间关系比较复杂，在相关关系图中表现为"Z"字形。由此可见，那哥矿床的流体盐度与均一温度之间关系比较复杂，并非单一的正负相关性，但是可以大致看出在两个主成矿阶段流体的盐度与均一温度呈极弱负相关关系。

四、流体密度及演化特征

流体密度是包裹体研究中较为重要的热力学参数，也是包裹体测定和计算的重要数值之一。对于 NaCl-H$_2$O 体系，可以利用温度-盐度-密度相图来确定流体密度。另外，前人也总结了盐度（wt.% NaCl）< 25% 的 NaCl-H$_2$O 体系密度计算的经验公式，即

$$\rho = A + BT_h + CT_h^2$$

$$A = 0.993531 + 8.72147 \times 10^{-3} \omega(NaCl) - 2.43975 \times 10^{-5} \omega(NaCl)^2$$

$B = 7.11652 \times 10^{-5}\text{-}5.2208 \times 10^{-5}\omega(\text{NaCl}) + 1.26656 \times 10^{-6}\omega(\text{NaCl})^2$

$C = -3.4997 \times 10^{-6} + 2.12124 \times 10^{-7}\omega(\text{NaCl})\text{-}4.52318 \times 10^{-9}\omega(\text{NaCl})^2$

式中，ρ 为流体密度（g/cm³）；T_h 为均一温度（℃）；$\omega(\text{NaCl})$ 为盐度（wt.%），其余为无量纲参数（刘斌，1987）。

根据以上经验公式可以计算出那哥矿床的流体密度为 0.91~1.08g/cm³（表3-5），变化不大，从成矿的角度上说，较大的密度变化有利于矿质的沉淀和局部富集，所以那哥铜铅多金属矿床的矿床规模较小。将那哥矿床的包裹体密度、均一温度投点到密度-均一温度关系图上（图3-18），可以观察到包裹体的密度与均一温度之间呈负相关关系，随着温度逐渐升高，流体密度相应逐渐变小。

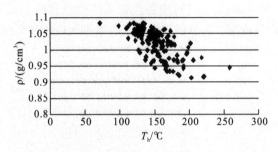

图3-18　那哥铜铅多金属矿床密度-均一温度关系图

由于那哥矿床的包裹体类型单一，并且没有可以用于计算同位素平衡温度的平衡矿物对，所以单一的气液包裹体数据只能算出成矿的均一压力，而均一压力除了能反应出压力的相对大小之外并不能说明具体捕获压力和相应成矿深度等实际地质问题，所以本次工作对成矿压力及深度未做说明。那哥铜铅多金属矿床流体包裹体研究资料为本书作者与中国地质大学（武汉）张均教授等合作研究成果（张均等，2012）。

第四章 微量和稀土元素地球化学

微量和稀土元素是示踪成矿物质和流体来源的有效手段之一,微量和稀土元素中某些元素的比值,能提供大量的成矿信息和指示成因信息(Zhang,1987;Zhou et al.,2011)。本章重点剖析地虎—九星铜金多金属矿床(马思根,2013)和那哥铜铅多金属矿床(陈芳等,2011;王珏和周家喜,2013)中各类地质体微量和稀土元素特征,配合前章有关成矿流体地球化学研究成果,为分析矿床成因提供更加系统和全面的地球化学信息。

第一节 地虎—九星铜金多金属矿床

一、样品来源与分析方法

本次用于微量和稀土元素地球化学研究的样品采样位置详见表4-1。这些样品除不含火成岩外,几乎涵盖全部地质体。微量和稀土元素含量分析在中国科学院地球化学研究矿床地球化学国家重点实验室完成,采用 ICP-MS 法测试,具体分析流程同 Qi 等(2000)。

表 4-1 采样位置及其样品概况

样品编号	矿床	中段标高/m	样品概况	备注
DH04902		348	Sia 带矿体中的黄铁矿	
DH0138		355	Sic 带矿体中的石英	
DH010		355	Sib 带千枚岩	
DH012		381	Sia 带矿石中的硅化千枚岩	
DH030		390	J_1^3 带矿体中的石英	
DH052		420	J_1^3 带矿体中的石英	
DH023		420	上覆铁锰质千枚岩(黑层)	
DH029		420	绿泥石千枚岩	
DH0118		440	Sia 带石英岩	
DH0120	地虎	450	J_1^3 带矿体中的石英脉	
DH0121		460	J_1^3 带矿体中的黄铁矿	
DH0116		460	Sia 带石英岩	
DH041		470	J_1^3 带矿体中的石英	
DH04302		470	J_1^3 带矿体中的黄铁矿	
DH0129		475	Sic 带千枚岩	
DH0130		480	Sic 带矿体中的硅化千枚岩	
DH009		490	绿泥石千枚岩	
DH0125		510	Sic 带矿体中的千枚岩	地虎南
DH0102		510	Sia 带中的氧化绿泥石石英千枚岩	地虎南
DH0104		510	Sia 带中的石英脉	地虎南

（续表）

样品编号	矿床	中段标高/m	样品概况	备注
JX0110		360	大理岩（含矿系的上伏岩层）	
JX0101		447	Sic 带矿体中的石英	
JX0102-1		447	Sic 带中的石英脉	
JX0114		475	Sic 带中的千枚岩	
JX0106	九星	476	Sic 带矿体中的石英	
JX0107		476	绿泥石千枚岩	
JX043		521	Sic 带矿体中的硅化千枚岩	
JX044		521	Sic 带绿泥石千枚岩	
JX0117		560	Sia 带矿体中的黄铁矿	九星铁矿
JX022		560	Sia 带矿体中的千枚岩	九星铁矿

二、微量元素

1. 微量元素测试结果的统计检验

微量元素分析结果见表 4-2。从元素含量在地质体中分布型式的规律可知，一般情况下微量元素服从对数正态分布，结合在一两种矿物中的微量元素也服从对数正态分布，如成矿元素以硫化物形式存在。在地虎—九星铜金多金属矿床中，铜主要以黄铜矿和黝铜矿等硫化物形式存在，其分布规律应服从对数正态分布，为了检验测试结果的有效性，首先对测试结果进行正态分布检验。现通过 SPSS 对测试数据的分布进行正态性检验，以 Cu 元素为例，采用 P-P 概率图进行正态性检验。

表 4-2　不同岩石及矿物部分微量元素含量（10^{-6}）

编号	Sc	Co	Ni	Cu	Zn	Ga	Ge	As	Y	Zr	Nb	Mo
DH04902	0.20	225.00	71.00	13.02	26.32	0.51	0.77	120.00	0.29	2.10	0.24	0.53
DH0138	0.18	0.02	1.93	27.20	1.57	0.01	1.49	6.61	0.01	0.04	0.02	0.04
DH010	6.19	2.01	7.51	18.36	56.01	10.10	2.77	62.30	14.80	66.60	6.87	0.37
DH012	5.23	27.70	52.80	120.77	4403.40	6.58	3.35	76.20	7.43	48.10	4.31	0.88
DH030	0.11	0.02	0.65	3.06	2.85	0.01	1.89	6.05	0.25	0.03	0.00	0.03
DH052	0.25	0.02	0.53	7.14	2.09	0.01	0.94	5.98	0.05	0.12	0.01	0.08
DH023	11.50	31.80	60.80	529.04	2722.40	21.30	4.41	96.70	43.40	147.00	15.70	0.38
DH029	17.10	17.20	38.80	12.99	264.86	21.40	4.05	60.40	26.40	162.00	14.10	0.27
DH0118	0.25	0.05	0.08	134.78	5.91	0.21	2.02	10.70	0.03	0.60	0.02	0.02

（续表）

编号	Sc	Co	Ni	Cu	Zn	Ga	Ge	As	Y	Zr	Nb	Mo
DH0120	0.25	0.19	0.50	14.96	33.37	0.09	0.91	7.96	1.00	0.26	0.04	0.08
DH0121	0.86	495.00	18.70	243.44	678.14	1.36	1.09	140.00	0.65	2.68	0.33	6.81
DH0116	0.16	0.33	1.12	9.21	2.71	0.10	2.11	10.40	0.43	0.24	0.03	0.15
DH041	0.22	0.05	0.65	17.27	2.39	0.01	1.02	6.04	0.01	0.03	0.00	0.04
DH04302	0.37	3250.00	75.50	124.44	2189.40	0.66	1.44	892.00	1.02	7.31	0.54	0.88
DH0129	14.80	8.11	23.30	53.18	1763.00	19.30	2.66	65.40	23.40	154.00	13.00	0.59
DH0130	15.20	17.50	33.10	31.82	1287.40	19.30	2.55	156.00	23.70	158.00	12.80	0.46
DH009	8.99	8.25	23.40	121.58	136.94	12.30	2.00	116.00	6.80	105.00	7.99	0.25
DH0125	19.10	3.04	4.21	2026.40	1812.20	27.10	2.46	52.30	17.80	188.00	12.50	10.30
DH0102	3.63	2.23	0.53	13.48	34.03	4.41	1.93	13.00	0.85	22.30	2.23	0.04
DH0104	0.14	0.30	1.17	11.41	6.12	0.15	1.75	9.51	0.07	0.15	0.04	0.15
JX0110	1.42	1.57	18.10	7.70	17.30	0.78	0.45	54.70	8.58	4.42	0.48	0.16
JX0101	0.14	0.09	0.58	2.54	1.10	0.02	1.12	6.02	0.01	0.04	0.01	0.03
JX0102-1	0.13	0.41	1.47	12.23	2.99	0.07	1.13	9.13	0.05	0.11	0.02	0.21
JX0114	9.81	14.20	49.30	35.90	510.86	12.20	2.43	58.30	14.60	95.80	7.96	0.26
JX0106	0.25	0.11	0.60	21.49	3.00	0.01	1.06	6.02	0.02	0.05	0.00	0.04
JX0107	11.30	4.37	11.10	183.60	69.95	14.00	2.35	59.30	15.10	108.00	8.43	0.36
JX043	12.90	19.50	47.10	224.40	257.48	18.00	2.45	59.80	29.30	240.00	12.70	0.19
JX044	8.98	20.50	45.60	22.03	237.80	13.30	2.18	58.40	8.28	162.00	9.27	0.23
JX0117	0.38	153.00	22.70	74.26	103.32	0.70	1.17	65.30	19.10	4.07	0.91	0.42
JX022	18.30	0.79	7.37	16.73	109.88	29.90	5.31	62.60	38.70	310.00	23.40	3.68

编号	Ag	Cd	In	Sb	Ba	Hf	Ta	W	Tl	Pb	Th	U
DH04902	1.72	0.04	0.00	7.17	269.00	0.05	0.02	1.13	1.07	646.00	0.05	0.09
DH0138	0.13	0.01	0.00	4.05	0.95	0.00	0.00	0.06	0.01	0.98	0.00	0.00
DH010	0.54	0.23	0.07	2.25	266.00	1.91	0.51	6.24	2.16	70.20	6.21	1.31
DH012	6.50	34.00	0.04	20.10	805.00	1.35	0.38	6.13	2.71	4330.00	4.95	1.15
DH030	0.01	0.01	0.00	1.67	1.11	0.00	0.00	0.04	0.01	2.20	0.00	0.00
DH052	0.01	0.02	0.00	0.29	0.58	0.00	0.00	0.03	0.00	1.44	0.00	0.00
DH023	1.60	7.57	0.10	92.30	1140.00	4.50	1.43	8.37	3.10	633.00	18.70	4.91
DH029	0.42	0.49	0.10	1.97	841.00	4.67	1.30	7.40	3.81	29.90	15.20	2.60
DH0118	0.10	0.02	0.00	1.40	416.00	0.02	0.00	0.66	0.00	8.27	0.03	0.04

（续表）

编号	Ag	Cd	In	Sb	Ba	Hf	Ta	W	Tl	Pb	Th	U
DH0120	0.04	0.33	0.00	0.58	20.70	0.01	0.00	0.27	0.01	7.88	0.04	0.02
DH0121	7.13	4.93	0.10	12.10	3.09	0.06	0.02	1.28	0.18	646.00	0.09	0.09
DH0116	0.10	0.02	0.00	2.78	17.80	0.00	0.00	0.64	0.01	66.70	0.02	0.01
DH041	0.11	0.02	0.00	1.12	0.57	0.00	0.00	0.03	0.01	8.70	0.00	0.00
DH04302	12.00	20.80	0.65	6.50	7.20	0.12	0.06	0.98	0.45	706.00	0.24	0.16
DH0129	0.91	1.38	0.07	5.78	535.00	4.49	1.11	7.67	3.01	93.00	12.80	4.69
DH0130	0.80	2.49	0.09	19.70	554.00	4.68	1.11	7.86	3.14	99.60	12.30	2.82
DH009	1.75	0.12	0.06	18.90	295.00	2.77	0.70	5.03	1.92	513.00	8.16	1.59
DH0125	2.88	26.20	0.08	3.13	756.00	5.50	1.02	11.70	4.68	1450.00	12.60	2.57
DH0102	0.15	0.13	0.02	48.00	866.00	0.68	0.17	5.29	0.54	35.70	1.91	0.33
DH0104	0.59	0.05	0.00	2.56	24.50	0.00	0.00	0.71	0.00	10.90	0.03	0.02
JX0110	0.12	0.24	0.01	2.10	35.60	0.00	0.13	0.31	0.17	22.70	1.08	2.32
JX0101	0.00	0.01	0.00	0.92	0.49	0.00	0.00	0.03	0.00	1.28	0.00	0.00
JX0102-1	0.04	0.02	0.00	1.60	12.50	0.00	0.00	0.93	0.00	9.79	0.01	0.01
JX0114	0.85	3.69	0.04	4.58	184.00	2.71	0.69	5.74	1.35	1070.00	7.82	1.52
JX0106	0.01	0.02	0.00	1.25	0.58	0.00	0.00	0.04	0.00	1.01	0.00	0.00
JX0107	0.87	0.14	0.06	5.21	257.00	3.03	0.76	6.84	2.00	1160.00	9.13	1.61
JX043	0.65	0.20	0.07	5.78	392.00	6.77	1.15	6.85	1.68	40.00	13.50	2.51
JX044	0.30	0.11	0.04	3.14	256.00	4.43	0.62	4.24	1.12	18.20	7.84	1.39
JX0117	7.84	0.07	0.00	105.00	337.00	0.18	0.09	6.10	0.14	820.00	0.83	0.80
JX022	1.06	0.32	0.19	1.55	3780.00	8.83	2.42	7.83	11.60	58.40	18.80	5.16

分析单位：中国科学院地球化学研究所矿床地球化学国家重点实验室

正态分布 P-P 概率图是以变量的累积概率对正态分布的累积概率为基础而绘制的散点图，它可以直观检测样本数据是否与正态概率分布图形相一致，若一致，则样本数据点应围绕在一条线周围（宇传华，2007）。从图 4-1 可以看出，在以观测累积概率和期望累积概率作为横、纵坐标的正态 P-P 概率图中，Cu 元素测试结果值的自然对数点较均匀地分布在 $y=x$ 的两侧，说明 Cu 大体服从正态分布。

从 Cu 元素趋降正态 P-P 图（图 4-2）中可以看出，实际累积概率和按正态分布计算的理论累积概率之差，基本随机分布在 $y=0$ 这条直线的上下方，大多数点差值的绝对值都小于 0.05，全部点差值的绝对值都小于 0.15。两图都较好地说明了 Cu 元素的分布服从正态分布。同样的方法可以检验其他微量元素也是服从对数正态分布的，即这批样品的微量元素测试结果是有效的（马思根，2013）。

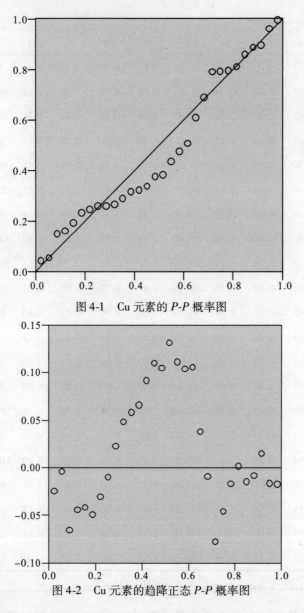

图 4-1　Cu 元素的 *P-P* 概率图

图 4-2　Cu 元素的趋降正态 *P-P* 概率图

2. 微量元素特征

从地虎—九星铜金多金属矿床绿泥石千枚岩、石英岩(脉)、黄铁矿和石英的标准化蛛网图(图 4-3 至图 4-6)的比较可以看出，黄铁矿与全岩(绿泥石千枚岩)的微量元素含量变化趋势较一致，除了在黄铁矿中 Co、As 等元素明显比全岩高，Sc、Th、Ba 等元素偏低之外，其他大多数微量元素的含量都在同一个数量级上，说明黄铁矿是大多数微量元素的寄主矿物，特别是 Co、As 等元素。石英岩(脉)与石英的微量元素含量变化趋势较一致，除了石英中的 Co、Th 和 Ta 等元素含量偏低外，其他大多数元素的含量都在一个数据级上，但与黄铁矿和全岩中的微量元素含量比较，都要低一个数量级，这说明石英不是微量元素的寄主矿物。

通过观察图 4-4 和图 4-6 中样品 DH0102(绿泥石石英千枚岩)的微量元素含量变化

趋势可知，图4-4中其大多数微量元素含量明显比其他样品的微量元素含量偏低，而在图4-6中其大多数微量元素含量明显比其他样品的微量元素含量偏高，但更接近于石英岩(脉)中的微量元素含量，这说明绿泥石千枚岩的硅化越强(石英含量越高)，其微量元素含量越低，即硅化的强弱与微量元素含量成反比。

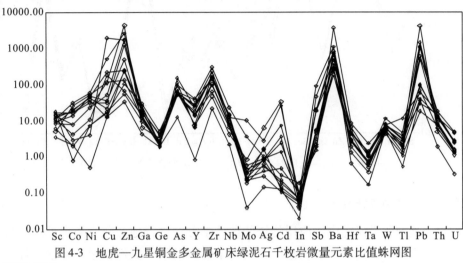

图4-3 地虎—九星铜金多金属矿床绿泥石千枚岩微量元素比值蛛网图

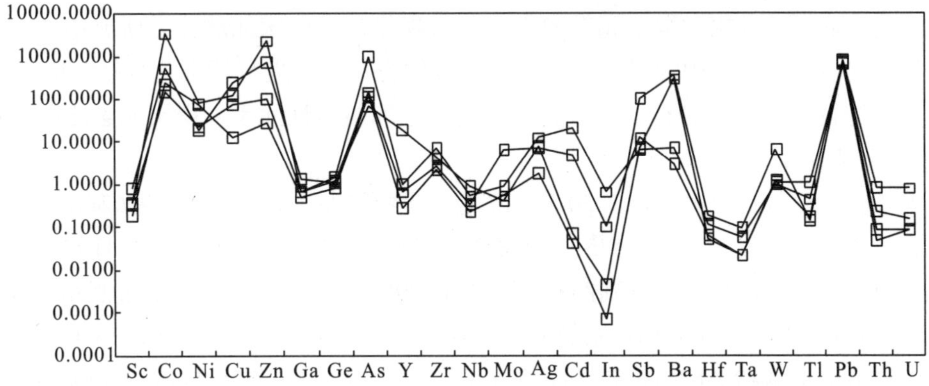

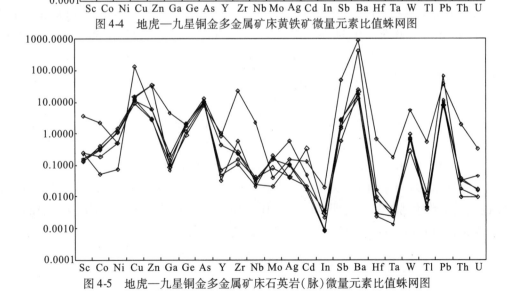

图4-4 地虎—九星铜金多金属矿床黄铁矿微量元素比值蛛网图

图4-5 地虎—九星铜金多金属矿床石英岩(脉)微量元素比值蛛网图

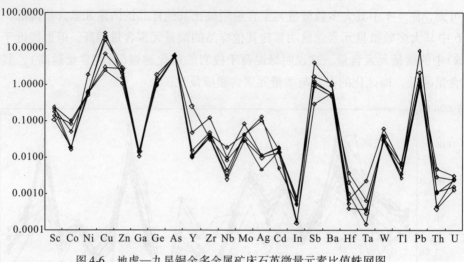

图 4-6　地虎—九星铜金多金属矿床石英微量元素比值蛛网图

3. 微量元素相关性分析

在矿床地球化学研究中，应用传统的统计学方法进行地球化学数据处理，从原始测试数据中提取、分离和组合信息，寻找微量元素间的相关性，建立元素与各种地质现象的内在联系，并探讨微量元素的空间分布规律，是矿床地球化学研究中的一种常用方法。对所采集样品中的微量元素测试数据作为变量，进行标准化变换，应用 SPSS 统计软件进行 R 型因子分析，以分析成矿过程中的指示性元素，得出元素之间的相关系数矩阵（表 4-3）。

对于自由度数目（DF）为 28（30-2）时，在 1% 置信水平上，通过查表（利用 DF = 25）可知，如果相关系数 r 大于 0.445（一侧检验），那么样品在 1% 水平上是具有统计学意义的，也就是说在样品中观测到的相关关系有 99% 概率是成立的。通过观察表 4-3 可知，Mo、Cd 和 W 与 Cu 的相关系数分别达到 0.81、0.57 和 0.51；Cd、Zn 和 Ag 与 Pb 的相关系数分别达到 0.83、0.77 和 0.52；Cd、Pb、Ni、Ag 和 W 与 Zn 的相关系数分别达到 0.86、0.77、0.55、0.54 和 0.45；As、Co、In、Cd、Zn、Pb 和 Ni 与 Ag 的相关系数分别达到 0.76、0.75、0.69、0.62、0.54、0.52 和 0.50。说明 Mo、Cd、W、As、Co、In、Ni 与 Cu、Pb、Zn、Ag 呈强正相关，对 Cu、Pb、Zn、Ag 多金属矿有很好的指示意义。

如果在 5% 置信水平上，通过查表可知，如果相关系数 r 大于 0.323，样品中观测到的相关关系有 95% 的概率是成立的。这时，Ga、Sc、Hf 和 Th 与 Cu 的相关系数分别达到 0.44、0.45、0.34 和 0.34；Ni、W 与 Pb 的相关系数分别达到 0.40、0.35；Ge、As、In、Th 和 Ga 与 Zn 的相关系数分别达到 0.41、0.39、0.39、0.35 和 0.33；Sb 与 Ag 的相关系数达到 0.35。说明 Ga、Sc、Hf、Th、Ge、In、Sb 与 Cu、Pb、Zn、Ag 呈较强正相关，对 Cu-Pb-Zn-Ag 多金属成矿有较好的指示意义。

表 4-3　微量元素含量的相关系数表

微量元素	Sc	Co	Ni	Cu	Zn	Ga	Ge	As	Y	Zr	Nb	Mo	Ag	Cd	In	Sb	Ba	Hf	Ta	W	Tl	Pb	Th	U
Sc	1.00																							
Co	-0.18	1.00																						
Ni	0.26	0.47	1.00																					
Cu	0.44	0.00	0.00	1.00																				
Zn	0.31	0.30	0.55	0.36	1.00																			
Ga	0.99	-0.17	0.27	0.45	0.33	1.00																		
Ge	0.77	-0.14	0.25	0.17	0.41	0.82	1.00																	
As	-0.02	0.97	0.59	0.03	0.39	-0.01	-0.02	1.00																
Y	0.83	-0.15	0.36	0.25	0.32	0.87	0.80	0.00	1.00															
Zr	0.94	-0.16	0.29	0.33	0.22	0.96	0.78	-0.01	0.85	1.00														
Nb	0.95	-0.16	0.30	0.30	0.29	0.98	0.86	0.00	0.91	0.97	1.00													
Mo	0.37	0.07	-0.07	0.81	0.25	0.40	0.16	0.07	0.17	0.31	0.28	1.00												
Ag	-0.10	0.75	0.50	0.17	0.54	-0.08	-0.04	0.76	0.00	-0.11	-0.10	0.32	1.00											
Cd	0.20	0.39	0.39	0.57	0.86	0.20	0.22	0.43	0.07	0.11	0.11	0.49	0.62	1.00										
In	0.18	0.92	0.51	0.09	0.39	0.20	0.21	0.95	0.18	0.21	0.22	0.18	0.69	0.43	1.00									
Sb	0.03	-0.01	0.26	0.09	0.28	0.09	0.17	0.03	0.40	0.02	0.12	-0.06	0.35	0.07	-0.01	1.00								
Ba	0.61	-0.01	0.07	0.13	0.19	0.68	0.79	-0.04	0.67	0.71	0.75	0.29	-0.01	0.11	0.20	0.16	1.00							
Hf	0.95	-0.16	0.28	0.34	0.24	0.97	0.79	-0.02	0.86	1.00	0.98	0.32	-0.11	0.11	0.20	0.04	0.71	1.00						
Ta	0.93	-0.15	0.28	0.26	0.27	0.96	0.87	0.00	0.91	0.96	0.99	0.27	-0.09	0.09	0.23	0.12	0.81	0.96	1.00					
W	0.90	-0.16	0.31	0.51	0.45	0.90	0.73	0.00	0.82	0.81	0.85	0.39	0.11	0.34	0.14	0.35	0.55	0.82	0.81	1.00				
Tl	0.80	-0.10	0.14	0.28	0.26	0.84	0.82	0.02	0.75	0.84	0.87	0.41	0.00	0.21	0.26	0.01	0.93	0.84	0.91	0.69	1.00			
Pb	0.14	0.09	0.40	0.30	0.77	0.12	0.23	0.14	0.07	0.05	0.07	0.26	0.52	0.83	0.10	0.19	0.10	0.05	0.06	0.35	0.16	1.00		
Th	0.95	-0.17	0.35	0.34	0.35	0.97	0.85	-0.01	0.93	0.94	0.98	0.25	-0.09	0.14	0.19	0.18	0.67	0.95	0.97	0.87	0.81	0.11	1.00	
U	0.85	-0.16	0.31	0.26	0.38	0.89	0.76	0.00	0.92	0.85	0.92	0.22	-0.07	0.11	0.19	0.24	0.69	0.86	0.92	0.78	0.79	0.07	0.92	1.00

4. 微量元素聚类分析

使用聚类分析方法既可以了解个别变量之间的亲疏关系，又可以了解各变量组合之间的亲疏关系，其原理是根据样本的观测数据，将样本或变量看成是多维空间中的点，再按一定的准则将样品或变量集划分成若干个子集（类），使相似样本或变量尽可能最终归为一类。在地质学中一般采用 R 型聚类分析，即对样品（样本）的测试结果中各元素（变量）进行聚类来指明元素成矿时的相似度。图 4-7 是对地虎—九星铜多金属矿床 30 件样品的 24 种微量元素所做的 R 型聚类分析图，聚类方法为 Between-groups linkage，测量间距为 Pearson correlation，标准化用 Z cores。

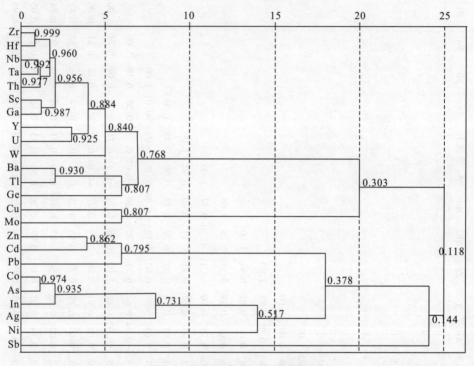

图 4-7　微量元素 R 型聚类分析图

从聚类分析图中可以看出，与 Cu 相关性最为密切的元素是 Mo。在相似性水平 r 大于 0.5，距离小于 15 时，有以下四个元素组合：①Zr-Hf-Nb-Ta-Th-Sc-Ga-Y-U-W-Ba-Tl-Ge；②Cu-Mo；③Zn-Cd-Pb；④Co-As-In-Ag-Ni；只有 Sb 成为独立的元素组，与前面的其他元素相似水平较低（0.144）。

5. 黄铁矿微量元素特征

矿床中黄铁矿样品微量元素含量的平均值，与相应的上地壳微量元素（Taylor et al.，1985）比值列于表 4-4 中，标准化蛛网图见图 4-4。可以看出，与大陆上部地壳相比，矿床中黄铁矿的 Co、Ni、Cu、Zn、As、Ag、Cd、In、Sb、Pb 的富集系数均大于 2，最大的 As 元素富集系数达到 202.88，这些元素为强富集元素，并且全部为亲铜或亲铁元素；Mo、W 的富集系数为 1～2，为中等富集元素；Sc、Ga、Ge、Y、Nb、Ba、Hf、Ta、Tl、Th、U 的富集系数 <1，为贫化元素，这些元素大部分为亲石元素。

表4-4　黄铁矿中微量元素富集系数表

微量元素	Sc	Co	Ni	Cu	Zn	Ga	Ge	As	Y	Zr	Nb	Mo
上地壳值*	11.00	10.00	20.00	25.00	71.00	17.00	1.50	1.50	22.00	190.00	25.00	1.50
平均值**	0.45	1030.75	46.98	113.79	749.30	0.81	1.12	304.33	5.27	4.04	0.50	2.16
富集系数	0.04	103.08	2.35	4.55	10.55	0.05	0.75	202.88	0.24	0.02	0.02	1.44
微量元素	Ag	Cd	In	Sb	Ba	Hf	Ta	W	Tl	Pb	Th	U
上地壳值	0.05	0.10	0.05	0.20	550.00	5.80	2.20	2.00	0.75	20.00	10.70	2.80
平均值	7.17	6.46	0.19	32.69	154.07	0.10	0.05	2.37	0.46	704.50	0.30	0.28
富集系数	143.45	64.62	3.78	163.46	0.28	0.02	0.02	1.19	0.61	35.23	0.03	0.10

*参考 Taylor 等(1985)；**分析单位：中国科学院地球化学研究所矿床地球化学国家重点实验室

在不同的成矿地质作用下，能使成矿元素形成不同的矿床类型。黄铁矿中强富集和中等富集 Co、Ni、Cu、Zn、As、Ag、Cd、In、Sb、Pb、W、Mo 等微量元素，包括亲硫重金属元素，第一过渡族元素，同时也是高温、中温和低温成矿元素组合，其中中温成矿元组合最多，一方面显示了微量元素的地球化学亲合性，成矿流体富集成矿元素的特征，另一方面也反应成矿环境经历高温、中温和低温成矿时期，中温成矿期是主要成矿期。

矿石矿物中所含的微量元素在一定程度上反映了矿石的形成条件，可作为成因的指示剂(毛光周等，2006)。Co、Ni 在高温条件下，以类质同象替代 Fe 进入黄铁矿晶体结构中，在早期硫化物阶段形成的黄铁矿中含量较高(饶东平等，2010)，而 Co 在周期表中的位置离 Fe 更近，所以 Co 较 Ni 更易进入黄铁矿晶格中。因此，黄铁矿中的Co/Ni值对成矿条件具有较好的指示意义。一般来说，Co/Ni 值越大，矿物的形成温度越高(盛继福等，1999)。Bralia 等(1979)在研究不同成因类型黄铁矿 Co、Ni 含量后认为，沉积黄铁矿的 Co、Ni 含量普遍较低，Co/Ni <1，平均值为 0.63；热液成因黄铁矿的 Co、Ni 含量及 Co/Ni 值变化较大，1.17 < Co/Ni <5；火山成因硫化物矿床以高 Co 含量(平均含量 480×10^{-6})，低 Ni 含量(小于 100×10^{-6})及高 Co/Ni 值(5～50，平均8.7)为特征。地虎—九星铜多金属矿床黄铁矿中的 Co 含量较高，且变化较大，介于 153×10^{-6} ～ 3250×10^{-6}，平均值达 1030.75×10^{-6}；而黄铁矿中 Ni 含量较低，且变化不大，介于 18.7×10^{-6} ～ 75.5×10^{-6}，平均值为 46.98×10^{-6}。Co、Ni 平均富集系数分别为103.08、2.35，Co/Ni 值为 3.17～43.05，平均比值达到 19.86，整体上反映了黄铁矿主要是火山成因，为矿床的高温成矿期形成；而部分相对较低的 Co 黄铁矿和 Co/Ni 值，则表明是热液成因黄铁矿，应该为变质热液，矿床中没有沉积成因的黄铁矿。

仿照 Xu(1998)对黄铁矿中的 Co/Ni 值进行比较，如图 4-8 中所示，地虎—九星铜多金属矿床黄铁矿分别落在热液成因和火山成因黄铁矿区域，主要在火山成因区域。相比较之下，Ni 含量变化范围不大，而 Co 含量变化范围较大，穿越了热液成因与火山成因区域，这也体现了地虎—九星铜多金属矿床在形成过程中，先是火山沉积形成沉积岩，然后经变质热液改造，成矿物质既有来自早期的火山岩，也有来自晚期的变质热液，但均来自深部，即还原环境的成矿热液。这与岩石常量元素测定后分析的绿泥石片岩原岩为基性火山岩是一致的。

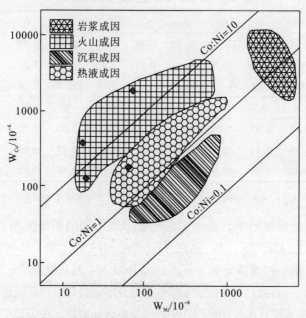

（不同成矿地质背景边界参考 Bajwah et al.，1987；Brill，1989）

图 4-8　　地虎—九星铜金多金属矿床中黄铁矿的 Co/Ni 分布图

三、稀 土 元 素

稀土元素组内各元素具有相似的晶体化学性质，使得它们在各种地质作用和造岩过程中表现出相近的地球化学习性，而作为一个整体运移，常以痕量元素加入到各种造岩矿物中。然而，每个具体的稀土元素之间毕竟存在微小的差别，由于所处的地质环境不同，造成这些元素迁移的方式和聚集的程度有所不同，并在同一地质体和地质相中表现其不同的组成。尽管各稀土元素的行为相近，但在原子结构、晶体化学和化学性质上仍有某些差异，因而在一定的地质作用过程中，它们势必发生分馏（赵振华，1997）。

1. 结果

在对稀土元素含量进行标准化时，本书所采用的球粒陨石稀土元素平均含量为Boynton（1984）的推荐值。黄铁矿、石英、围岩中石英岩脉和赋矿围岩千枚岩的稀土元素含量见表 4-5，它们的特征参数见表 4-6，由表可知如下特征。

表 4-5　　地虎—九星铜多金属矿床稀土元素含量（10^{-6}）

	La	Ce	Pr	Nd	Sm	Eu	Gd	Tb	Dy	Ho	Er	Tm	Yb	Lu
DH04902	0.143	0.249	0.026	0.089	0.015	0.014	0.052	0.008	0.054	0.009	0.029	0.005	0.035	0.004
DH0138	0.069	0.139	0.016	0.056	0.003	0.004	0.005	0.003	0.017	0.003	0.011	0.001	0.005	0.000

（续表）

	La	Ce	Pr	Nd	Sm	Eu	Gd	Tb	Dy	Ho	Er	Tm	Yb	Lu
DH010	23.100	49.700	5.440	19.100	2.790	0.581	2.494	0.491	2.460	0.469	1.500	0.209	1.440	0.228
DH012	12.000	24.300	2.680	10.200	2.070	0.556	1.798	0.304	1.480	0.273	0.845	0.113	0.767	0.116
DH030	1.080	2.430	0.297	1.200	0.392	0.226	0.454	0.081	0.401	0.078	0.176	0.022	0.124	0.018
DH052	0.134	0.312	0.038	0.126	0.032	0.010	0.061	0.008	0.076	0.012	0.038	0.008	0.045	0.004
DH023	45.000	91.700	9.750	36.700	8.480	2.007	7.995	1.380	7.200	1.450	4.260	0.593	3.730	0.554
DH029	37.000	76.900	8.500	31.400	6.430	1.266	5.058	0.960	5.040	0.982	3.090	0.435	2.850	0.446
DH0118	0.397	0.526	0.049	0.224	0.088	0.004	0.133	0.010	0.042	0.010	0.043	0.007	0.051	0.007
DH0120	4.350	8.860	1.020	4.080	0.966	0.271	1.158	0.258	1.650	0.352	1.140	0.171	1.170	0.135
DH0121	0.075	0.138	0.014	0.087	0.033	0.020	0.057	0.021	0.110	0.021	0.055	0.013	0.073	0.012
DH0116	3.210	0.801	0.664	2.100	0.383	0.073	0.210	0.042	0.165	0.023	0.059	0.006	0.030	0.003
DH041	0.131	0.234	0.027	0.090	0.013	0.003	0.024	0.003	0.027	0.005	0.013	0.003	0.016	0.003
DH04302	0.773	1.530	0.160	0.601	0.139	0.024	0.097	0.030	0.190	0.044	0.142	0.024	0.149	0.016
DH0129	34.000	69.600	7.980	30.200	6.150	1.358	4.767	0.873	4.670	0.893	2.860	0.400	2.680	0.438
DH0130	34.200	69.800	7.980	29.400	5.550	1.313	4.857	0.882	4.460	0.881	2.690	0.410	2.600	0.394
DH009	20.700	17.600	2.920	9.070	1.500	0.241	1.185	0.219	1.110	0.246	0.906	0.139	0.993	0.189
DH0125	18.800	39.400	4.470	16.000	2.990	0.525	2.294	0.489	2.820	0.622	2.130	0.327	2.270	0.408
DH0102	0.703	16.500	0.150	0.544	0.111	0.025	0.262	0.021	0.129	0.032	0.118	0.021	0.164	0.029
DH0104	0.848	1.320	0.177	0.667	0.174	0.041	0.122	0.031	0.129	0.023	0.079	0.010	0.102	0.011
JX0110	1.600	4.360	0.477	1.960	0.730	0.043	0.975	0.207	1.350	0.247	0.688	0.080	0.491	0.064
JX0101	0.076	0.139	0.014	0.072	0.018	0.005	0.015	0.002	0.021	0.005	0.013	0.001	0.012	0.002
JX0102-1	1.990	2.860	0.428	1.570	0.301	0.069	0.230	0.036	0.134	0.022	0.057	0.007	0.046	0.007
JX0114	14.900	31.800	3.510	13.100	2.700	0.449	2.163	0.448	2.500	0.508	1.700	0.230	1.600	0.237
JX0106	0.120	0.228	0.025	0.079	0.009	0.003	0.016	0.003	0.029	0.007	0.013	0.004	0.015	0.003
JX0107	26.900	56.100	6.570	24.600	4.880	0.844	3.434	0.659	3.140	0.605	1.910	0.252	1.800	0.290
JX043	15.000	32.800	3.800	14.300	3.240	0.696	3.882	0.869	5.470	1.050	3.240	0.468	2.920	0.458
JX044	10.100	20.400	2.340	8.770	1.770	0.348	1.816	0.304	1.490	0.309	1.080	0.180	1.270	0.216
JX0117	4.420	8.990	0.922	3.630	1.350	0.363	2.808	0.537	3.560	0.718	1.910	0.252	1.520	0.218
JX022	35.100	75.700	8.470	32.200	7.050	1.044	6.028	1.170	6.780	1.450	4.550	0.712	4.870	0.756

表 4-6　地虎及九星铜金多金属矿床稀土元素特征参数

	样品号	ΣREE	LREE	HREE	LRE/HRE	δEu	δCe	(La/Yb)$_N$	(La/Sm)$_N$	Gd/Yb)$_N$
石英	DH0138	0.334	0.288	0.046	6.247	3.240	0.967	9.586	12.747	0.835
	DH030	6.979	5.625	1.353	4.157	1.637	1.016	5.872	1.733	2.955
	DH052	0.904	0.653	0.251	2.597	0.700	1.040	2.030	2.602	1.114
	DH041	0.593	0.499	0.094	5.301	0.586	0.901	5.555	6.339	1.236
	JX0101	0.396	0.325	0.072	4.531	0.928	0.950	4.317	2.693	1.039
	JX0106	0.552	0.463	0.089	5.218	0.670	0.957	5.580	8.462	0.881

（续表）

样品号	ΣREE	LREE	HREE	LRE/HRE	δEu	δCe	(La/Yb)$_N$	(La/Sm)$_N$	Gd/Yb)$_N$
石英岩 DH0118	1.591	1.288	0.303	4.247	0.118	0.772	5.279	2.854	2.118
DH0120	25.581	19.547	6.034	3.239	0.782	0.979	2.507	2.833	0.799
DH0116	7.769	7.231	0.538	13.435	0.711	0.126	71.661	5.272	5.608
DH0102	18.809	18.033	0.776	23.248	0.432	11.678	2.890	3.984	1.289
DH0104	3.735	3.227	0.508	6.358	0.819	0.780	5.605	3.066	0.966
JX0102-1	7.757	7.218	0.539	13.402	0.774	0.713	29.422	4.159	4.071
黄铁矿 DH04902	0.732	0.536	0.197	2.725	1.349	0.918	2.786	5.997	1.218
DH0121	0.730	0.367	0.363	1.012	1.398	0.957	0.690	1.409	0.634
DH04302	3.918	3.227	0.691	4.667	0.602	0.995	3.498	3.498	0.525
JX0117	31.197	19.675	11.523	1.707	0.556	1.020	1.960	2.059	1.491
千枚岩 JX0110	13.272	9.170	4.101	2.236	0.157	1.190	2.197	1.379	1.602
DH010	110.002	100.711	9.291	10.839	0.660	1.033	10.815	5.208	1.398
DH012	57.502	51.806	5.696	9.095	0.862	0.991	10.548	3.647	1.892
DH023	220.799	193.637	27.162	7.129	0.735	1.008	8.134	3.338	1.730
DH029	180.357	161.496	18.861	8.563	0.656	1.007	8.753	3.620	1.432
DH0129	166.868	149.288	17.581	8.492	0.740	0.984	8.553	3.478	1.435
DH0130	165.417	148.243	17.174	8.632	0.756	0.983	8.868	3.876	1.508
DH009	57.017	52.031	4.987	10.434	0.534	0.480	14.054	8.681	0.963
DH0125	93.545	82.185	11.360	7.234	0.590	1.002	5.584	3.955	0.816
JX0114	75.846	66.459	9.386	7.081	0.551	1.024	6.278	3.471	1.091
JX0107	131.983	119.894	12.090	9.917	0.600	0.987	10.075	3.467	1.539
JX043	88.193	69.836	18.357	3.804	0.600	1.021	3.463	2.912	1.073
JX044	50.393	43.728	6.665	6.561	0.588	0.976	5.362	3.589	1.154
JX022	185.880	159.564	26.316	6.063	0.478	1.026	4.859	3.132	0.999

黄铁矿总稀土元素含量较低，4 件黄铁矿样品的 ΣREE 介于 0.723×10^{-6} ~ 31.197×10^{-6}，均值为 12.192×10^{-6}；ΣLREE/ΣHREE 介于 1.012 ~ 4.667，均值为 2.528，表现为轻稀土相对富集特征；其 (La/Yb)$_N$ 介于 0.690 ~ 3.498，均值为 2.234，(La/Sm)$_N$ 介于 1.409 ~ 5.997，均值为 3.241，(Gd/Yb)$_N$ 介于 0.525 ~ 1.494，均值为 0.967，表明轻、重稀土间分异较为明显，轻稀土内部分异也较明显，而重稀土内部分异不显著；δEu 变化为 0.556 ~ 1.398，均值为 0.976，具有弱的 Eu 负异常特征；δCe 在 0.918 ~ 1.020，均值为 0.973，具有弱的 Ce 负异常特征。

石英总稀土元素含量相对较低，6 件石英样品的 ΣREE 介于 0.334×10^{-6} ~ 6.979×10^{-6}，均值为 1.626×10^{-6}；ΣLREE/ΣHREE 介于 2.597 ~ 6.247，均值为 4.675，与黄

铁矿相似，也表现出轻稀土富集特征；其 $(La/Yb)_N$ 介于 2.030 ~ 9.586，均值为 5.490，$(La/Sm)_N$ 介于 1.733 ~ 12.747，均值为 5.763，$(Gd/Yb)_N$ 介于 0.835 ~ 2.955，均值为 1.34，表明轻、重稀土间分异较为明显，而轻稀土和重稀土内部分异也较显著；δEu 在 0.586 ~ 3.240，均值为 1.294，其中 2 件样品均有正 Eu 异常特征与该样品为地层石英吻合，另 4 件样品具有负 Eu 异常特征；δCe 在 0.901 ~ 1.040，均值为 0.972，具有弱的 Ce 负异常特征。

6 件石英岩 ΣREE 介于 1.591×10^{-6} ~ 25.581×10^{-6}，均值为 10.873×10^{-6}，变化较大；$\Sigma LREE/\Sigma HREE$ 介于 3.239 ~ 23.248，均值为 10.655，轻稀土富集明显；其 $(La/Yb)_N$ 介于 2.507 ~ 71.661，均值为 19.561，$(La/Sm)_N$ 介于 2.833 ~ 5.272，均值为 3.695，$(Gd/Yb)_N$ 介于 0.799 ~ 5.608，均值为 2.475，表明轻、重稀土元素间分异显著，变化大，而且轻稀土和重稀土元素内部分异相对较大；δEu 在 0.71 ~ 0.97，均值为 0.85，具有弱负 Eu 异常特征；δCe 的变化为 0.126 ~ 11.678，均值为 2.508，Ce 则表现为正异常为主，部分样品可能受到热液影响。

14 件赋矿围岩千枚岩的 ΣREE 介于 13.272×10^{-6} ~ 220.799×10^{-6}，平均值为 114.077×10^{-6}，含量较高，变化较大。$\Sigma LREE/\Sigma HREE$ 介于 2.236 ~ 10.839，平均值为 7.577，变化不大，轻稀土富集特征明显；$(La/Yb)_N$ 介于 2.197 ~ 14.054，平均值为 7.682，$(La/Sm)_N$ 介于 1.379 ~ 5.208，均值为 3.840，$(Gd/Yb)_N$ 介于 0.816 ~ 1.892，均值为 1.331，表明轻、重稀土元素间分异较为显著，且轻稀土元素内部分异较强，而重稀土元素内部分异较弱；δEu 在 0.157 ~ 0.862，均值为 0.607，具有 Eu 负异常特征；δCe 在 0.480 ~ 1.190，均值为 0.979，具有极弱负异常特征。

2.讨论

从地虎—九星铜金多金属矿床稀土元素含量表（表4-5）、稀土元素特征参数表（表4-6）以及稀土元素标准化模式图（图4-9 ~ 图4-12）可见，几乎所有的绿泥石千枚岩的稀土元素含量变化趋势基本一致，部分黄铁矿、大部分石英岩（脉）和大部分石英的稀土元素含量变化趋势跟绿泥石千枚岩基本相似。说明了矿体的成矿物质主要来源于赋矿地层，而赋矿地层的原岩为基性火山岩，可知成矿物质大部分来源于深部，小部分来源于后期的变质热液。整体上看，稀土元素含量变化趋势均为向右倾斜，左边斜率大右边斜率小（左边陡右边平缓），且 LREE/HREE 值较大，轻稀土元素富集。绿泥石千枚岩、石英岩（脉）、黄铁矿和石英的稀土元素含量依次递减，这与微量元素的含量变化特征一致。并且黄铁矿的 ΣREE 平均值为 12.192×10^{-6}，而石英的 ΣREE 平均值为 1.626×10^{-6}，相差 5.624 倍，说明黄铁矿是稀土元素的寄主矿物，石英不是稀土元素的寄主矿物，并且硅化越强（石英含量越高），其稀土元素含量越低，即硅化强弱与稀土元素含量成反比。

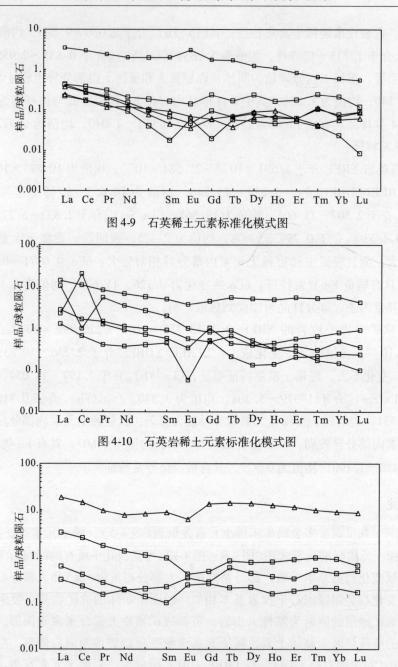

图 4-9　石英稀土元素标准化模式图

图 4-10　石英岩稀土元素标准化模式图

图 4-11　黄铁矿稀土元素标准化模式图

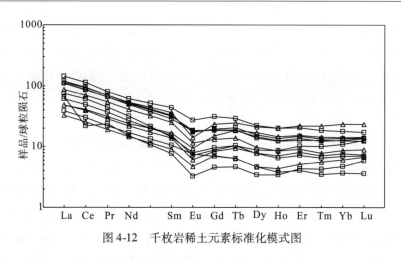

图 4-12　千枚岩稀土元素标准化模式图

稀土元素属于不活泼元素，在热液体系中，稀土元素地球化学可以十分有效地示踪成矿流体的来源和水-岩相互作用（Henderson，1984），而硫化物的稀土元素组成特点可以直接反应成矿流体中的稀土元素组成特点（赵葵东，2005）和沉淀时的温度、压力、pH 及 Eh 等物理化学条件的影响（李厚民等，2003）。对稀土元素特征值参数（表 4-6）观察可知，虽然绿泥石千枚岩、黄铁矿和石英的稀土元素总量相差较大，但他们的其他特征却很相似。稀土元素含量最高的绿泥石千枚岩，ΣREE 平均值为 114.077 × 10^{-6}，LREE 平均值为 100.575 × 10^{-6}，HREE 平均值为 13.502 × 10^{-6}，轻重稀土元素比 $\Sigma LREE/\Sigma HREE$ 平均为 7.577，$(La/Yb)_N$ 值平均为 7.682，$(La/Sm)_N$ 值平均为 3.840，$(Gd/Yb)_N$ 值平均为 1.331，为轻稀土元素富集型，轻稀土元素有较明显的分馏，而重稀土元素的分馏不明显。

对比稀土元素含量最低的石英，ΣREE 平均值为 1.626 × 10^{-6}，LREE 平均值为 1.309 × 10^{-6}，HREE 平均值为 0.318 × 10^{-6}，轻重稀土元素比 $\Sigma LREE/\Sigma HREE$ 平均为 4.675，$(La/Yb)_N$ 平均值为 5.490，$(La/Sm)_N$ 平均值为 5.763，$(Gd/Yb)_N$ 值平均为 1.343。明显看出，虽然绿泥石千枚岩和黄铁矿、石英的 ΣREE、LREE 和 HREE 值相差很大，但是 $\Sigma LREE/\Sigma HREE$、$(La/Yb)_N$、$(La/Sm)_N$ 和 $(Gd/Yb)_N$ 的值却很接近，也就是说绿泥石千枚岩和黄铁矿、石英的稀土元素富集形式、分馏特征都很一致，进一步说明了成矿物质大部分来源于深部，即还原和中高温环境。$(La/Sm)_N$ 的值都大于 1，在 1.379 ~ 12.747，平均值为 4.115，而 $(Gd/Yb)_N$ 的值大多数大于 1，少数小于 1，在 0.525 ~ 5.608，平均值为 1.514，并且 $(La/Yb)_N$ 只有一件样品的值小于 1，平均值达到 8.893，这些都体现出轻稀土元素分馏程度高，重稀土元素分馏程度相对较低，属轻稀土元素富集型。

一般来讲，REE 不以类质同像形式进入硫化物晶格。因此，硫化物 REE 特征受矿物沉淀时成矿热液中 REE 组成特征和沉淀时的温度、压力、pH 和 Eh 等物理化学条件的影响（张乾，1994；周家喜等，2010，2012）。REE 在地质作用过程中，通常整体进行运移，具有相似的地球化学特征和行为，而根据配位化学理论，REE^{3+} 和 Ce^{4+}、Eu^{2+} 具有不同的性质，所以在一些地球化学过程中出现 Ce^{4+}、Eu^{2+} 与 REE^{3+} 分离，导致或正或负的 Eu、Ce 异常。本次分析的 10 件矿物样品 δCe 为 0.901 ~ 1.040，平均值小于 1，可见全部矿物样品具有弱负异常为主。10 件矿物样品 δEu 为 0.556 ~ 3.240，平均值小于 1，除了 2 件地层石英（DH0138、DH030）和两件黄铁矿样品大于 1 外，其他样品的 δEu 值均小于 1，说明成矿流体中 Eu 以弱正至负异常为主。因此，矿物 Eu 和 Ce 异常特征，表明矿物沉淀是在还原环境下进行的。

在稀土元素中，δCe、δEu 分别是 Ce 和 Eu 的富集亏损情况反映，对热液流体的氧化-还原条件和温度反应比较敏感。Ce 的异常主要与其在氧化条件下以 Ce^{4+} 形式存在有关。Ce^{4+} 在流体中很难被溶解，流体中 Ce 出现亏损而呈负异常（双燕等，2011）。地虎—九星铜金多金属矿床中样品 δCe 为 0.126 ~ 11.678，其中 12 件样品的 δCe 大于 1，18 件样品的 δCe 小于 1，但这 18 件样品中有 14 件的 δCe 大于 0.9，并且 δCe 的平均值为 1.258，可见 Ce 以正异常为其主要特征。因此，体现出 Ce 来源于高温、相对还原的环境，即来源于深部流体。在还原条件下，Eu 主要以 Eu^{2+} 存在，从而在地质地球化学作用过程中与其他三价稀土元素发生分离，形成 Eu 的正异常或负异常（双燕等，2011）。地虎—九星铜金多金属矿床中样品 δEu 为 0.118 ~ 3.240，除了 2 件黄铁矿（DH04902、DH0121）和 2 件石英（DH0138、DH030）样品大于 1 外，其他样品的 δEu 都小于 1，平均值为 0.793，说明 Eu 为负异常，岩石的分异指数（DI）较小，分异度较低。可知，Eu 对成矿流体来源指示跟 Ce 一致，说明矿床成矿流体具弱还原性。

在稀土元素球粒陨石标准化模式图上能看出，矿床中部分黄铁矿和石英样品的 Eu 异常与其他多数样品相反，即以负 Eu 异常为主出现了正异常，这可能是由于在成矿作用过程中，由于成矿环境改变造成的，反映出矿区成矿作用具有复杂性和多阶段性。在稀土元素球粒陨石标准化模式图上，黄铁矿及共生石英与赋矿围岩千枚岩及其中石英岩脉具有相似的稀土配分模式，即均为轻稀土富集型。特别是黄铁矿与赋矿围岩千枚岩在 Eu、Ce 异常等方面具有高度一致性，表明成矿流体的 REE 很可能是继承围岩千枚岩的，这与 Co、Ni 含量及 Co/Ni 比值等参数得到的认识是一致的。

第二节　那哥铜铅多金属矿床

一、样品来源与分析方法

地层样品采自那哥铜多金属矿床矿床主导矿构造 F_1（宰便断层），容矿构造 F_2 上盘、破碎带、下盘；矿石样品采自主矿体，辉绿岩样品采自坑道揭露岩体部分。微量元素采用 ICP-MS 方法，测试仪器为加拿大 PerkinElmer 公司制造的 ELAN DRC-e 型号四级杆型电感耦合等离子体质谱（Q-ICP-MS），该仪器对微量元素检测下限为 $n \times 10^{-13}$ ~ $n \times 10^{-12}$，分析数据的相对误差优于 10%，具体分析方法见相关文献（Qi et al.，2000）。

二、微量元素结果与讨论

那哥铜铅多金属矿床构造带上盘、破碎带及下盘样品的微量元素分析结果见表4-7,相对地壳丰度多种元素有不同程度富集,特别是 Li、Co、Cu、As、Ag、Sn、Sb、Pb、Bi 等元素高出地壳丰度若干倍(图4-13)。Co 的富集可能与存在的隐伏岩体有关,该岩体以富 Co 为特征(周家喜等,2011)。便于对比,表4-8 给出了那哥辉绿岩体微量元素,可见辉绿岩体中一些元素较原始地幔有较高程度的富集,如 Li、Cu、Zn、Ga、Pb 等元素亦高出地壳丰度若干倍。

表 4-7 那哥铜铅多金属矿床围岩微量元素(10^{-6})测试结果

样品	NG-09-01	NG-09-02	NG-09-03	NG-09-04	NG-09-05	NG-09-06	NG-09-07	NG-09-08	NG-09-09	NG-09-10
Li	77.9	50.9	59.7	67.6	160.9	72.7	157.4	55.6	61.0	56.1
Co	48.5	55.4	70.7	44.0	253.0	109.0	128.0	36.9	67.1	130.0
Ni	39.2	42.6	68.7	52.4	5.8	17.4	29.4	64.2	51.2	15.3
Cu	6.2	4.2	655.0	3.9	36.9	48.8	27.1	15.0	4.6	10.0
Zn	88.9	85.4	120.0	107.0	10.6	36.3	36.3	125.0	76.6	70.3
Ga	24.3	23.7	15.3	21.7	2.3	14.0	10.1	22.0	19.3	16.1
Ge	2.5	2.4	2.3	2.3	0.9	2.2	2.1	2.8	3.8	4.7
As	14.0	25.7	12.6	27.8	17.1	13.8	94.3	12.4	26.1	24.0
Mo	0.140	0.241	0.360	0.454	0.477	0.478	0.580	0.444	0.602	0.667
Ag	0.313	0.288	0.244	0.307	0.091	0.175	0.264	0.275	0.274	0.247
Cd	0.089	0.088	0.067	0.088	0.007	0.008	∽	0.052	0.045	0.095
In	0.092	0.072	0.052	0.083	0.022	0.050	0.034	0.083	0.073	0.273
Sn	3.02	3.15	1.94	2.90	1.14	1.11	0.63	2.93	2.27	2.87
Sb	2.28	1.27	1.34	3.79	3.77	5.98	11.64	1.95	2.77	3.56
Tl	0.876	0.821	0.398	1.440	0.081	0.475	1.050	0.776	0.668	0.698
Pb	16.3	19.8	23.3	42.7	17.1	11.0	25.8	20.8	26.4	25.8
Bi	0.365	0.376	0.102	0.063	0.895	0.331	0.598	0.044	0.115	0.487
Th	10.40	11.00	6.87	10.60	0.80	5.21	4.19	13.20	9.10	10.40
U	1.85	1.75	1.37	1.86	0.17	0.99	0.73	2.03	1.62	1.59

样品	NG-09-13	NG-09-14	NG-09-15	NG-09-25	NG-09-26	NG-09-27	NG-09-28	NG-09-29
Li	80.8	38.3	67.4	47.1	85.0	86.6	127.0	46.9
Co	65.7	69.3	49.0	130.0	177.0	122.0	71.2	28.0
Ni	39.2	21.6	38.7	51.3	5.8	55.7	36.8	28.7
Cu	5.0	35.9	4.3	26.8	133.0	118.0	8.9	2.7
Zn	125.0	80.1	63.9	90.9	19.1	121.0	80.2	57.3
Ga	22.6	17.7	15.6	19.9	3.6	16.0	14.7	10.9

（续表）

样品	NG-09-13	NG-09-14	NG-09-15	NG-09-25	NG-09-26	NG-09-27	NG-09-28	NG-09-29
Ge	3.3	2.2	1.8	2.1	0.6	2.6	1.9	1.2
As	37.1	11.1	19.3	20.7	22.1	31.7	36.8	12.0
Mo	0.477	0.322	0.529	0.538	0.976	1.122	1.326	0.526
Ag	0.425	0.292	0.225	0.288	0.250	0.334	0.183	0.196
Cd	0.073	0.212	0.092	0.049	0.018	0.064	0.106	0.123
In	0.213	0.095	0.085	0.072	0.039	0.077	0.076	0.050
Sn	3.52	5.90	3.52	2.58	0.45	2.42	2.63	1.99
Sb	2.96	0.60	1.44	1.51	5.87	14.32	4.32	1.84
Tl	0.883	0.779	0.271	0.624	1.540	0.950	0.747	0.460
Pb	69.4	27.2	19.7	20.2	202.9	18.3	15.1	12.6
Bi	0.823	0.061	0.226	0.123	0.813	0.888	0.183	0.011
Th	12.00	12.70	13.60	8.25	1.60	7.94	9.02	8.89
U	2.04	2.66	1.89	1.63	0.32	1.59	1.94	1.48

注：NG-01 ~ NG-07 采自导矿构造 F_1 上盘—破碎带—下盘；NG-08 ~ NG-15 采自控矿构造 F_2 弱矿化部位上盘—破碎带—下盘；NG-25 ~ NG-29 采自控矿构造 F_2 矿化部位上盘—破碎带—下盘。

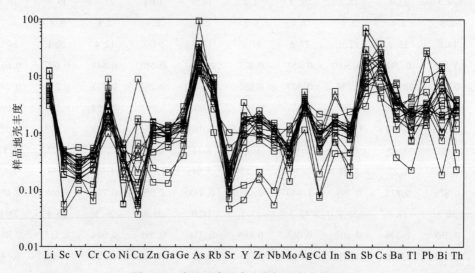

图 4-13　成矿元素地壳丰度标准化曲线图

前人认为宰便—加榜断层是区域 Cu、Pb、Zn、Au 等多金属矿床的主要导矿构造（杨德智等，2010a）。F_1 断层为区域性高角度正断层，全长约 34km，走向大致为南北向，倾向东、东南，倾角 55°~80°，垂直断距 300~500m，断层破碎带宽数米至十余米。在断层破碎带两侧的次级断裂中，除了那哥铜铅多金属矿床外，从北到南有土地坳、羊告、有能、引略、肯楼、摆荣和加榜等多金属矿点的分布。

由图 4-14a 可见，自 F_1 断层上盘—破碎带—下盘，Cu、Zn、As、Pb 等元素的变化规律显示出断层两盘 Cu、Zn、Pb 含量较断层破碎带内低，而 As 由上盘至下盘锯齿状变化。此外，表4-7与表4-8比较，地层岩石及构造带内构造岩的As含量较辉绿岩体高。这些均暗示As、Sb、Cu、Pb、Zn等成矿元素具有不同来源，即As和Sb可能主要来源于变质流体（浅变质地层），且与区内Au成矿（如地虎—九星铜金多金属矿床）关系密切，成矿元素Cu更多地可能来源于岩浆活动（基性岩或隐伏酸性岩），而Pb和Zn则更倾向于由浅变质沉积岩和岩浆活动共同提供（陈芳等，2011）。

F$_2$断层，断层走向近东西向，倾角45°~85°，两盘均出露甲路组地层、乌叶组地层及辉绿岩体。断层破碎带宽4~6m，破碎带岩石硅化、黄铁矿化明显，局部地段含矿，从断层破碎带岩性特征来看，为张扭性正断层。由图4-14b可以看出F$_2$断层弱矿化部位中，断层两盘Cu和Pb含量较断层破碎带内低，而Zn和As含量波动较大，容矿构造成矿元素变化所表现出来的特征与导矿构造相似，表明成矿流体是沿区域性构造运移至容矿构造，在地球化学障等的作用下成矿，同时表明Cu可能来源于岩浆活动，而Pb可能由岩浆和地层同时提供；F$_2$断层矿化部位中（图4-14c），断层两盘Cu和Pb含量较断层破碎带内低。图4-13中成矿元素地壳丰度标准化曲线反应出全部样品具有相似的配分特征，验证上述分析。

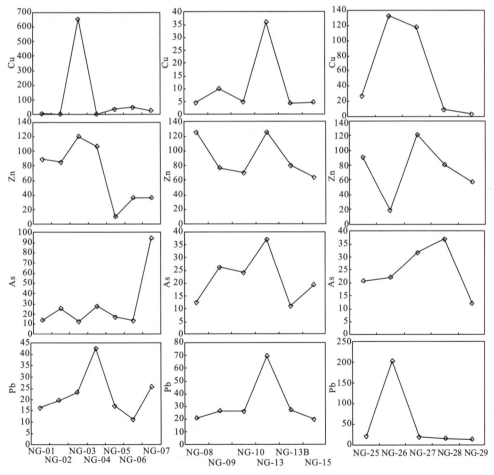

a. F$_1$上盘—破碎带—下盘　　b. 弱矿化F$_2$上盘—破碎带—下盘　　c. 矿化F$_2$上盘—破碎带—下盘

图4-14　成矿元素由断层上盘—破碎带—下盘变化图

对全部样品的统计过程中发现 Zn 含量变化较小，由于那哥铜多金属矿床中 Zn 矿物（闪锌矿）非常少（杨德智等，2010a），初步认为成矿流体中贫 Zn，或者 Pb 与 Zn 发生了分异作用。从表 4-8 可见辉绿岩中 Zn 含量较高，如果辉绿岩岩浆活动与该矿床有成因关联，成矿流体中不会贫 Zn，可能发生 Pb 与 Zn 分异，表明本区有望找矿富 Zn 的矿体。但从目前的研究成果上看，本区尚未发现相当富 Zn 的矿体，暗示 Pb 与 Zn 未发生分异。所以笔者认为成矿流体本身贫 Zn，表明辉绿岩岩浆活动可能仅为那哥铜多金属矿床提供部分成矿物质，或者与本区成矿仅是空间的巧合。

成矿作用过程表现为晚期在区域性构造热事件驱动下具有较高温度，并携带大量成矿物质的深部成矿流体交代萃取浅变质沉积岩地层和辉绿岩中的部分成矿物质，并沿区域性 F_1 断层运移，由于地球化学障等的作用，在有利的成矿空间（次级构造、构造交汇部位等）中改造早期初步沉积的多金属矿床，造成矿体的进一步富集，最终形成和保存为现今矿床形态特征。以下地质-地球化学特征同样支持上述那哥铜铅多金属矿床成矿作用过程：

表 4-8　辉绿岩体成矿元素（$\times 10^{-6}$）测试结果

样品编号	NG-09-19	NG-90-45	NG-90-46	NG-09-47	NG-09-48
岩性	辉绿岩	辉绿岩	辉绿岩	辉绿岩	辉绿岩
Li	62.4	86.5	79.7	47.4	153.9
Co	70.1	70.7	61.1	106	110
Ni	98.2	135	143	65	263
Cu	12.8	37.1	314	27.5	34.4
Zn	81.4	93.8	76.4	67.4	97.1
Ga	12.9	13.8	12.5	10.1	13.9
Ge	1.68	1.61	1.38	1.08	2.01
As	11.6	11.9	10.0	10.0	33.7
Mo	0.790	0.457	1.121	0.808	0.598
Ag	0.327	0.289	0.335	0.34	0.368
Cd	0.021	0.046	0.032	0.064	0.016
In	0.076	0.062	0.083	0.049	0.101
Sn	1.33	1.40	0.99	1.28	0.89
Sb	2.68	3.29	1.40	1.30	2.59
Tl	0.035	0.061	0.028	0.048	0.518
Pb	14.99	12.17	10.29	17.24	25.58
Bi	0.25	0.21	0.28	0.15	0.21
Th	2.13	1.8	2.12	2.31	2.3
U	0.478	0.578	0.55	0.713	0.701

根据矿体地质特征，那哥已发现两个矿体，其中 I 号矿体赋存于 F_2 断裂破碎带东段与 F_1 宰便断层交汇部位，主要为方铅矿矿石（千枚岩型），其 Pb 品位为 1.08% ～

7.28%。矿石的锌含量甚微，仅 ZK1202 号钻孔揭露 Zn 单件样品的品位为 3.10%。Ⅰ号矿体底部揭露铜矿体，铜矿体与铅矿体或连续过渡或夹石相隔，规模相近，主要为黄铜矿矿石(石英脉型)，局部为铜铅矿石。矿石 Cu 品位为 0.20% ~3.40%，Pb 品位一般为 0.01% ~6.67%。Ⅱ号矿体与Ⅰ号矿体同赋存于一条破碎带(F_2断层)中，位于Ⅰ号矿体以西约 220m 处。矿体呈脉状、透镜状产出，长约 120m，厚度为 1.40 ~2.62m，平均为 1.90m。矿石主要含 Pb，品位为 1.14% ~3.03%。

根据矿石组构特征，铜矿石多为石英脉型，硅化较强，铅矿石部分为石英脉型，大部分为千枚岩或板岩型。对区域其他矿点调查(如有能铅矿点)，结果也显示相似的特征。前人在对宰便—平正一带多金属普查时，曾将本区矿(化)点划为多金属-石英组合及多金属-变质沉积岩组合等，进一步表明成矿过程存在后期热液改造作用。

地层、岩体、矿石稀土元素地球特征及铅同位素组成特征(见下文)，指示出该矿床的成矿物质部分来自岩浆活动，但不排除赋矿地层对成矿的贡献。

三、稀土元素结果与讨论

1.分析结果

矿石总稀土含量变化较大($\Sigma REE = 6.61 \times 10^{-6} \sim 235 \times 10^{-6}$)，其轻、重稀土间分异较明显(图 4-15)，为典型的轻稀土富集型[$\Sigma LREE/\Sigma HREE = 2.3 \sim 12.1$，(La/Yb)$_N$ = 2.1 ~67.2，表 4-9]。全部样品轻稀土内部分异不显著[(La/Sm)$_N$ = 1.7 ~4.8]，而重稀土内部分异较明显[(Gd/Yb)$_N$ = 0.9 ~23.5]。全部样品均具有较为明显的负 Eu 异常($\delta Eu = 0.59 \sim 0.88$)和弱负 Ce 异常($\delta Ce = 0.95 \sim 0.99$)。

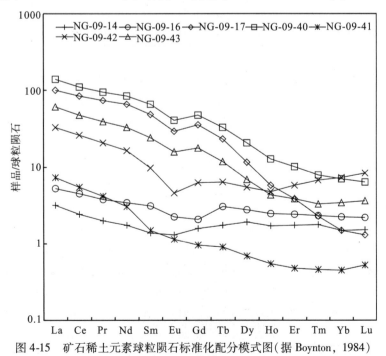

图 4-15　矿石稀土元素球粒陨石标准化配分模式图(据 Boynton，1984)

表 4-9　那哥铜铅多金属矿床矿石、围岩及火成岩稀土元素含量(10^{-6})及参数

编号	NG-14	NG-16	NG-17	NG-40	NG-41	NG-42	NG-43	NG-01	NG-02	NG-03	NG-04	NG-06
描述	矿石	矿石	矿石	矿石	矿石	矿石	矿石	千枚岩	片岩	板岩	板岩	砾岩
La	0.985	1.63	31.3	139	7.23	32.9	60.3	21.7	37.7	68.6	58.9	36.7
Ce	1.94	3.61	68	110	5.47	25.9	47.7	44.2	77.4	121	120	73
Pr	0.244	0.464	9.07	94.3	4.17	20.6	38.9	5.13	9.11	13.3	13.7	8.62
Nd	1.05	2.04	39.4	84	3.07	16.3	32.8	19.5	34	49.1	52.3	32.7
Sm	0.269	0.602	9.34	66.2	1.49	9.6	23.9	4.1	7.03	9.14	9.95	6.63
Eu	0.095	0.164	2.16	40.5	1.13	4.6	15.7	1.06	1.65	2.14	2.15	1.63
Gd	0.411	0.542	9.16	47.1	0.95	6.22	17.8	3.29	5.82	7.19	7.3	5.53
Tb	0.083	0.144	1.09	32.9	0.907	6.41	11.9	0.546	0.974	1.17	1.2	1.04
Dy	0.623	0.9	3.75	20.5	0.686	5.4	6.89	3.27	5.37	6.09	6.8	6.52
Ho	0.122	0.178	0.413	12.8	0.543	4.75	4.32	0.74	1.15	1.25	1.48	1.42
Er	0.369	0.504	0.806	10.1	0.476	5.71	3.86	2.2	3.26	3.25	3.93	3.78
Tm	0.057	0.075	0.074	7.9	0.463	6.7	3.27	0.361	0.505	0.418	0.579	0.502
Yb	0.314	0.466	0.314	7	0.45	7.27	3.42	2.82	3.56	2.5	3.78	3.21
Lu	0.049	0.071	0.042	6.3	0.528	8.35	3.63	0.451	0.514	0.332	0.562	0.421
ΣREE	6.61	11.4	175	235	10.2	52.8	96.9	109	188	286	283	182
LREE/HREE	2.3	3.0	10.2	8.3	12.1	6.3	9.2	7.0	7.9	11.9	10.0	7.1
$(La/Yb)_N$	2.1	2.4	67.2	20.0	16.1	4.5	17.6	5.2	7.1	18.5	10.5	7.7
$(La/Sm)_N$	2.3	1.7	2.1	2.1	4.8	3.4	2.5	3.3	3.4	4.7	3.7	3.5
$(Gd/Yb)_N$	1.1	0.94	23.5	6.7	2.1	0.86	5.2	0.94	1.3	2.3	1.6	1.4
δEu	0.87	0.88	0.71	0.73	0.95	0.59	0.76	0.88	0.79	0.81	0.77	0.82
δCe	0.95	0.99	0.97	0.96	0.99	0.99	0.98	1.01	1.01	0.96	1.02	0.99

编号	NG-07	NG-08	NG-09	NG-45	NG-46	NG-47	07CJ01	07CJ02	07CJ03	510	525	537
描述	砾岩	片岩	砂岩	辉绿岩	辉绿岩	辉绿岩	花岗岩	花岗岩	花岗岩	斑岩	斑岩	斑岩
La	15.8	61.1	47.2	14.8	15.3	11.6	35.3	24.1	38.9	14.8	25.9	17.5
Ce	31.4	118	92.2	30.0	32.1	24.4	73.8	45.5	85.2	30.5	51.9	34.4
Pr	3.57	13.2	10.4	3.88	3.96	3.34	7.88	6.03	8.85	3.61	5.81	3.94
Nd	13	49.4	36.8	16.4	16.9	15.4	31.7	26.3	34.4	13.2	21.1	14.2
Sm	2.58	9.92	6.56	4.16	4.07	4.23	6.44	5.77	6.52	2.66	3.97	2.85
Eu	0.61	2.17	2.07	1.4	1.39	1.39	1.24	1.53	1.07	0.472	0.521	0.511
Gd	1.96	7.29	5.68	4.28	4.43	4.45	5.82	6.09	5.33	2.46	3.33	2.78
Tb	0.331	1.19	0.973	0.829	0.803	0.798	0.86	0.98	0.78	0.434	0.513	0.463
Dy	1.84	6.67	5.37	5.2	4.61	4.94	4.72	6.02	4.55	2.6	2.93	2.8
Ho	0.4	1.42	1.2	1.24	1.05	1.03	0.94	1.3	0.95	0.583	0.573	0.603
Er	1.18	3.8	3.37	3.27	2.75	2.87	2.46	3.59	2.64	1.55	1.46	1.58
Tm	0.154	0.52	0.482	0.452	0.41	0.407	0.36	0.55	0.41	0.245	0.215	0.238

（续表）

编号	NG-07	NG-08	NG-09	NG-45	NG-46	NG-47	07CJ01	07CJ02	07CJ03	510	525	537
描述	砾岩	片岩	砂岩	辉绿岩	辉绿岩	辉绿岩	花岗岩	花岗岩	花岗岩	斑岩	斑岩	斑岩
Yb	1.25	3.48	3.16	3.04	2.67	2.83	2.41	3.65	2.75	1.61	1.27	1.44
Lu	0.172	0.498	0.479	0.447	0.415	0.441	0.35	0.54	0.41	0.225	0.163	0.198
ΣREE	74.2	279	216	89.4	90.9	78.1	174.3	132	193	74.9	120	83.5
LREE/HREE	9.2	10.2	9.4	3.8	4.3	3.4	8.7	4.8	9.8	6.7	10.5	7.3
(La/Yb)N	8.5	11.8	10.1	3.28	3.9	2.8	9.9	4.5	9.5	6.2	13.4	8.2
(La/Sm)N	3.9	3.9	4.5	2.2	2.4	1.7	3.5	2.6	3.8	3.5	4.1	3.9
(Gd/Yb)N	1.3	1.7	1.5	1.1	1.3	1.3	2.0	1.4	1.6	1.2	2.1	1.6
δEu	0.83	0.78	1.04	1.01	1.00	0.98	0.62	0.79	0.55	0.56	0.44	0.55
δCe	1.01	1.00	1.00	0.95	0.99	0.94	1.07	0.91	1.11	1.00	1.02	1.00

新元古代浅变质沉积岩及构造角砾岩样品总稀土含量变化较大，其 ΣREE 值介于 $74.2 \times 10^{-6} \sim 286 \times 10^{-6}$（表4-9）。全部样品的 ΣLREE/ΣHREE 介于 $7.0 \sim 11.9$ 和 $(La/Yb)_N$ 介于 $5.2 \sim 18.5$，轻、重稀土间分异较为明显，显示为轻稀土富集型（图4-16D）。全部样品的 $(La/Sm)_N = 3.3 \sim 4.7$ 和 $(Gd/Yb)_N = 0.9 \sim 2.3$，表明轻稀土和重稀土内部分异不显著。除样品 NG-09 外，均具有较为明显的负 Eu 异常（$\delta Eu = 0.79 \sim 0.88$）和不显著的 Ce 异常特征（$\delta Ce = 0.96 \sim 1.02$）。

辉绿岩样品的 ΣREE 值介于 $78.1 \times 10^{-6} \sim 90.9 \times 10^{-6}$（表4-9），较为稳定，其轻、重稀土间分异不明显 [ΣLREE/ΣHREE 介于 $3.4 \sim 4.3$ 和 $(La/Yb)_N$ 介于 $2.8 \sim 3.9$]，为轻稀土富集型（图4-16A）。轻稀土和重稀土内部分异也不显著 [$(La/Sm)_N$ 介于 $1.7 \sim 2.4$ 和 $(Gd/Yb)_N = 1.3 \sim 1.3$]。全部样品 Eu 异常不显著（δEu 介于 $0.98 \sim 1.01$）和弱负 Ce 异常特征（δCe 介于 $0.94 \sim 0.99$）。

花岗岩样品总稀土含量稳定 [$\Sigma REE = 132 \times 10^{-6} \sim 193 \times 10^{-6}$，表4-9]，具有轻稀土富集 [ΣLREE/ΣHREE $= 4.8 \sim 9.8$，$(La/Yb)_N = 4.5 \sim 9.9$] 和明显的 Eu 负异常（δEu 介于 $0.55 \sim 0.79$）和 Ce 异常不显著特征（$\delta Ce = 0.91 \sim 1.11$）（图4-16B）；新发现隐伏花岗斑岩，其稀土总量较花岗岩略低 [$\Sigma REE = 74.9 \times 10^{-6} \sim 120 \times 10^{-6}$，表4-9]，具有轻稀土明显富集（ΣLREE/ΣHREE $= 6.7 \sim 10.5$，$(La/Yb)_N = 6.2 \sim 13.8$）和显著的 Eu 负异常（$\delta Eu = 0.44 \sim 0.56$）和弱正 Ce 异常（$\delta Ce$ 介于 $1.00 \sim 1.02$）（图4-16C）。

2. 讨论

REE 是示踪热液矿床成矿流体来源的有效方法之一。通常，地质作用过程中 REE 整体进行运移，因而具有相似的地球化学行为。然而 REE^{3+} 与 Eu^{2+} 具有不同的性质，在一些地质过程中会出现 Eu 与 REE 的分离，导致或正或负的 Eu 异常。由于热液过程中 Eu 异常主要与发生水/岩相互作用时的氧化-还原条件有关，所以 δEu 是讨论流体来源与成矿环境的重要参数。

　　那哥铜多金属矿床矿石矿物主要为黄铁矿、黄铜矿和方铅矿，脉石矿物主要为石英、绢云母和绿泥石等。大量硫化物的存在，表明成矿流体中存在大量的高活动性还原硫(H_2S)，这毋庸置疑地表示了成矿流体的还原环境。而相对还原环境下，矿石或单矿物会出现正 Eu 异常，并具有低 ΣREE 和高 $\Sigma LREE/\Sigma HREE$ 特征，这与本次分析数据所反映的矿石均具有明显 Eu 负异常特征相矛盾。因此，认为那哥铜多金属矿床成矿流体本身是亏 Eu 的或者来自亏 Eu 的源区（王珏和周家喜等，2013）。从表 4-9 和图 4-16 可见，除辉绿岩 Eu 异常不显著外，花岗岩、花岗斑岩和赋矿围岩均具有明显的轻稀土富集和 Eu 负异常特征。

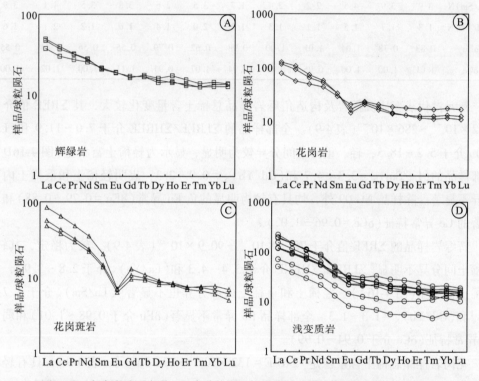

图 4-16　火成岩及围岩稀土元素球粒陨石标准化配分模式图（据 Boynton，1984）

　　同位素地球化学研究表明（见第五章），那哥铜多金属矿床成矿流体具有混合特征，其中成矿流体中水来自变质水和岩浆水，还原硫主要来自幔源岩浆，成矿 Pb 金属具有壳源特征，而 Cu 金属具有幔源特征。此外，矿石与花岗岩、花岗斑岩的稀土配分模式相比（图 4-15 和图 4-16），花岗岩和花岗斑岩具有更明显的轻稀土富集特征和 Eu 负异常特征，而且它们均比矿石稳定。因此，笔者认为那哥铜铅多金属矿床成矿流体中的 REE 可能主要是在水/岩反应过程中继承赋矿围岩浅变质岩（千枚岩）。

第五章　同位素地球化学

　　成矿物质和成矿流体的来源是矿床成因机制研究的关键，对建立合理的矿床成因模式和理论指导找矿具有重要意义（黄智龙等，2004；韩润生等，2006）。众所周知，同位素是探讨成矿流体和成矿物质来源最为有力的工具之一（Zhou et al.，2013a，2013b，2013c），但是前人指出，仅仅利用少量、单一的同位素数据可能会得出与地质事实不符的结论，有时几种同位素方法研究的结果可能会互相矛盾（Dejonghe et al.，1989）。本章系统介绍从江地虎—九星铜金多金属矿床（马思根，2013）、那哥铜铅多金属矿床（Zhou et al.，2013f）和友能铅锌多金属矿床的 H-O-S-Cu-Pb 同位素组成分析资料，结合前面成矿流体地球化学及微量与稀土元素地球化学研究成果，进一步探讨多金属矿床成矿物质和成矿流体的来源，为约束从江宰便地区铜铅锌多金属成矿机理提供丰富的地球化学信息。

第一节　地虎—九星铜金多金属矿床

一、氢-氧同位素

　　H_2O 是成矿流体的重要组成部分，因而揭示成矿流体中 H_2O 的来源对深入探讨成矿流体来源至关重要。脉石矿物、矿石矿物以及蚀变岩 H-O 同位素组成是示踪成矿流体中 H_2O 来源与演化最直接、最有效的方法（郑永飞和陈江峰，2000；黄智龙等，2004；Zhou et al.，2013e，2013f）。从江地虎—九星铜金多金属矿床原生矿石矿物主要有黄铁矿、黄铜矿、毒砂及少量的闪锌矿和方铅矿，其脉石矿物则主要为石英，均为不含 H_2O 或羟基（OH）矿物，不能直接测定这些矿物的氢同位素组成。因此，本次工作测定了脉石矿物石英流体包裹体氢同位素组成和石英的氧同位素组成。然后，根据石英-水体系氧同位素平衡交换的经验分馏方程（郑永飞和陈江峰，2000）：$1000\ln\alpha_{石英-水}=4.48\times10^{6}/T^{2}-4.77\times10^{3}/T+1.71$，换算出与石英平衡成矿流体中水的 $\delta^{18}O$ 值。计算过程中温度取本石英流体包裹体均一温度峰值（详见本书第三章第一节）。

　　采自地虎—九星铜金多金属矿床的 6 件与硫化物共生石英样品（马思根，2013），送核工业北京地质研究院测试中心进行 H-O 同位素组成分析，获得的石英流体包裹体 δD_{SMOW} 和石英 $\delta^{18}O_{SMOW}$ 值列于表 5-1。可见全部样品 H-O 同位素组成相对稳定，其 δD_{SMOW} 介于 $-41.3‰\sim-17.0‰$，$\delta^{18}O_{SMOW}$ 介于 $+12.3‰\sim+18.3‰$，根据氧同位素分馏方程计算出成矿流体中水的 $\delta^{18}O_{H_2O}$ 介于 $+5.3‰\sim+11.3‰$。其中，地虎矿段成矿

流体中 δD_{SMOW} 和 $\delta^{18}O_{H_2O}$ 分别为 $-39.0‰ \sim -17‰$ 和 $+6.6‰ \sim +11.3‰$；而九星矿段成矿流体中 δD_{SMOW} 和 $\delta^{18}O_{H_2O}$ 则分别为 $-41.3‰ \sim -24‰$ 和 $+5.3‰ \sim +6.3‰$。

表 5-1　地虎—九星铜金多金属矿床石英 H-O 同位素组成

编号	矿床	矿物	$\delta D_{SMOW}/‰$	$\delta^{18}O_{SMOW}/‰$	$\delta^{18}O_{H_2O}/‰$
DH0138	地虎	石英	-39.0	$+16.5$	$+9.5$
DH030	地虎	石英	-22.7	$+17.5$	$+10.5$
DH052	地虎	石英	-17.0	$+18.3$	$+11.3$
DH041	地虎	石英	-24.0	$+13.6$	$+6.6$
JX0101	九星	石英	-24.0	$+13.3$	$+6.3$
JX0106	九星	石英	-41.3	$+12.3$	$+5.3$

$1000\ln\alpha_{石英-水} = 4.48 \times 10^6/T^2 - 4.77 \times 10^3/T + 1.71$，$T = 260℃$（郑永飞和陈江峰，2000）

在 δD_{SMOW} 和 $\delta^{18}O_{SMOW}$ 图解中（图 5-1），绝大部分样品落入变质水区域内，表明成矿流体中的水主要来源于区域变质作用形成的变质水。由于赋矿地层属于古陆基底，发生普遍的区域变质作用，不难理解成矿流体中的水主要来自变质水。此外，与地虎矿段相比，九星矿段成矿流体略亏 ^{18}O，暗示成矿流体向九星演化过程中，有亏 ^{18}O 的大气降水的加入，这与地质观察（详见本书第二章第一节）和流体包裹体分析结果（详见本书第三章第一节）相吻合。

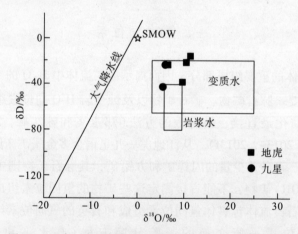

图 5-1　地虎—九星铜金多金属矿床石英 H-O 同位素图解

二、硫 同 位 素

大量研究表明，硫同位素能有效示踪成矿体系中硫的来源（Ohmoto，1972；Rey and Sawkins，1974；Ohmoto et al.，1990；Zheng and Hoefs，1993；Seal，2006；Basuki et al.，2008；Zhou et al.，2013a，2013b，2013c），而确定成矿溶液的硫同位素平均组成是判断硫来源及硫化物沉淀环境的主要依据。通常将成矿热液的总硫同位素分为三种类型：①δ^{34}S 接近于 0‰，一般认为是地幔源，或是地壳深部均一化结果；②δ^{34}S 为较大的正值，达 +20‰左右，大多认为来自于海水或沉积地层；③δ^{34}S 介于上述两种类型之间，为 +5‰ ~ +15‰，硫源为局部围岩或混合源。

地虎—九星铜金多金属矿床原生矿体中矿石矿物黄铁矿、闪锌矿、黄铜矿和方铅矿的硫同位素组成列入表 5-2，其中 14 件样品为马思根(2013)分析的结果，20 件是引自 1988 年贵州有色地质勘查局六总队采集，并由桂林矿产地质研究院测试中心进行分析的结果。

表 5-2 地虎—九星铜金多金属矿床硫同位素组成(‰)

编号	位置	对象	$\delta^{34}S_{CDT}$	编号	位置	对象	$\delta^{34}S_{CDT}$
DH04902 *	地虎	黄铁矿	+8.5	DH8820	地虎	闪锌矿	+17.5
DH0121 *	地虎	黄铁矿	+5.2	DH0137 *	地虎	黄铜矿	+3.8
DH04302 *	地虎	黄铁矿	+4.3	DH045B *	地虎	黄铜矿	+3.7
JX0117 *	九星	黄铁矿	+9.2	DH04303 *	地虎	黄铜矿	+3.5
DH8801	地虎	黄铁矿	+16.3	DH0125 *	地虎	黄铜矿	+3.7
DH8804	地虎	黄铁矿	+13.0	JX010503 *	九星	黄铜矿	+2.8
DH8807	地虎	黄铁矿	+10.6	JX0106 *	九星	黄铜矿	+1.8
DH8809	地虎	黄铁矿	+18.2	DH8806	地虎	黄铜矿	+12.0
JX8810	九星	黄铁矿	+11.7	DH8808	地虎	黄铜矿	+9.8
JX8811	九星	黄铁矿	+5.0	DH04901 *	地虎	方铅矿	+4.1
DH8814	地虎	黄铁矿	+10.2	DH030 *	地虎	方铅矿	+4.1
DH8815	地虎	黄铁矿	+8.6	DH0106 *	地虎南	方铅矿	+1.3
JX8821	九星	黄铁矿	+8.1	JX010501 *	九星	方铅矿	+1.0
DH8822	地虎	黄铁矿	+12.9	DH8802	地虎	方铅矿	+7.4
DH8823	地虎	黄铁矿	+11.6	DH8805	地虎	方铅矿	+9.7
DH8818	地虎	闪锌矿	+9.0	JX8812	九星	方铅矿	+4.5
DH8819	地虎	闪锌矿	+7.4	JX8813	九星	方铅矿	+1.3

*据贵州有色地质勘查局六总队，1988

分析结果显示，硫化物富集重硫同位素，其 δ^{34}S 变化较宽，为 +1.0‰ ~ +18.2‰，均值 +7.7‰，极差 17.2‰。其中 15 件黄铁矿 δ^{34}S 变化为 +4.3‰ ~ +18.2‰，均值 +10.2‰；3 件闪锌矿 δ^{34}S 变化为 +7.4‰ ~ +17.5‰，均值 +11.3‰；8 件黄铜矿 δ^{34}S 为 +1.8‰ ~ +12.0‰，均值 +4.9‰；9 件方铅矿 δ^{34}S 为 +1.0‰ ~ +9.7‰，均值 +4.2‰。硫化物 δ^{34}S 统计特征如图 5-2 所示，可见硫化物 δ^{34}S 总体上呈多峰值塔式分布特征，暗示地虎—九星铜金多金属矿床硫化物沉淀具有多期多阶段特征。另外，硫化物硫同位素组成明显与在 0‰值附近的幔源硫不同，与寒武纪以来的海水或海相硫酸盐岩的硫同位素组成(+20‰ ~ +35‰)也不同，表明成矿流体中硫的来源可能为岩浆硫源与海水硫源的混合。

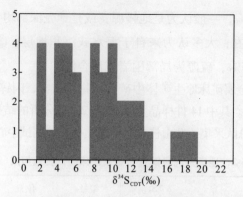

图 5-2　地虎—九星铜金多金属矿床硫化物硫同位素统计直方图

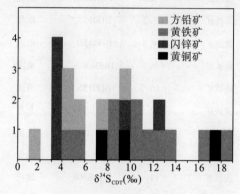

图 5-3　地虎矿段硫化物硫同位素统计直方图

此外，地虎矿段的黄铁矿 δ^{34}S 为 + 4.3‰ ~ + 18.2‰，闪锌矿 δ^{34}S 变化为 + 7.4‰ ~ + 17.5‰，黄铜矿 δ^{34}S 为 + 3.5‰ ~ + 12.0‰和方铅矿 δ^{34}S 变化为 + 1.3‰ ~ + 9.7‰，尽管存在部分重叠，仍有 δ^{34}S$_{黄铁矿}$ > δ^{34}S$_{闪锌矿}$ > δ^{34}S$_{黄铜矿}$ > δ^{34}S$_{方铅矿}$ 的特征，特别是同手标本共生硫化物间，这种特征更为明显，暗示成矿流体中硫同位素达到了平衡分馏。根据共生矿物的硫同位素组成，计算获得了硫同位素平衡分馏温度（表 5-3），显示两个温度区间，其中低温区间与流体包裹体数据吻合。

表 5-3　地虎—九星铜金多金属矿床硫同位素平衡温度

样号	矿物对	平衡分馏方程	平衡分馏方程来源	$t/℃$	$T/℃$
DH04902-DH04901	黄铁矿-方铅矿	$1000\ln\alpha = 1.2 \times 10^6/T^2$	Kajiwara et al. , 1971		246
		$1000\ln\alpha = 1.319 \times 10^6/T^2$ -0.34	Sakai, 1968	27 ~ 527	271
		$1000\ln\alpha = 1.03 \times 10^6/T^2$	Ohmoto, 1979	200 ~ 700	208
		$1000\ln\alpha = 0.98 \times 10^6/T^2$	Golyshev, 1978		196
		$1000\ln\alpha = 0.93 \times 10^6/T^2$	Rye et al. , 1974	30 ~ 600	184
DH04302-DH04303	黄铁矿-黄铜矿	$1000\ln\alpha = 0.45 \times 10^6/T^2$	Kajiwara et al. , 1971	250 ~ 600	463
JX010503-JX010501	黄铜矿-方铅矿	$1000\ln\alpha = 0.65 \times 10^6/T^2$	Ohmoto, 1979	250 ~ 600	353
		$1000\ln\alpha = 0.58 \times 10^6/T^2$		200 ~ 600	318

注：原始数据来源于表 5-2，温度使用 GeoKit 软件包（路远发，2004）计算。

九星矿段黄铁矿 $\delta^{34}S$ 为 $+5.0‰\sim+11.7‰$，黄铜矿 $\delta^{34}S$ 为 $+1.8‰\sim+2.8‰$ 和方铅矿 $\delta^{34}S$ 为 $+1.0‰\sim+4.5‰$，表现出 $\delta^{34}S_{黄铁矿}$ 大于 $\delta^{34}S_{黄铜矿}$ 和 $\delta^{34}S_{方铅矿}$ 的特征，但 $\delta^{34}S_{黄铜矿}$ 不大于 $\delta^{34}S_{方铅矿}$（图5-4），由于样品数量少，其同位素分馏是否达到平衡很难估计。总体上看，地虎矿段硫化物的硫同位素组成较九星矿段高，暗示九星矿段更接近岩浆硫源区，这与上述H-O同位素研究结果一致。

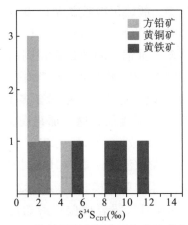

图5-4 九星矿段硫化物硫同位素统计直方图

三、铅同位素

铅同位素作为一种有效的示踪剂，已经被广泛应用于指示成矿物质来源和判别矿床成因等方面的研究工作中（Zhang et al.，1997；Zhou et al.，2013a，2013b，2013c）。由于铅的质量数大，不同的铅同位素之间相对质量差小，铅在浸取、搬运和沉淀过程中，其同位素组成通常变化不明显，成矿热液中的铅基本可继承其源区的铅同位素组成特征，所以是一种直接有效的示踪手段（朱炳泉，1998）。

硫化物铅同位素组成在核工业北京地质研究院测试中心完成，分析测试结果列于表5-4。可见，地虎—九星铜金多金属矿床硫化物铅同位素以相对较弱的射性成因铅为特征（马思根，2013），其中 $^{206}Pb/^{204}Pb$ 为 $17.556\sim17.706$，均值17.590；$^{207}Pb/^{204}Pb$ 为 $15.633\sim15.649$，均值15.644；$^{208}Pb/^{204}Pb$ 为 $37.523\sim37.738$，均值37.567。除个别样品（JX0117）外，地虎和九星矿段硫化物Pb同位素组成范围没有明显的差别，表明两个矿矿段具有相同的金属来源，反映了它们经历了相似的成矿作用过程，是同一成矿流体演化不同阶段的产物，只是在不同演化过程中有大气降水和地层物质的加入程度不同。

表5-4 地虎—九星铜金多金属矿床铅同位素组成

样号	采样位置	矿物	$^{206}Pb/^{204}Pb \pm 2\sigma$	$^{207}Pb/^{204}Pb \pm 2\sigma$	$^{208}Pb/^{204}Pb \pm 2\sigma$	t/Ma
DH049	地虎 348m	方铅矿	17.599 ± 0.001	15.649 ± 0.001	37.550 ± 0.002	795
DH0106	地虎南	方铅矿	17.556 ± 0.001	15.645 ± 0.001	37.523 ± 0.002	820
JX0105	九星 447m	方铅矿	17.587 ± 0.001	15.646 ± 0.001	37.575 ± 0.002	801
JX0111	九星 490m	方铅矿	17.557 ± 0.001	15.645 ± 0.001	37.529 ± 0.002	820

（续表）

样号	采样位置	矿物	$^{206}Pb/^{204}Pb \pm 2\sigma$	$^{207}Pb/^{204}Pb \pm 2\sigma$	$^{208}Pb/^{204}Pb \pm 2\sigma$	t/Ma
DH045B	地虎 420m	黄铜矿	17.567 ± 0.001	15.643 ± 0.000	37.537 ± 0.001	810
DH043	地虎 470m	黄铜矿	17.573 ± 0.001	15.647 ± 0.001	37.553 ± 0.001	811
JX0117	九星 560m	黄铁矿	17.706 ± 0.001	15.633 ± 0.001	37.738 ± 0.001	705

　　硫化物中 U 和 Th 含量低微，故硫化物形成后 U 和 Th 衰变产生的放射成因铅的数量少，对硫化物中铅同位素组成的影响可以忽略不计（张乾等，2000；储雪蕾等，2002）。因此，本次测试方铅矿、黄铜矿和黄铁矿得到的铅同位素组成不需要经过校正，即代表硫化物形成时的初始铅同位素比值。在铅构造模式图解中（图5-5），全部样品均位于上地壳铅演化线附近，说明地虎—九星铜金多金属矿床成矿流体中铅金属主要来源于上地壳，即主要来源于赋矿地层，这与那哥铜铅多金属矿床铅同位素地球化学研究结果一致（杨德智等，2010a；Zhou et al.，2013f）。

　　将铅同位素的模式年龄以单阶段演化模式 H-H 法处理（路远发，2004），获得地虎—九星铜金多金属矿床的铅同位素单阶段模式年龄在 820 ~ 705Ma，均值为 796Ma，变化范围较小，与宰便辉绿岩和那哥辉绿岩侵位年龄相近（曾雯等，2005；王劲松等，2012），晚于赋矿地层时代新元古代，说明铅的模式年龄具有一定的地质指示意义，但地壳中多为多阶段演化的异常铅，这些模式年龄所具有的实际地质意义还需要其他研究结果来相互验证。

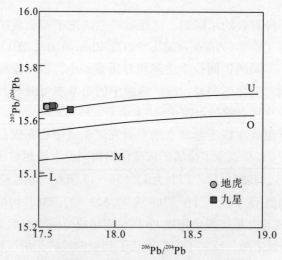

M. 上地幔；O. 造山带；UC. 上地壳；LC. 下地壳

图 5-5　Pb 同位素模式图解（底图据 Zartman and Doe，1981）

四、铜 同 位 素

1. Cu 同位素研究现状

　　铜有两个同位素，分别为 ^{65}Cu（30.826%）和 ^{63}Cu（69.174%）（Shields et al.，

1965)。前人曾利用 TIMS 对自然样品中 Cu 同位素组成进行了探索性研究(Walker et al.，1958；Shields et al.，1965)，限于当时的分析误差大(1‰~1.5‰)，未能很好地揭示自然中广泛存在的 Cu 同位素分馏现象。

Maréchal 等(1999)和 Zhu 等(2000)率先建立了自然界含铜样品的 MC-ICP-MS 测定方法，并发现地质及生物样品中铜同位素组成具有明显可测的差别。由于铜常形成多种矿物，广泛分布在各类地质体和矿床中，而铜同位素在共生铜矿物及不同价态铜矿物间存在的明显分馏(Zhu et al.，2002；Larson et al.，2003；Ehrlich et al.，2004；Graham et al.，2004；Markl et al.，2006；Asael et al.，2007；Maher and Larson，2007；Haest et al.，2009；Williams and Archer，2011)，为其在矿床学领域的应用奠定了基础。目前，铜同位素在矿床学领域的应用已取得阶段性研究成果(Maréchal 等.，1999；Larson et al.，2003；Albarède，2004；Graham et al.，2004；Mason et al.，2005；Markl and Larson，2007；Haest et al.，2009；蒋少涌等，2001a；钱鹏等，2006；李振清等，2009；王跃和朱祥坤，2010)，但对成矿作用过程中铜同位素变化规律及控制因素的认识还处于研究的初期(王跃和朱祥坤，2010)。

前人研究结果表明，共生的黄铜矿和斑铜矿间，黄铜矿富集重铜同位素(Larson et al.，2003；Graham et al.，2004；Maher and Larson，2007)，而不同价态铜矿物间铜同位素组成的实验研究(Zhu et al.，2002；Ehrlich et al.，2004)和实际测试(Larson et al.，2003；Markl et al.，2006；Asael et al.，2007；Fernandez and Borrok，2009；Haest et al.，2009)表明，高价态铜矿物较低价态铜矿物富重铜同位素，其控制因素主要为氧化-还原作用。通过对不同温度条件下形成的含铜矿物的研究表明，铜同位素组成上的差异可能与成矿温度有关(Zhu et al.，2000；蒋少涌等，2001b；Larson et al.，2003)，且在低温条件下易于发生较大的铜同位素分馏。此外，不同成矿阶段形成的含铜矿物的铜同位素组成也具有明显的差异(Zhu et al.，2000；蒋少涌等，2001b；Larson et al.，2003；Rouxel et al.，2004；Mason et al.，2005)。低温热液铜矿床中含铜矿物(黄铜矿，砷黝铜矿)$\delta^{65}Cu$ 为 $-3.70‰ ~ +0.30‰$，变化范围较表生低温环境和高温热液铜矿床的含铜矿物的 $\delta^{65}Cu$ 大且相对富集 ^{63}Cu。Cu 同位素组成大的变化区间可能反映了低温条件下 Cu 同位素的质量分馏效应，但也不排除矿床物质的不同来源，矿床形成的不同阶段，矿床形成过程中有机质对 Cu 同位素分馏的影响。

某些与岩浆岩有关的高温热液铜矿床的黄铜矿的 $\delta^{65}Cu$ 为 $-0.62‰ ~ +0.40‰$，均值为 $-0.10‰$，分布集中，但较表生低温环境下的含铜样品贫 ^{65}Cu。Zhu et al.(2000)认为，表生环境下含铜样品的 $\delta^{65}Cu$ 离散分布($\delta^{65}Cu$ 变化为 $-0.33‰ ~ +1.59‰$)反映了 Cu 同位素在低温条件下可产生明显的质量分馏。对现代大洋底块状硫化物矿床中黄铜矿的 Cu 同位素的研究表明，$\delta^{65}Cu$ 为 $-0.48‰ ~ +1.15‰$，并且具有如下特点：①$\delta^{65}Cu$ 在热液矿床内及热液矿床之间都存在明显的差别；②不活动的块状硫化物矿床比活动的块状硫化物矿床具有更低的 $\delta^{65}Cu$，而且变化小；③同一块状硫化物矿床内部 $\delta^{65}Cu$ 具有空间分布特征，从矿床底部到上部 $\delta^{65}Cu$ 降低。Zhu 等(2000)认为形成早期硫化物的成矿溶液可能优先获取了源岩中的 ^{65}Cu，因而使得沉淀的硫化物具有较高的

δ^{65}Cu，而晚期阶段的硫化物形成于 ^{65}Cu 相对贫化的成矿溶液。因此，铜矿床的 Cu 同位素组成与矿物的形成时间有关，而且后期剧烈的物理、化学变化会导致贫 ^{65}Cu 的热液与早期形成的富 ^{65}Cu 矿物发生反应，从而使矿床的 δ^{65}Cu 值减小、集中。

2. 本次 Cu 同位素分析结果

本次铜同位素分析委托广州澳实分析服务公司送往瑞士完成（马思根，2013）。铜同位素的测定结果以样品相对于国际 Cu 同位素标准物质 NIST SRM 976 的千分偏差表示，表示方法为：

$$\delta^{65}\text{Cu} = [(^{65}\text{Cu}/^{63}\text{Cu})样品/(^{65}\text{Cu}/^{63}\text{Cu})_{\text{SRM 976}} - 1] \times 1000$$

测试得到的 δ^{65}Cu 组成见表 5-5。为了检验测试流程的重现性以及测试结果的可信性，分别测试了两组平行样，它们是 DH0137—DH0137-Repl2 和 DH045B—DH045B-Repl2。由表 5-5 可见，两组平行样的结果基本一致：−0.678‰（DH0137）对应 −0.702‰（DH0137-Repl2），0.525‰（DH045B）对应 0.528‰（DH045B-Repl2），说明这次测试结果是可信的。

5 件黄铜矿样品的 δ^{65}Cu 变化为 −0.702‰ ~ +0.528‰（包括平行样），极差值为 1.23‰，变化较窄，离 0‰ 不远，平均值为 0.056 ± 0.933‰。

表 5-5　地虎矿段黄铜矿 Cu 同位素组成

样品编号	样品描述	测试对象	δ^{65}Cu/‰	标准偏差（2sd）
DH0137 DH0137-Repl2	地虎 355 中段，硅化蚀变带矿体中的矿石	黄铜矿	−0.678 −0.702	0.022 0.024
DH0138	地虎 355 中段，石英脉矿体中的矿石	黄铜矿	−0.022	0.041
DH045B DH045B-Repl2	地虎 420 中段，硅化蚀变带矿体中的矿石	黄铜矿	0.525 0.528	0.022 0.030
DH041	地虎 450 中段，石英脉矿体中的矿石	黄铜矿	0.249	0.029
DH043	地虎 450 中段，硅化蚀变带矿体中的矿体	黄铜矿	0.229	0.037

3. 初步探讨

因为地幔部分熔融过程中发生的铜同位素分馏不明显，所以地幔的铜同位素组成应与玄武岩和地幔橄榄岩的平均值相近，前人通过对活火山玄武岩、超镁铁质橄榄、地幔橄榄岩、洋岛玄武岩和玄武岩标准物质进行了铜同位素组成的测定，发现它们的 δ^{65}Cu 为 −0.20‰ ~ 0.14‰（Maréchal，1998；Ben Othman et al.，2001，2006；Archer and Vance，2004；Rouxel et al.，2004；Li et al.，2009；Herzog et al.，2009；唐索寒等，2008），变化较窄，平均值为 −0.02 ± 0.20‰，接近零值。

对澳大利亚不同类型的花岗岩的铜同位素分析显示，它们的 δ^{65}Cu 为 −0.46‰ ~

0.21‰，大多数位于零值附近，I 型和 S 型花岗岩的平均值分别为 0.03 ± 0.15‰ 和 − 0.03 ± 0.42‰(Li et al.，2009)。所测定的花岗岩分布很广，并且具有很宽泛的物质组成和不同的物质来源。因此，数据可以代表上地壳结晶部分的铜同位素组成(王跃和朱祥坤，2010)。从地幔和地壳的 δ^{65}Cu 及其变化来看，它们的值相当接近，均离零值不远，并且跟铜同位素标准物质 SRM 976 相似，可以推知地幔和地壳之间没有发生明显的铜同位素分馏。

地虎矿段中黄铜矿 δ^{65}Cu 与不同类型矿床中黄铜矿铜同位素组成范围相比(图 5-6)，与岩浆矿床黄铜矿的铜同位素组成范围(Maréchal et al.，1999；Zhu et al.，2000；Larson et al.，2003)最为相似，也与基性岩浆岩铜同位素组成范围(−0.5‰ ~ 0.5‰，Maréchal et al.，1999，2002；Zhu et al.，2000，2002)相近，可能暗示地虎矿段成矿流体中铜的来源，可能与基性岩浆作用有关。

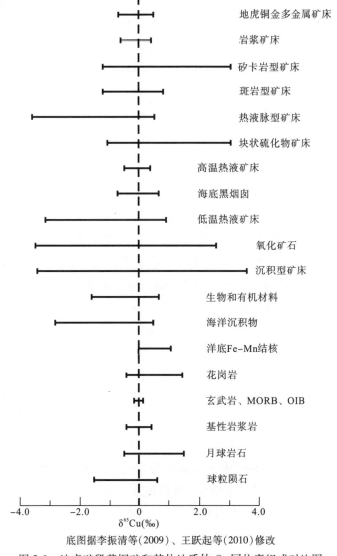

底图据李振清等(2009)、王跃起等(2010)修改

图 5-6 地虎矿段黄铜矿和其他地质体 Cu 同位素组成对比图

第二节 那哥铜铅多金属矿床

一、硫同位素

硫化物硫同位素组成分析在中国科学院地球化学研究所环境地球化学国家重点实验室完成，采用连续流动质谱测量，仪器对 $\delta^{34}S_{CDT}$ 的分析精度为 $\pm0.2‰(2\sigma)$。21 件硫化物单矿物硫同位素分析结果见表 5-6。

表 5-6 那哥铜铅多金属矿床硫化物硫同位素组成(‰)

编号	对象	$\delta^{34}S_{CDT}$	2σ	编号	对象	$\delta^{34}S_{CDT}$	2σ
NG-09-21-1	晚期黄铁矿	2.8	±0.1	NG-09-20	方铅矿	-1.0	±0.1
NG-09-17	早期黄铜矿	2.0	±0.1	NG-09-22	方铅矿	0.1	±0.1
NG-09-21	中期黄铜矿	2.7	±0.1	NG-09-31	方铅矿	-1.9	±0.1
NG-09-21-2	晚期黄铜矿	2.5	±0.1	NG-09-34	方铅矿	-1.6	±0.2
NG-09-23	中期黄铜矿	2.4	±0.1	NG-09-35	方铅矿	-1.6	±0.1
NG-09-33	早期黄铜矿	0.6	±0.1	NG-09-36	方铅矿	-0.8	±0.1
NG-09-40	早期黄铜矿	1.9	±0.1	NG-09-37	方铅矿	0.7	±0.1
NG-09-43	早期黄铜矿	2.5	±0.1	NG-09-38	方铅矿	-1.8	±0.1
NG-09-12	方铅矿	-1.9	±0.2	NG-09-39	方铅矿	-1.6	±0.1
NG-09-14	方铅矿	-0.9	±0.1	NG-09-41	方铅矿	-1.2	±0.1
NG-09-16	方铅矿	-2.7	±0.2				

由表 5-6 可见矿石硫化物黄铁矿和黄铜矿富集重硫同位素，方铅矿相对富集轻硫同位素。全部样品的 $\delta^{34}S_{CDT}$ 为 -2.7‰ ~ +2.8‰，与幔源岩浆硫同位素组成($0\pm3‰$)相近(Chaussidon et al.，1989)，表明成矿流体中的硫具有深源岩浆硫特征。1 件黄铁矿样品的 $\delta^{34}S_{CDT}$ 为 +2.8‰，7 件黄铜矿样品的 $\delta^{34}S_{CDT}$ 为 +0.6‰ ~ +2.7‰，平均值为 2.1‰，极差为 2.1‰，13 件方铅矿样品 $\delta^{34}S_{CDT}$ 为 -2.7‰ ~ +0.7‰，平均为 -1.5‰，极差为 3.4‰。虽然有部分重叠，但总体上呈现 $\delta^{34}S_{黄铁矿} > \delta^{34}S_{黄铜矿} > \delta^{34}S_{方铅矿}$，同一手标上这种特征更明显(如 NG09 ~ 21)，表明成矿流体中硫同位素达到平衡分馏(图 5-7)。根据 Kajiwara 和 Krouse(1971)和 Czamanske 和 Rey(1974)硫同位素平衡分馏温度计算公式：$\Delta^{34}S = \delta^{34}S_a - \delta^{34}S_b = A*10^6/T^2$，利用 $\Delta^{34}S_{黄铁矿-黄铜矿}$、$\Delta^{34}S_{黄铁矿-方铅矿}$ 和 $\Delta^{34}S_{黄铜矿-方铅矿}$，计算获得硫同位素平衡温度为 250 ~ 550℃，平均值约为 300℃，暗示其形成温度较高，为中-高温条件下成矿(杨德智等，2010a，2010b)。由于形成温度较高，不同期次黄铜矿之间硫同位素组成差别不大(图 5-7)。

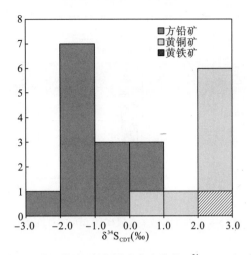

图 5-7　那哥铜铅多金属矿床硫化物 $\delta^{34}S_{CDT}$‰组成

二、氢-氧同位素

5 件石英流体包裹体 δD_{SMOW} 和石英 $\delta^{18}O_{SMOW}$ 测试结果见表 5-7。

表 5-7　那哥铜铅多金属矿床石英 H-O 同位素组成（‰）

编号	对象	δD_{SMOW}/‰	$\delta^{18}O_{SMOW}$/‰	$\delta^{18}O_{H_2O}$/‰
NG0914	石英	−44.4	16.0	3.0
NG0916	石英	−49.8	15.8	2.8
NG0933	石英	−60.7	14.9	1.9
NG0940	石英	−52.7	15.2	2.2
NG0941	石英	−47.7	15.7	2.7

注：$\delta^{18}O_{H_2O}$ 计算公式为 $1000\ln\alpha_{\text{石英-水}} = 4.48 \times 10^6/T^2 - 4.77 \times 10^3/T + 1.71$（郑永飞和陈江峰，2000）（温度取 180℃）。

　　由表 5-7 可见，全部样品 H-O 同位素组成相对稳定，其 δD_{SMOW} 介于 −44.4‰ ~ −60.7‰，$\delta^{18}O_{SMOW}$ 介于 14.9‰ ~ 16.0‰。硫同位素研究结果表明，利用硫同位素计算获得的同位素平衡温度均值约为 300℃，而流体包裹体测温结果显示，早期成矿流体的峰值温度为 180℃，二者相差较大，但流体包裹体均一温度可能更贴近成矿流体温度。因此，将约 180℃ 的流体温度和实测的 $\delta^{18}O_{Qz}$ 代入 $1000\ln\alpha_{Qz-w} = 4.48 \times 10^6/T^2 - 4.77 \times 10^3/T + 1.71$ 计算公式（郑永飞和陈江峰，2000），获得成矿流体中水的 $\delta^{18}O_{H_2O}$ 值介于 +1.9‰ ~ +3.0‰。将成矿流体中水的 δD 和 $\delta^{18}O_{H_2O}$ 投到 δD_{SMOW} vs. $\delta^{18}O_{H_2O}$ 图解中（图 5-8），全部样品落入岩浆水与变质水区域外。鉴于赋矿围岩为浅变质板岩-千枚岩的地质特征，认为成矿流体中水的为大气降水和变质水的混合（杨德智等，2010b）。

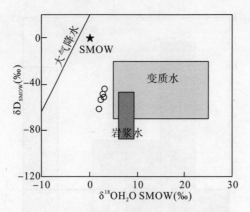

图 5-8　那哥铜铅多金属矿床 δD-δ^{18}O 图解

三、铅 同 位 素

对那哥铜铅多金属矿床矿石、赋矿围岩及辉绿岩和硫化物单矿物的 37 件样品，分别在核工业北京地质研究院采用 TIMS 测试分析和中国地质科学院地质研究所国土资源部同位素重点实验室采用 MC-ICP-MS 完成分析，其中辉绿岩样品的 ^{208}Pb/^{204}Pb 值为 37.830 ~ 38.012，平均值为 37.930；^{207}Pb/^{204}Pb 值为 15.620 ~ 15.635，平均值为 15.625；^{206}Pb/^{204}Pb 值为 17.808 ~ 17.902，平均值为 17.835（表 5-8）；地层千枚岩样品 ^{208}Pb/^{204}Pb 值为 38.201 ~ 38.637，平均值为 38.365；^{207}Pb/^{204}Pb 值为 15.548 ~ 15.670，平均值为 15.601；^{206}Pb/^{204}Pb 值为 17.820 ~ 18.258，平均值为 18.038（表 5-8）；矿石样品 ^{208}Pb/^{204}Pb 值为 38.146 ~ 38.345，平均值为 38.219；^{207}Pb/^{204}Pb 值为 15.644 ~ 17.708，平均值为 15.674；^{206}Pb/^{204}Pb 值为 17.991 ~ 18.052，平均值为 18.022（表 5-9），而硫化物 ^{208}Pb/^{204}Pb 值为 38.166 ~ 38.384，平均值为 38.223；^{207}Pb/^{204}Pb 值为 15.669 ~ 15.687，平均值为 15.673；^{206}Pb/^{204}Pb 值为 17.993 ~ 18.122，平均值为 18.023（表 5-9）。

Pb 同位素比值及相关参数是指示成矿流体中金属来源的有效手段（朱炳泉，1998；黄智龙等，2004；周家喜等，2010；高伟等，2011；Zhou et al.，2013a，2013f）。从全部样品 Pb 同位素组成分析结果（表 5-8 和表 5-9）看，全部样品的 ^{208}Pb/^{204}Pb、^{207}Pb/^{204}Pb 和 ^{206}Pb/^{204}Pb 变化范围都很窄，且比值相对稳定。矿石和硫化物单矿物间，不同类型硫化物间以及不同期次黄铜矿间，铅同位素比值不存在明显差别，表明它们具有相同的物质来源。

表 5-8　那哥铜铅多金属矿床地层和辉绿岩铅同位素组成

样号	对象	^{206}Pb/^{204}Pb	^{207}Pb/^{204}Pb	^{208}Pb/^{204}Pb	μ	$\Delta\beta$	$\Delta\gamma$
NG-19	辉绿岩	17.818	15.620	37.885	9.58	21.8	37.9
NG-45	辉绿岩	17.822	15.620	37.974	9.58	21.8	40.2
NG-46	辉绿岩	17.823	15.621	37.830	9.58	21.9	36.3

（续表）

样号	对象	$^{206}Pb/^{204}Pb$	$^{207}Pb/^{204}Pb$	$^{208}Pb/^{204}Pb$	μ	$\Delta\beta$	$\Delta\gamma$
NG-47	辉绿岩	17.808	15.635	37.949	9.61	22.9	40.8
NG-48	辉绿岩	17.902	15.631	38.012	9.59	22.2	39.3
NG-02	千枚岩	17.820	15.648	38.286	9.64	23.8	50.3
NG-03	绢云母板岩	17.945	15.673	38.201	9.67	25.1	45.2
NG-08	千枚岩	18.123	15.664	38.462	9.63	23.6	46.2
NG-15	绢云母板岩	18.258	15.668	38.637	9.62	23.4	46.9
NG-18	绢云母板岩	18.042	15.670	38.241	9.65	24.4	43.1

注：全岩铅由 TIMS 测定。μ，$\Delta\beta$ 和 $\Delta\gamma$ 利用 Geokit 计算（据路远发，2004）

表 5-9　那哥铜铅多金属矿床矿石和单矿物铅同位素组成

样号	对象	$^{206}Pb/^{204}Pb$	$^{207}Pb/^{204}Pb$	$^{208}Pb/^{204}Pb$	t/Ma	μ	$\Delta\beta$	$\Delta\gamma$
NG-20	方铅矿为主的矿石	17.996	15.660	38.152	534	9.63	23.89	41.62
NG-21	黄铜矿为主的矿石	18.021	15.688	38.236	548	9.69	25.81	44.55
NG-22	方铅矿为主的矿石	18.039	15.708	38.311	558	9.73	27.19	47.06
NG-23	黄铜矿为主的矿石	18.049	15.684	38.345	524	9.68	25.40	46.44
NG-31	方铅矿为主的矿石	18.015	15.664	38.156	525	9.64	24.10	41.33
NG-33	黄铜矿为主的矿石	18.026	15.656	38.168	508	9.62	23.47	40.90
NG-41	方铅矿为主的矿石	18.021	15.670	38.203	528	9.65	24.51	42.73
NG-43	黄铜矿为主的矿石	17.991	15.674	38.169	553	9.66	24.93	42.96
NG-17	早期黄铜矿	18.0323	15.6713	38.2666	521	9.65	24.55	44.18
NG-20	方铅矿	17.9927	15.6693	38.1736	546	9.65	24.58	42.79
NG-22	中期黄铜矿	18.1216	15.6871	38.3842	477	9.67	25.32	45.37
NG-21-3	方铅矿	18.0060	15.6725	38.1920	541	9.66	24.76	43.03
NG-21-1	晚期黄铜矿	18.0195	15.6707	38.2190	529	9.65	24.57	43.25
NG-21-2	黄铁矿	18.0102	15.6715	38.2029	537	9.66	24.66	43.15
NG-31	方铅矿	18.0121	15.6716	38.2055	536	9.66	24.66	43.16
NG-41	方铅矿	18.0159	15.6741	38.2092	536	9.66	24.83	43.27
NG-43	早期黄铜矿	17.9968	15.6699	38.1664	544	9.65	24.61	42.49

注：矿石铅由 TIMS 测定，硫化物铅由 MC-ICP-MS 测定。$t(Ma)$，μ，$\Delta\beta$ 和 $\Delta\gamma$ 利用 Geokit 计算（据路远发，2004）。

在 $^{208}Pb/^{204}Pb$ vs. $^{206}Pb/^{204}Pb$ 图解（图 5-9A）中，全部样品都在造山带铅平均演化曲线附近，具有造山带铅特征，且矿石全岩和硫化物单矿物样品落入辉绿岩和浅变质沉积岩之间，暗示矿床铅特征可能为铅混合的结果。

在 $^{207}Pb/^{204}Pb$ vs. $^{206}Pb/^{204}Pb$ 图解（图 5-9B）中，辉绿岩样品落入造山带铅平均演化曲线和地幔铅平均演化曲线之间，靠近造山带铅平均演化曲线，这与辉绿岩地幔起源的地质事实吻合，同时表明辉绿岩成岩过程受到造山作用的影响，这又与其所处的大地构造位置为江南造山带的地质背景一致（曾昭光等，2003）；浅变质沉积岩落入造山带铅平均演化曲线和上地壳铅平均演化曲线之间，沿造山带铅平均演化曲线分布，这与其所处的地质背景也是吻合的，并与矿石全岩和硫化物单矿物样品部分重叠，表明赋矿地层浅变质岩为成矿提供了部分物质；矿石全岩和硫化物单矿物样品落入落入造山带铅平均演化曲线和上地壳铅平均演化曲线之间，并具有线性关系，同样表明那哥铜多金属矿床铅具有造山带铅和上地壳铅混合特征。

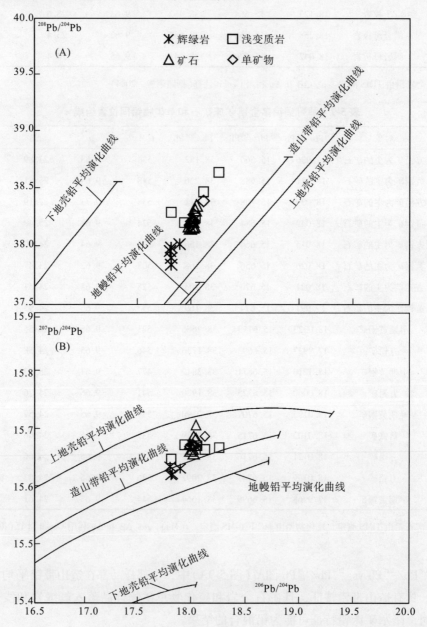

图 5-9　　$^{208}Pb/^{204}Pb$-$^{206}Pb/^{204}Pb$ 和 $^{207}Pb/^{204}Pb$-$^{206}Pb/^{204}Pb$ 图解（据 Zartman 和 Doe，1981）

在全部样品 Δβ vs. Δγ 图解（图 5-10，朱炳全，1998），更加清晰地显示辉绿岩样品落入岩浆作用铅范围，浅变质沉积岩样品落入上地壳源铅范围，与地质特征吻合，而矿石全岩和硫化物单矿物样品介于二者之间。

　　矿石全岩和硫化物单矿物铅模式年龄（表5-9）介于558～477Ma（均值为532Ma），晚于青白口系赋矿地层时代，而已有研究表明铅同位素模式年龄不能代表矿床成矿年龄（朱炳泉，1998；周家喜等，2010），但暗示该矿床可能为后生矿床，这与控矿断裂切穿赋矿地层的地质事实吻合。

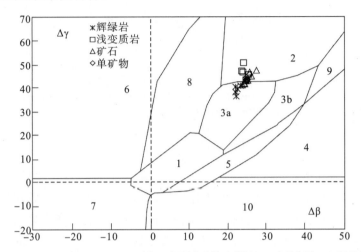

1. 地幔源铅；2. 上地壳源铅；3. 上地壳与地幔混合的俯冲带铅（3a. 岩浆作用；3b 沉积作用）；
4. 化学沉积型铅；5. 海底热液作用铅；6. 中-深变质作用铅；7. 深变质下地壳铅；8. 造山带铅；
9. 古老页岩上地壳铅；10. 退变质铅

图5-10　那哥铜铅多金属矿床矿石、硫化物、辉绿岩和围岩 Δβ-Δγ 图（底图据朱炳泉等，1998）

　　结合矿石全岩和硫化物单矿物样品的 μ 值大于9.6（变化为9.62～9.73），具有较高 μ 值特征和那哥辉绿岩体侵位年龄约为832Ma（见第六章），为新元古代中期，略晚于赋矿地层时代，以及最近新发现的隐伏斑岩，其结晶年龄约为850Ma（见第六章），也略晚于赋矿地层时代，加之上述的 S-H-O 同位素分析结果和下文的铜同位素组成特征，很难排除基性岩浆活动（或酸性岩浆活动）为那哥铜铅多金属矿床提供成矿物质和热驱动力的可能性，但可以肯定的是赋矿地层浅变质沉积岩为成矿提供了部分金属来源。

四、铜同位素

1. 分析结果

　　本次研究了7件黄铜矿样品（其中1件为平行样）的铜同位素组成，实验在中国地质科学院地质研究所国土资源部同位素重点实验室完成，结果列于表5-10。由表5-10可见。7件黄铜矿的 $\delta^{65}Cu_{NBS976}$ 值为 $-0.09‰～+0.33‰$，其变化较窄，极差为0.42‰。1件样品及其平行样的测试结果在仪器误差范围内一致，表明实验结果可靠。

表 5-10　那哥铜铅多金属矿床 Cu 同位素组成(‰)

No.	Obj	$\delta^{65}Cu_{NBS\ 976}$	2σ
NG-17	早期黄铜矿	+0.13	±0.02
NG-21-2	晚期黄铜矿	+0.33	±0.03
NG-22	中期黄铜矿	+0.17	±0.01
NG-22P	中期黄铜矿	+0.18	±0.01
NG-23	中期黄铜矿	+0.18	±0.03
NG-40	早期黄铜矿	-0.09	±0.04
NG-43	早期黄铜矿	+0.08	±0.04

注：由 MC-ICP-MS 测定，NG-22P 是 NG-22 的平行样。

2. 铜同位素组成变化规律及其地质意义

自 Maréchal 等(1999)和 Zhu 等(2000)率先建立了自然界含铜样品铜同位素的 MC-ICP-MS 测定方法以来，非传统稳定铜同位素取得了极大发展，并在环境、地质等领域显示出了很强的优越性。由于铜常形成多种矿物，广泛分布在各类地质体和矿床中，而铜同位素在共生铜矿物及不同价态铜矿物间存在的明显分馏(Zhu et al.，2002；Larson et al.，2003；Ehrlich et al.，2004；Graham et al.，2004；Markl et al.，2006；Asael et al.，2007；Maher and Larson，2007；Haest et al.，2009；Williams and Archer，2011)，为其在矿床学领域的应用奠定了基础。

随着铜同位素矿床地球化学研究的深入，积累了大量不同类型矿床黄铜矿的铜同位素组成数据，王跃和朱祥坤(2010)统计结果显示，不同类型矿床黄铜矿间铜同位素组成部分重叠，并存在明显差别。本次研究的那哥铜多金属矿床黄铜矿铜同位素组成范围与不同类型矿床中黄铜矿铜同位素组成范围相比(图 5-11)，与岩浆矿床黄铜矿的铜同位素组成范围(Maréchal et al.，1999；Zhu et al.，2000；Larson et al.，2003)最为相似，也与基性岩浆岩铜同位素组成范围(-0.5‰ ~ +0.5‰，Maréchal et al.，1999，2002；Zhu et al.，2000，2002)相近，可能暗示那哥铜多金属矿床形成与岩浆作用有关。上述的 S-H-O-Pb 同位素研究结果也显示矿床的形成与岩浆活动的关系极为密切。因此，笔者认为那哥铜多金属矿床成矿成矿流体中硫和铜主要由岩浆提供，而水和铅由岩浆活动和区域变质作用共同提供。

从分析结果(表 5-10)上看，不同期次黄铜矿样品间铜同位素组成存在明显差别(远高于仪器分析精度 ±0.04‰)，其中 3 件早期形成的黄铜矿样品，其 $\delta^{65}Cu_{NBS}$ 为 -0.09‰ ~ +0.13‰，均值为 +0.04‰；3 件中期形成的黄铜矿样品(含平行样)，其 $\delta^{65}Cu_{NBS}$ 为 +0.17‰ ~ +0.18‰，均值为 +0.18‰；1 件晚期形成的黄铜矿样品的 $\delta^{65}Cu_{NBS}$ 值为 +0.33‰。表现出结晶矿物从早到晚，逐步富重铜同位素。对于黄铜矿沉淀过程中铜同位素的变化规律，前人对海底热液系统和德兴斑岩矿床的研究结果显示，早期形成的黄铜矿富集重铜同位素，而晚期富轻铜同位素(Zhu et al.，2000；Rouxel et al.，2004；钱鹏等，2006)；但也有学者发现西藏驱龙斑岩铜矿床早期黄铜矿相对富集

^{63}Cu，晚期相对亏损^{63}Cu（李振清等，2009），这与本次发现的规律一致。

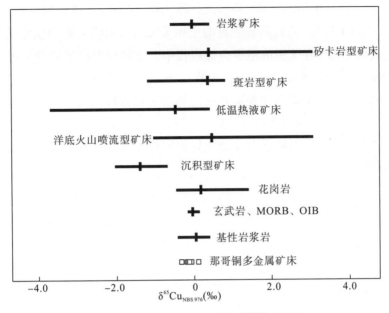

底图据李振清等（2009）、王跃和朱祥坤（2010）

图5-11　那哥铜铅多金属矿床与不同类型矿床和岩浆岩铜同位素组成对比

影响铜同位素分馏方向和程度的因素主要有物相的热力学参数和体系的 pH、Eh、T、f_{O_2} 和离子浓度等（葛军等，2004）。而影响铜同位素组成变化作用和过程主要为氧化-还原作用、气-液分离作用、流体混合作用、结晶-沉淀作用、生物作用和多级平衡过程、流体出溶过程、成矿作用过程、风化淋滤过程等（Maréchal et al.，1999，2002；Zhu et al.，2000，2002；Jiang et al.，2002；Larson et al.，2003；Rouxel et al.，2004；Ehrlich et al.，2004；Maher and Larson，2007；Fernandez and Borrok，2009；Herzog et al.，2009；Williams and Archer，2011；蒋少涌等，2001；钱鹏等，2006；陆建军等，2008；李振清等，2009；王跃和朱祥坤，2010）。

对于早期成矿流体富重铜同位素，Zhu 等（2000）认为形成早期硫化物的成矿溶液可能优先从源区淋滤出^{65}Cu，因而使得沉淀的硫化物具有较高的 δ^{65}Cu，而晚期阶段的硫化物形成于^{65}Cu 相对贫乏的成矿溶液。而蒋少涌等（2001）研究金满低温热液脉状铜矿床含铜硫化物的铜同位素组成时，认为影响铜同位素组成变化规律的制约因素可能包括成矿温度、成矿物质来源、成矿阶段和有机质参与成矿等。钱鹏等（2006）和陆建军等（2008）认为这种现象可能与黄铜矿形成温度有关，认为温度较高的早期成矿阶段形成的黄铜矿具有较高的 δ^{65}Cu，随着温度的降低，从热液中沉淀出的黄铜矿 δ^{65}Cu 可能会降低。

对于早期成矿流体富集轻铜同位素，李振清等（2009）排除了氧化-还原作用、生物作用等，认为流体出溶过程和流体混合作用可能是引起西藏驱龙斑岩铜矿黄铜矿铜同位素组成变化规律的主要因素。出溶过程是基于假设轻铜同位素优先进入气相迁移，而流体混合作用是考虑到处于氧化状态的大气降水富集重铜同位素。前文研究结果显示,那哥铜铅多金属矿床黄铜矿硫同位素和铜同位素具有相同的来源。已有研究表明 ^{32}S在高温条件下以气相形式迁移(郑永飞和陈江峰,2000),在黄铜矿 $\delta^{65}Cu_{NBS}$ vs. $\delta^{34}S_{CDT}$相关图中(图5-12),二者具有明显的正相关关系,表明它们的变化受具有相同过程控制。前人研究认为在无机的质量分馏过程中,重同位素(^{65}Cu)优先进入矿物晶格和结合键比较强的配位(Graham et al,2004)。因此,认为那哥铜多金属矿床铜同位素组成在不同期次黄铜矿中的变化规律是受流体出溶过程控制的,与该矿床与岩浆作用密切关联的认识是相辅相成(Zhou et al.,2013f)。至于流体混合作用是否为控制这一规律的主要因素,由于目前缺乏对变质流体铜同位素组成特征的研究,很难估计流体混合作用的影响。

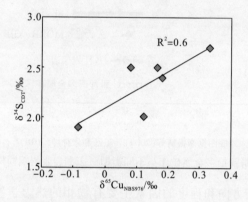

图 5-12   那哥铜铅多金属矿床黄铜矿 $\delta^{34}S_{CDT}$ vs. $\delta^{65}Cu_{NBS976}$ 图解

第三节   友能铅锌多金属矿床(点)

一、铅同位素分析结果

本次研究采集了友能铅锌多金属矿床6件矿石和7件围岩样品送往核工业北京地质研究院进行 Pb 同位素组成分析,分析结果列于表5-11。由分析结果可见,6件铅锌矿石的 $^{208}Pb/^{204}Pb$ 值为 38.074~38.823,$^{207}Pb/^{204}Pb$ 值为 15.631~15.895,$^{206}Pb/^{204}Pb$ 值为 17.875~18.224(表5-11)。7件围岩样品 $^{208}Pb/^{204}Pb$ 值为 38.003~38.457,$^{207}Pb/^{204}Pb$ 值为 15.548~15.650,$^{206}Pb/^{204}Pb$ 值为 17.774~18.181(表5-11)。统计结果显示,矿石全岩 Pb 同位素组成和围岩全岩 Pb 同位素组成变化范围相近。

表 5-11   友能铅锌多金属矿床地层和辉绿岩铅同位素组成

样号	对象	$^{208}Pb/^{204}Pb$	$^{207}Pb/^{204}Pb$	$^{206}Pb/^{204}Pb$	t/Ma	μ	$\Delta\beta$	$\Delta\gamma$
YN-09-01	铅锌矿石	38.717	15.895	18.224	635	10.08	39.9	61.8
YN-09-02	铅锌矿石	38.369	15.731	17.945	647	9.79	29.3	52.8
YN-09-09	铅锌矿石	38.240	15.662	18.032	511	9.63	23.9	43.0

（续表）

样号	对象	$^{208}Pb/^{204}Pb$	$^{207}Pb/^{204}Pb$	$^{206}Pb/^{204}Pb$	t/Ma	μ	$\Delta\beta$	$\Delta\gamma$
YN-09-10	铅锌矿石	38.823	15.631	18.165	381	9.55	21.1	53.0
YN-09-11	铅锌矿石	38.091	15.654	17.897	596	9.64	23.9	42.8
YN-09-12	铅锌矿石	38.074	15.642	17.875	598	9.62	23.1	42.4
ZK701-4	千枚岩	38.215	15.634	18.012		9.58	21.9	41.5
ZK701-13	千枚岩	38.457	15.636	18.181		9.56	21.4	42.8
ZK703-2	千枚岩	38.242	15.612	17.943		9.54	20.7	43.3
ZK703-7	千枚岩	38.321	15.548	17.873		9.43	16.3	44.3
YN-09-05	千枚岩	38.003	15.595	17.774		9.54	20.2	41.3
YN-09-07	板岩	38.129	15.642	17.798		9.63	23.5	46.4
YN-09-08	角砾岩	38.213	15.65	17.946		9.62	23.4	44.4

注：全岩铅由 TIMS 测定，μ、$\Delta\beta$ 和 $\Delta\gamma$ 利用 Geokit 计算（据路远发，2004）

二、成矿物质来源的铅同位素约束

Pb 同位素比值及相关参数是指示成矿流体中金属来源的有效手段（Zhang et al.，2002；Zhou et al.，2013a，2013b，2013c）。从全部矿石样品 Pb 同位素组成分析结果（表 5-11）看，全部样品的 $^{208}Pb/^{204}Pb$、$^{207}Pb/^{204}Pb$ 和 $^{206}Pb/^{204}Pb$ 变化都很窄，且比值相对稳定，表明它们具有相同的物质来源。

在 $^{208}Pb/^{204}Pb$ vs. $^{206}Pb/^{204}Pb$ 图解（图 5-13）中，全部样品都在下地壳和造山带铅平均演化曲线之间，且矿石全岩和浅变质沉积岩之间有部分重叠，暗示赋矿地层岩石为成矿提供了部分物质。在全部样品 $\Delta\beta$ vs. $\Delta\gamma$ 图解（图 5-14，朱炳全，1998），显示出浅变质沉积岩样品落入上地壳源铅范围，与地质特征吻合，而矿石全岩样品与赋矿围岩部分重叠，位于岩浆作用与上地壳源铅接触区域，同样暗示友能铅锌多金属矿床成矿金属来源复杂。

矿石全岩铅模式年龄（表 5-11）介于 647～381Ma，晚于青白口系赋矿地层时代，而已有研究表明铅同位素模式年龄不能代表矿床成矿年龄（朱炳泉，1998；周家喜等，2010），但暗示该矿床可能为后生矿床，这与控矿断裂切穿赋矿地层的地质事实吻合。矿石全岩和赋矿围岩全岩样品 μ 值大于 9.4（变化为 9.43～10.08），具有较高 μ 值特征，不能排除岩浆活动提供部分成矿物质和热驱动力的可能性，但可以肯定的是赋矿地层浅变质沉积岩为成矿提供了部分金属来源。

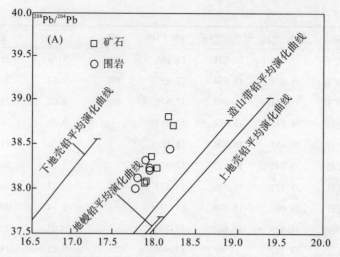

图 5-13　友能铅锌多金属矿床矿石和围岩 $^{208}Pb/^{204}Pb$-$^{206}Pb/^{204}Pb$ 图解

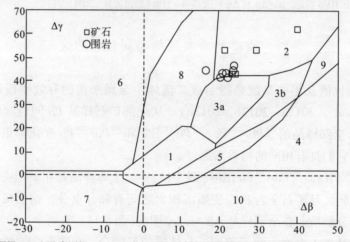

1. 地幔源铅；2. 上地壳源铅；3. 上地壳与地幔混合的俯冲带铅(3a. 岩浆作用；3b. 沉积作用)；
4. 化学沉积型铅；5. 海底热液作用铅；6. 中－深变质作用铅；7. 深变质下地壳铅；8. 造山带铅；
9. 古老页岩上地壳铅；10. 退变质铅

图 5-14　友能铅锌多金属矿床矿石和围岩 Δβ-Δγ 图(底图据朱炳泉等，1998)

第四节　小　结

在地质特征上，地虎—九星铜金多金属矿床、那哥铜铅多金属矿床和友能铅锌多金属矿床，表现为不同的矿化元素组合，但它们均赋存于新元古代下江群变质沉积岩中，受构造控制明显。H-O 同位素研究结果显示，那哥铜铅多金属矿床成矿流体以变质水和大气降水的混合为主，而地虎—九星铜金多金属矿床成矿流体中的水则以变质水为主，受大气降水影响。硫化物 S 同位素组成表明，那哥铜铅多金属矿床成矿流体中的硫以深源岩浆硫为主，而地虎—九星铜金多金属矿床成矿流体中的硫部分来自深源岩浆，大部分为成矿同期海水硫源。Pb 同位素组成分析显示，那哥铜铅多金属矿床成矿流体中的铅金属具有造山带铅特征，为辉绿岩与赋矿围岩的混合，友能铅锌多金属矿床成矿流体中的铅则为上地壳源铅，主量来自赋矿岩石，地虎—九星铜金多金属矿床成矿流体中的铅金属也主要由赋矿地层岩石提供。此外，三个矿床矿石全岩和硫化物 $^{208}Pb/^{204}Pb$ 与 $^{206}Pb/^{204}Pb$ 具有明显的线性相关关系(图 5-15)，暗示它们可能存在某种内在的成因联系。Cu 同位素初步研究发现，那哥铜铅多金属矿床和地虎—九星铜金多金属矿床成矿流体中的铜金属均与辉绿岩浆作用密切相关。结合成矿流体包裹体、成矿元素地球化学和同位素地球化学研究成果，认为从江宰便地区铜铅锌多金属矿床的形成与区内的基性岩浆活动有关，其直接的作用可能是为区内铜金等金属的成矿提供了物源和硫矿化剂，区内铅锌多金属的成矿可能与赋矿围岩密切相关，其直接作用可能是为区内铅锌等金属的成矿，提供了主要物源和部分硫矿化剂。

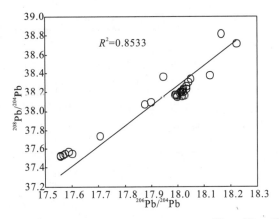

图 5-15　从江宰便地区铜铅锌多金属矿床矿石和硫化物 $^{208}Pb/^{204}Pb$-$^{206}Pb/^{204}Pb$ 图解

第六章　岩石地球化学及年代学

第一节　样品来源与分析方法

一、样品采集

宰便辉绿岩样品采自黔东南苗族侗族自治州从江县宰便镇南部，距宰便镇约2km（图6-1）。共采集样品15件，所采样品空间位置为自岩体与地层接触带内岩体一侧开始，样品为具有不同蚀变强度的辉绿岩（王劲松等，2010a）。用于挑选锆石的辉绿岩样品约30kg，取样点地理位置为25°37′04″N，108°30′47″E。

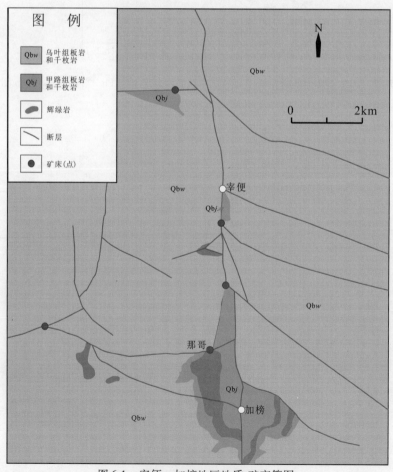

图6-1　宰便—加榜地区地质-矿产简图

那哥—加榜辉绿岩样品采自那哥铜铅多金属矿床探矿平硐（图6-1），共采集样品5件，所采集样品空间位置为坑道揭露岩体部分，具有较强的蚀变，包括绿泥石化、透闪石化和铜矿化等。用于挑选锆石的辉绿岩样品约45kg，取样点地理位置为25°35′34″N，108°30′38″E。

那哥隐伏花岗斑岩样品采自宰便镇南西部那哥矿区外围所实施的验证钻孔ZK001（周家喜等，2011），共采集样品24件，所采样品的空间位置为自钻孔揭露岩体位置开始至终孔位置。用于挑选锆石的花岗斑岩样品约3kg，取样点地理位置为25°35′N，108°29′E。

大坪电气石岩样品采自大坪镇西乌叶村附近（图6-2），由于采样人员野外未能识别，且该岩体出露面积小和位置隐蔽，所采集的样品有限，仅2件手标本。

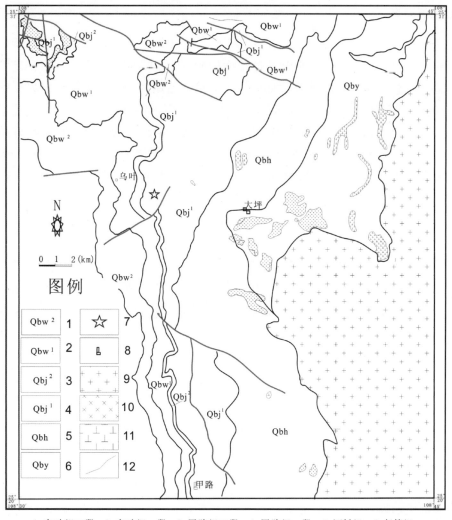

1.乌叶组二段；2.乌叶组一段；3.甲路组二段；4.甲路组一段；5.河村组；6.尧等组；
7.电气石岩发现位置；8.村庄；9.基性-超基性岩；10.花岗岩；11.闪长岩；12.断层

图6-2　大坪电气石岩出露位置（据王劲松等，2010b）

二、测 试 流 程

1. 电子探针

电子探针分析在中国科学院地球化学研究所矿床地球化学国家重点实验室完成，采用的仪器为日本岛津公司生产的 EPMA-1600 型电子探针，分析流程为先在显微镜下仔细观察，确定做探针的位置，做标记，对光、薄片进行喷碳准备，上探针仪进行矿物波谱和能谱半定量化学成分分析。测试条件为加速电压 25kV，电流 4.5nA，电子束束斑直径小于 $1\mu m$。

2. 主量元素

主量元素的分析采用 X 荧光光谱法（XRF），在中国科学院地球化学研究所矿床地球化学国家重点实验室完成，所用仪器型号为 AXIOS（PW4400）。主量元素测定流程包括玻璃融熔制样和烧失量的计算两部分：①玻璃融熔制样：将碎至 200 目以下的样品 0.7g 与 7g 助熔剂装入坩锅中，用玻璃棒搅拌均匀，倒入铂金坩锅中，再加入适量溴化锂；然后将铂金坩锅在 1200℃ 下加热 20min，经过"振荡"等工序，将融熔样品倒入模具，冷却后制成玻璃样片待测，检测精度优于 5%；②烧失量测试：先在电子天平上称取坩锅重量 W_1，加入大约 1g 样品，称总重 W_2；然后放入马弗炉在 900℃ 灼烧 3h 左右，最后取出放在干燥器中冷却，称量总重 W_3；通过公式 $LOI = (W_2 - W_3)/(W_2 - W_1)$，得到烧失量。

3. 微量元素

微量和稀土元素分析的前处理和测试均在中国科学院地球化学研究所矿床地球化学国家重点实验室完成。具体流程如下：准确称取 200 目以下样 50mg，放入带盖的 PTFE 坩锅中，加入 1ml HF 放在电热板上蒸干去掉大部分的 SiO_2，再加 1ml HF 和 1ml HNO_3，加盖，放入电热箱中，升温至 200℃ 左右，加热 48h。取出坩锅冷却后，加 1ml HNO_3，在电热板上蒸干，重复一次。最后加入 2ml HNO_3、5ml 蒸馏水和 1ml $1\mu g \cdot ml^{-1}$ Rh 的内标溶液，加盖，在电热箱中（130℃）加热 4h 左右，取出冷却后，移至离心管中并稀释到 50ml 待测。测试在四级杆型电感耦合等离子体质谱（Q-ICP-MS）上进行，该仪器对 REE 及微量检测下限为 $(0.1 \sim 1)n \times 10^{-12}$，分析数据的相对误差小于 10%，绝大多数优于 5%，具体分析方法见 Qi 等（2000）。

4. Rb-Sr 同位素

Rb-Sr 同位素测定在中国地质科学院地质研究所所属国土资源部同位素地质重点实验室完成。测定流程：准确称取 0.03 ~ 0.05g 样品和适量（^{84}Sr）稀释剂于聚四氟乙烯溶样器中，加入适量的氢氟酸及高氯酸混合酸分解样品。采用 Dowex50 × 8（200 ~ 400 目）

阳离子交换技术进行 Sr 和其他杂质元素分离，$^{87}Sr/^{86}Sr$ 同位素比值同位素分析在 MAT-262 质谱计上完成。标准测定结果：SRM987 $SrCO_3$ 的 $^{87}Sr/^{86}Sr = 0.710243 \pm 12$ (2σ)。Sr 同位素质量分馏采用 $^{88}Sr/^{86}Sr = 8.37521$ 校正，与样品同时测定的全流程 Sr 空白本底 $< 5 \times 10^{-9}$。

5. Sm-Nd 同位素

Sm-Nd 测定在中国地质科学院同位素地质重点实验室完成。测定流程：称取 200 目样品用于 $^{143}Nd/^{144}Nd$ 值测定。在氟塑料密封溶样器中用 HF-$HClO_4$ 将样品分解样品，测定浓度时加入 $^{145}Nd + ^{149}Sm$ 混合稀释剂，总稀土元素分离采用 Dowex50 × 8（200～400 目）阳离子树脂交换柱，HCl 作淋洗液，收集含 Nd 的一次解析液。采用 HDEHP 交换柱进一步分离 Nd，收集 Nd 的解析液。分析在仪器 Nu Plasam HR MC-ICP-MS（Nu Instruments），DSN-100 膜去溶上完成，标准测定结果：JMC Nd_2O_3 $^{143}Nd/^{144}Nd = 0.511125 \pm 10(2\sigma)$，Nd 同位素质量分馏采用 $^{146}Nd/^{144}Nd = 0.7219$ 校正，同位素分析样品制备的全过程均在超净化学实验室内完成。

6. Pb 同位素

样品测试工作在核工业北京地质研究院分析测试研究中心进行，分析流程如下：①称取适量样品放入聚四氟乙烯坩埚中，加入氢氟酸中、高氯酸溶样。样品分解后，将其蒸干，再加入盐酸溶解蒸干，加入 0.5N HBr 溶液溶解样品进行铅的分离。②将溶解的样品溶解倒入预先处理好的强碱性阴离子交换树脂中进行铅的分离，用 0.5N HBr 溶液淋洗树脂，再用 2N HCl 溶液淋洗树脂，最后用 6N HCl 溶液解脱，将解脱溶液蒸干备质谱测定。③用热表面电离质谱法进行铅同位素测量，仪器型号为 ISOPROBE-T，对 1μg 的铅 $^{208}Pb/^{206}Pb$ 测量精度 $\leqslant 0.005\%$，NBS981 标准值（2δ）：$^{208}Pb/^{206}Pb = 2.1681 \pm 0.0008$，$^{207}Pb/^{206}Pb = 0.91464 \pm 0.00033$，$^{204}Pb/^{206}Pb = 0.059042 \pm 0.000037$。

7. SIMS 锆石 U-Pb 同位素

锆石由中国地质科学院廊坊实验室挑选，在双目镜下挑选晶形较好的锆石制靶，进行锆石阴极发光（CL）和透反射光照相，以便于测定时选择合适的部位和数据解释。辉绿岩锆石 U-Pb 定年在中国科学院地质与地球物理研究所离子探针实验室的 Cameca IMS-1280 型二次离子质谱仪（SIMS）上进行，用强度为 10nA 一次 O_2^- 离子束通过 $-$ 13kV 加速电压轰击样品表面，束斑约为 20μm × 30μm。二次离子经过 60eV 能量窗过滤，质量分辨率为 5400。每个数据由 7 次扫描完成，耗时约 12min，详细的分析流程见 Li 等（2009）。锆石样品的 Pb/U 值用标准锆石 TEMORA 2（417 Ma：Black et al.，2004）的 $\ln(^{206}Pb/^{238}U)$ 与 $\ln(^{238}U^{16}O_2/^{238}U)$ 之间的线性关系校正（Whitehouse et al.，1997）；Th 和 U 含量用标准锆石 91500（Th = 29 × 10^{-6}；U = 80 × 10^{-6}：Wiedenbeck et al.，1995）计算。普通 Pb 用测量的 ^{204}Pb 进行校正。由于测得的普通 Pb 含量非常低，可以认为普通 Pb 主要来源于制样过程中带入的表面 Pb 污染（Ireland and Willians，2003），用现代地壳的平均 Pb 同位素组成(Stacey and Kramers, 1975)作为普通 Pb 组成进行校正。单点分析的同位素比值及年龄误差为 1σ，U-Pb 平均年龄误差为 95% 置信度。数据结果处理采用 ISOPLOT 软件(Ludwig, 2001)。

8. LA-ICPMS 锆石 U-Pb 同位素

花岗斑岩锆石 U-Pb 定年在西北大学大陆动力学国家重点实验室激光剥蚀电感耦合等离子体质谱仪(LA-ICPMS)上完成。激光剥蚀系统是配备有 193nm ArF-excimer 激光器的 Geolas 200M(Microlas Gottingen Germany)，分析采用激光剥蚀孔径 30μm，剥蚀深度 20 ~ 40μm，激光脉冲为 10Hz，能量为 32 ~ 36mJ，同位素组成用锆石 91500 进行外标校正。LA-ICPMS 分析的详细方法和流程见袁洪林等(2003)，U-Th-Pb 含量分析见 Gao 等(2002)。

第二节　宰便辉绿岩

一、岩石学特征

宰便岩体呈岩株、岩墙状，规模小于 1km², 侵位于新元古代下江群乌叶组地层中，呈北东东向展布，与宰便断裂的次级构造线方向一致(图 6-1)。岩体呈深灰绿色、灰绿色，岩体中有石英脉穿插充填(图 6-3)。

图 6-3　宰便岩体野外特征

　　手标本观察岩石呈绿色-灰绿色-深绿色，块状构造，可见变余辉绿结构（图6-4）。
显微鉴定发现其主要由斜长石、辉石、绿泥石等组成，蚀变强烈。斜长石绝大部分脱
钙呈钠-更长石，仅局部偶见中性斜长石呈半自形或他形；原生钠长石绿泥石化强烈，
次生钠长石它形部分泥化；仅见少量蚀变残余辉石，蚀变有绿泥石化、纤闪石化和透
闪石化等（图6-4）。

图6-4　宰便岩体手标本及显微特征

二、造岩矿物

1. 斜长石(钠长石)

电子探针波谱和能谱半定量化学成分分析结果(表6-1)显示,斜长石中 Na_2O 含量变化为 9.481wt.% ~ 11.562wt.%,均值为 10.491wt.%;K_2O 含量变化为 0.038wt.% ~ 0.116wt.%,均值为 0.007wt%;CaO 含量变化为 0.214wt.% ~ 2.864wt.%,均值为0.582wt.%。因此,斜长石牌号以钠长石(图6-5)为主,部分可达更长石。此外,岩石中还可见极少量的钡钾长石(图6-6)。

表6-1　斜长石成分(wt.%)

No	ZB098-01	ZB098-02	ZB098-04	ZB098-06	ZB098-08	ZB098-09	ZB098-10	ZB099-02
Na_2O	9.707	10.765	11.240	10.518	11.125	11.562	11.194	10.041
Al_2O_3	20.352	20.157	20.038	19.814	19.504	20.396	19.805	19.687
SiO_2	68.893	68.967	66.453	65.714	66.184	67.761	66.683	65.469
K_2O	0.080	0.062	0.064	0.078	0.078	0.084	0.110	0.079
FeO	0.141	0.079	0.079	0.097	0.603	0.314	0.049	0.073
BaO	0.002	0.044	0.002	0.000	0.033	0.006	0.010	0.051
MgO	0.105	0.019	0.021	0.039	0.507	0.160	0.025	0.032
CaO	0.278	0.391	0.340	0.938	0.303	0.292	0.354	0.390
TiO_2	0.098	0.042	0.035	0.000	0.000	0.000	0.016	0.019
Cr_2O_3	0.279	0.285	0.136	0.089	0.303	0.110	0.139	0.449
MnO	0.000	0.000	0.000	0.009	0.003	0.010	0.000	0.031
Total	99.936	100.810	98.408	97.297	98.644	100.696	98.384	96.371
No	ZB099-03	ZB099-05	ZB099-07	ZB099-08	ZB099-09	ZB0915-02	ZB0915-04	ZB0915-05
Na_2O	9.618	10.503	9.481	9.867	10.346	11.504	10.238	10.144
Al_2O_3	20.351	20.145	20.318	19.939	19.757	19.283	18.792	20.664
SiO_2	68.433	68.689	66.109	66.722	66.080	67.659	64.114	68.983
K_2O	0.073	0.069	0.100	0.062	0.116	0.060	0.038	0.075
FeO	0.069	0.283	0.078	0.025	0.123	0.123	1.025	0.105
BaO	0.000	0.000	0.034	0.000	0.018	0.010	0.000	0.025
MgO	0.032	0.242	0.045	0.000	0.100	0.047	0.687	0.007
CaO	0.321	0.214	0.351	0.296	0.356	0.288	2.864	1.338
TiO_2	0.006	0.000	0.000	0.016	0.000	0.009	2.507	0.022
Cr_2O_3	0.065	0.342	0.135	0.067	0.286	0.194	0.044	0.060
MnO	0.000	0.022	0.000	0.000	0.000	0.000	0.009	0.001
Total	98.969	100.508	96.650	96.995	97.183	99.176	100.319	101.424

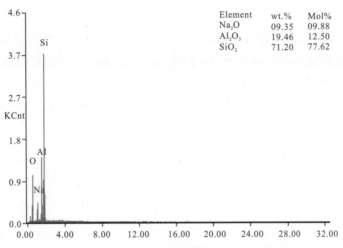

图 6-5 钠长石能谱图及对应含量

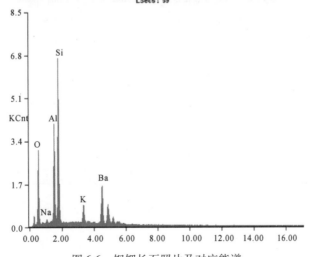

图 6-6 钡钾长石照片及对应能谱

2. 辉石（蚀变为绿泥石）

辉石成分见表6-2，可见总量低于90wt.%，这是由于电子探针波谱和分析不能检测羟基等，化学成分中 FeO 含量变化为 16.398wt.% ~ 21.852wt.%，均值为 19.862wt.%，MgO 含量变化为 16.156wt.% ~ 22.148wt.%，均值为 18.743wt.%，暗示辉石蚀变形成了绿泥石，与显微镜下观察结果一致。绿泥石能谱见图6-7。

表6-2　辉石（绿泥石）成分（wt.%）

No	ZB098-3	ZB098-5	ZB098-7	ZB098-11	ZB099-1	ZB099-4	ZB099-6
Na_2O	0.000	0.062	0.007	0.121	0.034	0.016	0.148
Al_2O_3	18.971	17.647	19.259	18.915	18.925	18.335	18.039
SiO_2	26.294	26.658	25.320	26.111	26.266	24.739	24.745
K_2O	0.003	0.017	0.018	0.073	0.009	0.009	0.038
FeO	20.258	20.853	20.156	20.564	21.492	21.852	21.180
BaO	0.000	0.020	0.000	0.000	0.032	0.041	0.000
MgO	19.314	19.172	18.003	17.807	17.588	17.380	16.156
CaO	0.056	0.129	0.064	0.037	0.030	0.058	0.042
TiO_2	0.027	0.050	0.046	0.048	0.030	0.022	0.068
Cr_2O_3	0.358	0.238	0.100	0.502	0.155	0.617	0.390
MnO	0.165	0.241	0.227	0.207	0.186	0.184	0.177
Total	85.446	85.088	83.202	84.387	84.748	83.251	80.982
No	ZB099-10	ZB099-11	ZB099-12	ZB0915-1	ZB0915-3	ZB0915-6	
Na_2O	0.000	0.183	0.103	0.126	0.003	0.137	
Al_2O_3	18.371	17.197	19.900	17.636	20.100	18.435	
SiO_2	26.613	24.526	25.887	26.605	27.165	26.886	
K_2O	0.024	0.056	0.022	0.043	0.001	0.044	
FeO	20.333	20.526	20.640	17.406	16.398	16.553	
BaO	0.000	0.028	0.054	0.000	0.000	0.000	
MgO	18.374	17.255	18.520	20.898	22.148	21.046	
CaO	0.037	0.079	0.058	0.059	0.035	0.090	
TiO_2	0.022	0.063	0.038	0.032	0.028	0.052	
Cr_2O_3	0.144	0.457	0.236	0.266	0.045	0.418	
MnO	0.164	0.165	0.157	0.212	0.200	0.191	
Total	84.083	80.634	85.615	83.283	86.121	83.854	

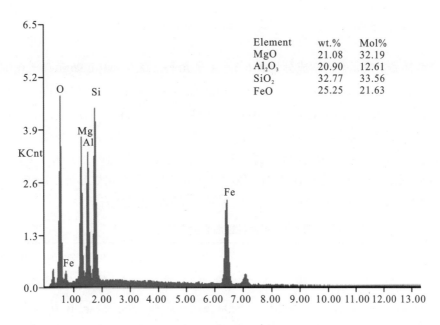

Element	wt.%	Mol%
MgO	21.08	32.19
Al_2O_3	20.90	12.61
SiO_2	32.77	33.56
FeO	25.25	21.63

图 6-7　绿泥石能谱图及对应含量

3. 金红石等副矿物

岩体中金红石颗粒较为细小，部分呈现长柱状，金红石的能谱见图 6-8。

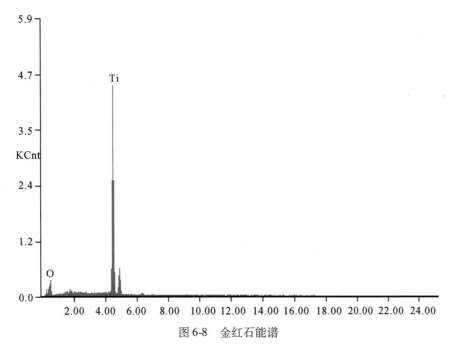

图 6-8　金红石能谱

三、主 量 元 素

全部样品主量元素化学成分见表6-3。主量元素以高 Na_2O（1.96wt.% ~ 6.64wt.%），CaO（0.54wt.% ~ 6.67wt.%）和 MgO（6.79wt.% ~ 14.31wt.%），低 TiO_2（0.26wt.% ~ 0.4wt.%），贫 K_2O（0.03wt.% ~ 0.29wt.%）和 P_2O_5（0.04wt.% ~ 0.06wt.%）为特征。在 TAS 图解中（图6-9），大部分样品属于钙碱性系列，全部样品分布区为碱玄岩（U_1）、粗面玄武岩（S_1）、玄武岩质粗面安山岩（S_2）和玄武岩（B）范围内，表明宰便辉绿岩与基性-弱中性喷出岩成分相当。在 AFM 图解上（图6-10），除个别样品外，均落入钙碱性岩系，与 TAS 图解（图6-9）一致，表明宰便辉绿岩属钙碱玄武质岩系。

表6-3　宰便镁铁质岩主量成分（wt.%）

编号	ZB-09 -07	ZB-09 -08	ZB-09 -09	ZB-09 -10	ZB-09 -14	ZB-09 -15	ZB-09 -16	ZB-01	ZB-02	ZB-03	ZB-04	ZB-05	ZB-06	ZB-07	ZB-08
岩性	强蚀变 接触带 Db	蚀变 Db	蚀变 Db	蚀变 Db	蚀变 Db	强蚀变 Db	蚀变 Db	蚀变 Db	蚀变 Db	蚀变 Db	蚀变 Db	蚀变 Db	蚀变 Db	蚀变 Db	蚀变 Db
SiO_2	51.43	48.51	50.96	50.90	47.02	52.15	47.61	44.25	50.14	52.52	48.56	45.73	54.53	45.49	49.01
Al_2O_3	18.42	18.37	19.01	19.03	14.13	18.63	17.10	17.60	18.60	18.45	17.61	17.31	17.68	16.84	16.54
TFe_2O_3	9.55	10.26	9.52	8.95	10.11	8.04	10.51	9.47	9.44	9.53	8.71	9.04	9.17	8.41	9.06
CaO	0.76	2.15	0.95	1.73	3.75	1.28	1.01	6.34	2.13	0.60	4.21	6.09	0.54	6.67	4.51
MgO	7.57	7.80	7.20	6.94	14.31	8.88	13.00	7.49	7.88	7.91	6.85	7.10	7.68	6.79	6.95
K_2O	0.10	0.17	0.10	0.10	0.03	0.13	0.23	0.28	0.11	0.10	0.10	0.29	0.11	0.27	0.15
Na_2O	6.24	6.21	6.20	6.64	1.96	5.44	3.00	5.48	5.37	5.64	5.40	5.29	5.30	5.30	5.37
MnO	0.44	0.20	0.13	0.12	0.22	0.04	0.17	0.20	0.15	0.16	0.17	0.21	0.11	0.18	0.17
TiO_2	0.36	0.36	0.40	0.35	0.26	0.32	0.35	0.38	0.37	0.35	0.31	0.35	0.38	0.30	0.35
P_2O_5	0.04	0.04	0.05	0.04	0.06	0.04	0.04	0.05	0.04	0.05	0.05	0.04	0.04	0.05	0.05
LOI	4.84	5.64	4.65	5.02	8.24	4.82	6.82	8.52	5.87	4.69	7.57	8.58	4.57	9.47	7.64
Total	99.75	99.71	99.77	99.82	99.83	99.88	99.85	100.05	99.77	99.72	99.78	100.14	100.10	99.77	99.80
Mg#	44.2	43.2	43.1	43.7	58.6	52.5	55.3	44.2	45.5	45.4	44.0	44.0	45.6	44.7	43.4

备注：Mg# = 100 ∗ MgO/(MgO + TFe$_2$O$_3$)；LOI 为烧失量；Db 为辉绿岩

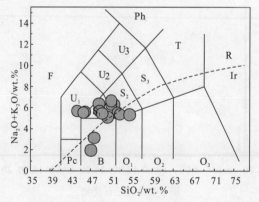

Pc.苦橄玄武岩；B.玄武岩；O_1.玄武安山岩；O_2.安山岩；O_3.英安岩；R.流纹岩；S_1.粗面玄武岩；S_2.玄武岩质粗面安山岩；S_3.粗面安山岩；T.粗面岩；U_1.碱玄岩；U_2.响岩质碱玄岩；U_3.碱玄质响岩；Ph.响岩；F.副长石岩

图6-9　宰便镁铁质岩 TAS 图解（据 Le Maitre et al.，1989）

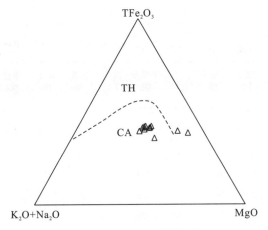

CA. 钙碱系列；TH. 拉斑系列

图 6-10 宰便镁铁质岩 AFM 图解（据 Irvine et al.，1971）

四、微量和稀土元素

微量和稀土元素分析结果列于表 6-4。微量元素显示，大离子亲石元素（LILE：K、Ba、Rb）相对 MORB 高出数十倍，与板内玄武岩一致。在原始地幔标准化蛛网图（图 6-11）中，镁铁质岩 HFSE 中具有中至弱 Nb 亏损，暗示宰便辉绿岩体存在一定程度的地壳混染（王劲松等，2012），与康滇地区新元古代辉绿岩相比，Nb 和 Ta 的亏损程度较低，暗示受陆壳混染的程度较低（Li et al.，2003）。

表 6-4 宰便辉绿岩微量和稀土元素含量（×10^{-6}）及参数

编号	ZB-09 -07	ZB-09 -08	ZB-09 -09	ZB-09 -10	ZB-09 -14	ZB-09 -15	ZB-09 -16	ZB-01	ZB-02	ZB-03	ZB-04	ZB-05	ZB-06	ZB-07	ZB-08
岩性	强蚀变 Db	接触带 Db	蚀变 Db	蚀变 Db	蚀变 Db	蚀变 Db	强蚀变 Db	蚀变 Db	蚀变 Db	蚀变 Db	蚀变 Db	蚀变 Db	蚀变 Db	蚀变 Db	蚀变 Db
Rb	1.67	1.34	0.822	0.644	0.328	2.13	0.294	2.98	0.871	1.05	3.2	3.04	1.65	2.87	2.61
Sr	105	261	175	155	107	304	65.7	360	265	240	317	369	176	383	338
Ba	171	100	57	52	48	609	90	1310	158	176	1520	1380	148	1480	1280
Nb	18.8	17.6	21.2	19.8	15	17.7	19.5	19.1	16	16.7	19.1	20.6	15.7	19.5	19.9
Ta	1.29	1.26	1.48	1.36	1.01	1.30	1.37	1.43	1.12	1.14	1.44	1.59	1.12	1.44	1.46
Zr	153	154	177	165	133	159	170	186	130	136	180	202	135	180	187
Hf	3.66	3.56	4.15	3.89	3.12	3.63	3.85	4.19	3.02	3.31	4.25	4.76	3.23	4.27	4.44
Pb	9.87	34.71	12.85	18.15	9.96	22.77	63.79	13.75	11.00	12.40	14.88	16.00	9.41	45.42	27.39
Th	3.25	3.21	3.57	3.44	2.8	3.39	3.49	4.19	2.79	2.9	3.84	4.25	2.72	4.25	3.98
U	0.699	0.777	0.836	0.836	0.556	0.749	0.801	0.874	0.621	0.642	0.827	0.921	0.605	0.842	0.854
Cr	251	224	227	197	622	269	320	201	223	241	186	218	230	167	170
Co	82.8	71.6	81.4	59.8	66.8	70.5	79.8	74.5	71.2	80.9	79	52.9	69.9	50.5	72.8

（续表）

编号	ZB-09-07	ZB-09-08	ZB-09-09	ZB-09-10	ZB-09-14	ZB-09-15	ZB-09-16	ZB-01	ZB-02	ZB-03	ZB-04	ZB-05	ZB-06	ZB-07	ZB-08
岩性	强蚀变Db	接触带Db	蚀变Db	蚀变Db	蚀变Db	蚀变Db	强蚀变Db	蚀变Db	蚀变Db	蚀变Db	蚀变Db	蚀变Db	蚀变Db	蚀变Db	蚀变Db
Ni	83.2	93.5	85.2	88.2	375	155	214	71.9	150	153	62.5	83.3	155	68.1	68.1
Sc	33.7	34.1	33.8	34.9	22.1	27	29.6	32.9	28.7	31.8	29.1	31.5	28.3	27.5	31.4
V	181	177	186	179	136	141	154	172	160	167	158	175	169	156	177
La	33.5	16.6	22.2	17.8	19.5	14.5	13.3	17.6	15.7	17	17	16.5	14.2	21.7	17.6
Ce	64.3	34.6	46.3	39.2	36.4	31	27.3	40.3	30	35.5	37.4	36.8	29.8	47.5	38.6
Pr	8.12	4.45	5.67	4.57	5.27	3.97	4.46	5.48	4.06	4.6	4.97	5	3.69	6.07	5.09
Nd	30.7	18.7	23.5	18.7	21.8	17.2	19	22.8	17	18.5	21.7	21.9	15.8	26.1	22.4
Sm	6.61	4.71	5.35	4.5	5.21	4.21	4.91	5.73	4.4	4.5	5.63	5.73	3.69	6.48	5.58
Eu	1.75	1.59	1.75	1.40	1.63	1.38	1.41	1.90	1.32	1.41	1.78	1.80	1.19	2.17	1.84
Gd	5.65	4.78	4.92	4.25	5.25	4.20	4.93	6.02	4.09	4.34	5.69	6.12	3.71	6.58	5.74
Tb	0.947	0.902	0.947	0.801	0.971	0.769	0.98	1.14	0.774	0.804	1.03	1.17	0.666	1.24	1.06
Dy	5.32	5.37	5.51	5.15	5.81	4.88	5.98	6.79	4.83	4.88	6.28	7.06	4.11	7.24	6.54
Ho	1.12	1.17	1.21	1.12	1.26	1.03	1.29	1.52	1.07	1.08	1.35	1.53	0.901	1.56	1.48
Er	3.07	3.17	3.19	3.13	3.38	2.88	3.45	3.99	2.82	2.89	3.61	4.22	2.5	4.11	3.81
Tm	0.438	0.427	0.462	0.443	0.476	0.415	0.49	0.539	0.4	0.403	0.511	0.587	0.373	0.566	0.526
Yb	2.98	2.86	3.01	2.8	2.96	2.73	3.23	3.75	2.47	2.56	3.35	3.83	2.4	3.77	3.52
Lu	0.46	0.424	0.446	0.396	0.419	0.409	0.507	0.535	0.367	0.378	0.502	0.564	0.341	0.545	0.501
Y	27.6	28.9	29.4	27.7	33.3	26.4	29.5	39.7	27.6	26.4	34.5	40.4	22.5	39.9	36
∑REE	165	99.8	124.47	104	110	89.6	91.2	118	89.3	98.9	111	113	83.4	136	114
∑LREE	145	80.7	105	86.2	89.8	72.3	70.4	93.8	72.5	81.5	88.5	87.7	68.4	110	91.1
∑HREE	19.99	19.10	19.69	18.09	20.53	17.32	20.86	24.28	16.82	17.34	22.32	25.09	15.00	25.61	23.17
LRE/HRE	7.25	4.22	5.32	4.76	4.38	4.17	3.37	3.86	4.31	4.70	3.96	3.50	4.56	4.30	3.93
(La/Yb)$_N$	7.58	3.91	4.97	4.29	4.44	3.58	2.78	3.16	4.29	4.48	3.42	2.90	3.99	3.88	3.37
(La/Sm)$_N$	3.19	2.22	2.61	2.49	2.35	2.17	1.70	1.93	2.24	2.38	1.90	1.81	2.42	2.11	1.98
(Gd/Yb)$_N$	1.53	1.35	1.32	1.22	1.43	1.24	1.23	1.30	1.34	1.37	1.37	1.29	1.25	1.41	1.32
δEu	0.88	1.02	1.04	0.98	0.96	1.00	0.88	0.99	0.95	0.97	0.96	0.93	0.99	1.02	0.99
δCe	0.94	0.97	0.99	1.05	0.86	0.98	0.85	0.99	0.90	0.97	0.98	0.98	0.99	1.00	0.98

备注：∑REE 不含 Y；LRE/HRE = ∑LREE/∑HREE；Db. 辉绿岩

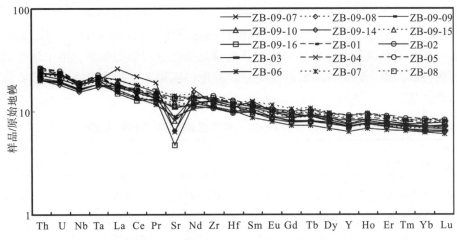

图 6-11　宰便辉绿岩微量元素原始地幔标准化蛛网图（据 Sun 和 McDonough，1989）

全部辉绿岩样品均呈现轻稀土富集（图 6-12），稀土总量较高，ΣREE 为（83.4 ～ 165）× 10^{-6}，其 LREE/HREE 和（La/Yb）$_N$ 变化较大，分别为 3.37 ～ 7.25 和 2.77 ～ 7.58，但（La/Sm）$_N$ 和（Gd/Yb）$_N$ 相对较小，且稳定，分别为 1.70 ～ 3.19 和 1.22 ～ 1.53。δEu（Eu/Eu*）为 0.88 ～ 1.05，表明没有明显的 Eu 异常。

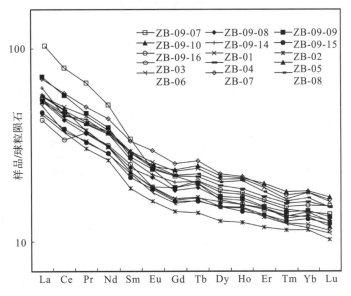

图 6-12　宰便辉绿岩 REE 球粒陨石标准化配分模式图（据 Boynton，1984）

五、Rb-Sr 同位素

Rb-Sr 同位素数据见表 6-5。可见，宰便辉绿岩具有较高的 ^{87}Sr/^{86}Sr，其变化为 0.711097 ～ 0.712008，根据 SIMS 锆石 U-Pb 测年数据（848Ma，见后文；王劲松等，2012），计算出的（^{87}Sr/^{86}Sr）$_i$ 的变化为 0.71088 ～ 0.71174，高于徐州地区新元古代三

大类辉绿岩的(^{87}Sr/^{86}Sr)$_i$值(贺世杰,2003),也高于高家村岩体的(^{87}Sr/^{86}Sr)$_i$值(朱维光,2004),这可能说明有富放射性成因锶的地质体对成岩过程进行了交代或混染。葛文春(2001)在研究桂北镁铁质岩时也认为这是受地壳混染的结果,由于地壳具有较高的放射性成因锶。因而,不可避免的一定程度的混染和交代,导致岩体具有高的初始^{87}Sr/^{86}Sr值。

表 6-5 宰便辉绿岩 Rb-Sr 同位素组成及初始锶同位素组成

样品号	岩性	Rb/×10^{-6}	Sr/×10^{-6}	^{87}Rb/^{86}Sr	^{87}Sr/^{86}Sr	±2σ	(^{87}Sr/^{86}Sr)$_i$
ZB-01	辉绿岩	2.98	360	0.023364	0.711360	10	0.71109
ZB-02	辉绿岩	0.871	265	0.009277	0.711241	20	0.71114
ZB-03	辉绿岩	1.05	240	0.012349	0.711097	19	0.71096
ZB-04	辉绿岩	3.2	317	0.028492	0.711573	12	0.71125
ZB-05	蚀变辉绿岩	3.04	369	0.023253	0.712008	24	0.71174
ZB-06	蚀变辉绿岩	1.65	176	0.026461	0.711181	15	0.71088

注:计算所用的球粒陨石单一库(CHUR)值(^{87}Rb/^{86}Sr = 0.0847,^{87}Rb/^{86}Sr = 0.7045)。λ_{Rb} = 1.42 × 10^{-11}年$^{-1}$。初始值按岩体形成于848Ma得到的。

六、Sm-Nd 同位素

Sm-Nd 同位素分析结果列于表6-6。为了便于比较 Nd 同位素组成的微小变化,Nd 同位素组成通常用 ε 单位来表示,$\varepsilon_{Nd}(t)$ 的计算公式为:$\varepsilon_{Nd}(t) = [(^{143}Nd/^{144}Nd)_{SA}/(^{143}Nd/^{144}Nd)_{CHUR} - 1] \times 10^4$,式中下标 SA 和 CHUR 分别代表样品和球粒陨石均一源的值。

表 6-6 宰便辉绿岩 Sm-Nd 同位素组成及初始钕同位素组成

样品号	岩性	Sm/×10^{-6}	Nd/×10^{-6}	^{147}Sm/^{144}Nd	^{143}Nd/^{144}Nd	±2σ	(^{143}Nd/^{144}Nd)$_i$	$\varepsilon_{Nd}(t)$
ZB-01	辉绿岩	5.73	22.8	0.158392	0.512527	10	0.511696	1.8
ZB-02	辉绿岩	4.4	17	0.163124	0.512501	9	0.511645	0.8
ZB-03	辉绿岩	4.5	18.5	0.153304	0.512413	12	0.511609	0.1
ZB-04	辉绿岩	5.63	21.7	0.163517	0.512512	8	0.511654	0.9
ZB-05	蚀变辉绿岩	5.73	21.9	0.164902	0.512546	10	0.511681	1.5
ZB-06	蚀变辉绿岩	3.69	15.8	0.147192	0.512479	16	0.511707	2.0

注:计算所用的球粒陨石单一库(CHUR)值(^{147}Sm/^{144}Nd = 0.1967,^{143}Nd/^{144}Nd = 0.512638)。λ_{Sm} = 6.54 × 10^{-12}年$^{-1}$。初始值按岩体形成于848Ma得到的。

岩石的 ^{147}Sm/^{144}Nd 值(0.147192 ~ 0.164902)变化较大,^{143}Nd/^{144}Nd 值为 0.512413 ~ 0.512546,(^{143}Nd/^{144}Nd)$_i$值为 0.511609 ~ 0.511707,他们的变化程度较小,同时岩体具有正的 ε_{Nd}(848Ma)(+0.1 ~ +2.0),但 ε_{Nd}(848Ma)正的程度较小,暗示岩体来源于一个相对亏损的地幔,或亏损 ^{143}Nd$^{/144}$Nd 源区在成岩过程中对镁铁质

岩进行了交代和混染（葛文春，2001；朱维光，2004）。宰便岩体的 $^{143}Nd/^{144}Nd$ 和 ε_{Nd}（t）值，与高家村杂岩体 $^{143}Nd/^{144}Nd$ 和 ε_{Nd}（t）值相近（朱维光，2004），也与徐州地区辉绿岩（贺世杰，2003）组成相似，落入周继彬（2007）报道桂北元宝山地区超镁铁质岩的范围，高于周金诚（2003）报道的范围，也高于葛文春（2001）报道的宝坛地区约825Ma 的镁铁-超镁铁质岩不同，与元宝山地区镁铁-超镁铁质一致，低于林广春（2006）报道的川西基性岩墙的值。葛文春（2001）认为这是由于宝坛地区镁铁-超镁铁质岩可能受到地壳混染的结果。

七、Pb 同位素

铅同位素列于表6-7，岩体的 $(^{208}Pb/^{204}Pb)_i$ 值为 15.845 ~ 18.124，$(^{207}Pb/^{204}Pb)_i$ 值为 15.379 ~ 15.714，$(^{206}Pb/^{204}Pb)_i$ 值为 35.607 ~ 38.319，除 ZB03 外，大部分的样品 $(^{208}Pb/^{204}Pb)_i$、$(^{207}Pb/^{204}Pb)_i$ 和 $(^{206}Pb/^{204}Pb)_i$ 值较低，表明样品具有低放射性成因 Pb 同位素的特征。

表 6-7　宰便辉绿岩 Pb 同位素组成

样品编号	岩性	$^{208}Pb/^{204}Pb$	$^{207}Pb/^{204}Pb$	$^{206}Pb/^{204}Pb$	$(^{206}Pb/^{204}Pb)_i$	$(^{207}Pb/^{204}Pb)_i$	$(^{208}Pb/^{204}Pb)_i$
ZB-01	辉绿岩	38.666	15.661	18.394	17.779	15.621	37.759
ZB-02	辉绿岩	38.642	15.652	18.347	17.802	15.616	37.888
ZB-03	辉绿岩	36.258	15.41	16.314	15.845	15.379	35.607
ZB-04	辉绿岩	38.614	15.651	18.346	17.809	15.616	37.847
ZB-09-09	蚀变辉绿岩	38.607	15.663	18.386	17.757	15.622	37.781
ZB-09-10	蚀变辉绿岩	38.886	15.668	18.572	18.124	15.639	38.319
ZB-09-14	蚀变辉绿岩	38.735	15.663	18.441	17.901	15.627	37.897
ZB-09-15	蚀变辉绿岩	38.518	15.665	18.296	17.979	15.644	38.076
ZB-09-16	蚀变辉绿岩	38.469	15.722	18.23	18.109	15.714	38.307

注：$\mu = ^{238}U/^{204}Pb$，$\omega = ^{232}Th/^{204}Pb$，$\lambda_{U238} = 1.55125 \times 10^{-10}$ 年 $^{-1}$，$\lambda_{U235} = 9.8485 \times 10^{-10}$ 年 $^{-1}$，$\lambda_{Th232} = 4.9475 \times 10^{-11}$ 年 $^{-1}$，U、Th 和 Pb 含量来自 ICP-MS 所测的微量元素组成，$(^{208}Pb/^{204}Pb)_i$ $(^{207}Pb/^{204}Pb)_i$ 和 $(^{206}Pb/^{204}Pb)_i$ 按照岩体形成于848Ma 得到的。

八、SIMS 锆石 U-Pb 年龄

对样品 ZB01（采样位置的经纬度：25°37′04″N，108°30′47″E）的 12 个锆石颗粒进行了 U-Th-Pb 同位素年龄分析，得到了 12 个分析数据列于表6-8。所分析的锆石均为自形晶，长 60 ~ 200μm，长宽比约为 2：1，锆石的阴极发光图像均显示完好的内部环带结构（图6-13），表明为自形岩浆成因锆石。分析的锆石 U 和 Th 含量较高并且变化较大，U = 89×10^{-6} ~ 800×10^{-6}；Th = 40×10^{-6} ~ 618×10^{-6}，Th/U = 0.19 ~ 1.78。获得的

12 个数据点均分布在谐和线上(图 6-14)，^{207}Pb 校正的 ^{206}Pb/^{238}U 年龄集中在四个区间，分别为 877~838Ma(7 个点)、437Ma(1 个点)、165Ma(1 个点)和 37~36Ma(3 个点)。

表 6-8　宰便辉绿岩锆石 U-Th-Pb 同位素测试结果

Spot #	U/×10^{-6}	Th/×10^{-6}	Pb/×10^{-6}	Th/U	^{207}Pb/^{235}U ±1σ(%)	^{206}Pb/^{238}U ±1σ(%)	^{207}Pb/^{206}Pb ±1σ(%)	^{206}Pb/^{238}U ±1σ(Ma)
ZB01@1	716	618	5	0.863	0.03692±4.17	0.0056±1.68	0.04791±3.82	35.9±0.6
ZB01@2	233	122	40	0.522	1.28733±2.10	0.1390±1.50	0.06718±1.47	838.7±12.3
ZB01@3	800	572	6	0.714	0.03720±3.69	0.0058±1.59	0.04689±3.33	37.0±0.6
ZB01@4	225	149	20	0.665	0.53944±2.39	0.0701±1.50	0.05578±1.86	436.9±6.4
ZB01@5	242	250	48	1.032	1.30920±1.75	0.1419±1.50	0.06689±0.89	856.4±12.5
ZB01@6	196	40	32	0.205	1.29517±1.82	0.1437±1.50	0.06539±1.04	868.1±12.6
ZB01@7	435	469	3	1.079	0.03804±5.30	0.0055±1.67	0.04973±5.03	35.5±0.6
ZB01@8	624	342	113	0.549	1.32494±1.61	0.1454±1.50	0.06607±0.57	877.8±12.8
ZB01@9	247	420	57	1.704	1.30675±1.75	0.1441±1.51	0.06576±0.90	870.4±12.7
ZB01@10	145	82	5	0.565	0.16951±4.05	0.0259±1.54	0.04749±3.75	165.2±2.5
ZB01@11	371	70	61	0.188	1.33550±1.66	0.1453±1.50	0.06666±0.70	876.4±12.8
ZB01@12	89	159	21	1.782	1.30896±2.15	0.1423±1.50	0.06673±1.54	858.4±12.5

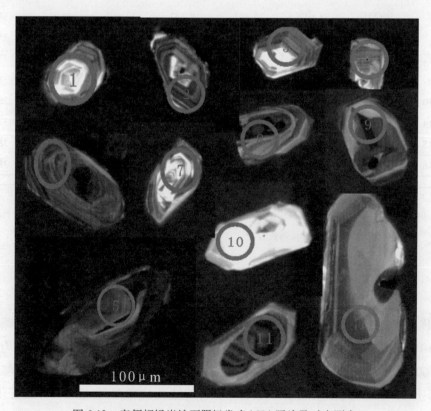

图 6-13　宰便辉绿岩锆石阴极发光(CL)照片及对应测点

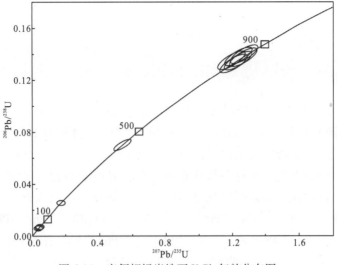

图 6-14　宰便辉绿岩锆石 U-Pb 年龄分布图

本区地层主要发育新元古界青白口系浅变质地层和南华系南陀组地层，而基性侵入岩发育在下江群甲路组地层中，南华系南陀组地层中并未见基性侵入岩，表明该岩体形成晚于新元古代，而早于古生代；所分析的锆石 Th/U 值较高，是基性岩浆结晶的锆石而不是变质锆石；锆石 U、Th 含量高，而本区构造岩浆热事件非常强烈，因而很容易造成放射性成因 Pb 丢失。因此，我们认为辉绿岩体结晶年龄 877~838Ma，其加权平均年龄 848±15Ma（图 6-15）（MSWD＝0.54）能代表新元古代的岩浆活动（王劲松等，2012），与地质观察相符，表明该岩体形成于新元古代中期，与区域上镁铁-超镁铁质岩具有一致的结晶年龄。437Ma 年龄可能与华夏古陆裂解事件有关，而 165Ma 年龄和 37~36Ma 可能表明本区分别受到了燕山期和喜山期岩浆作用的影响。因此，笔者推测 848Ma 是宰便辉绿岩的形成年龄。

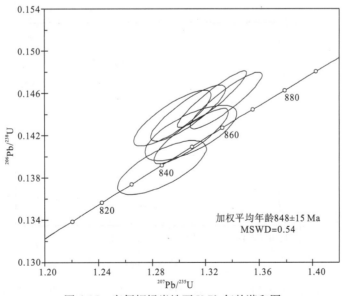

图 6-15　宰便辉绿岩锆石 U-Pb 年龄谐和图

九、讨　　论

1. 源区特征

宰便辉绿岩的 REE 和 HFSE 含量明显高于原始地幔、N-MORB，其稀土配分为 LREE 富集型（图 6-12），$(La/Sm)_N > 1$，Y/Nb 和 Zr/Nb 分别为 1.39～2.08 和 8.13～9.81，这些特征暗示其母岩为交代过渡地幔部分熔融的产物；岩石的 REE 和 HFSE 含量变化范围宽、参数变化大，这些特征表明其母岩浆可能为交代过渡地幔不同程度部分熔融的产物，同时也指示岩浆演化过程中存在结晶分异作用或岩浆上升过程存在混染作用。宰便辉绿岩的 $(^{208}Pb/^{204}Pb)_i$、$(^{207}Pb/^{204}Pb)_i$ 和 $(^{206}Pb/^{204}Pb)_i$ 值较低，在 $(^{208}Pb/^{204}Pb)_i$-$(^{206}Pb/^{204}Pb)_i$ 和 $(^{207}Pb/^{204}Pb)_i$-$(^{206}Pb/^{204}Pb)_i$ 图解中（图 6-16），反映出 OIB 趋势，与 $\varepsilon_{Nd}(t)$-$\varepsilon_{Hf}(t)$ 图解反映一致（图 6-17），暗示本区岩浆源区存在 OIB 的端元，结合微量元素中的高场强元素（HFES）和稀土元素（REE）所揭示的源区特征，本研究认为宰便辉绿岩岩浆源区为 OIB 加入的过渡型富集地幔。

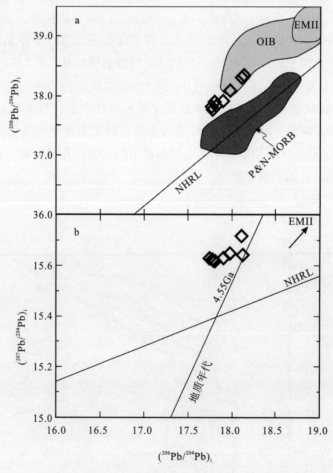

图 6-16　$(^{208}Pb/^{204}Pb)_i$-$(^{206}Pb/^{204}Pb)_i$ 和 $(^{207}Pb/^{204}Pb)_i$-$(^{206}Pb/^{204}Pb)_i$

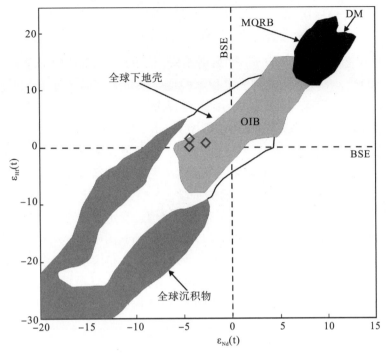

全球残积物范围和全球下地壳范围来自 Veroort 等(1999)，MORB 和 DM 来自 Dobosi 等(2003)

图 6-17　$\varepsilon_{Nd}(t)$-$\varepsilon_{Hf}(t)$（据杨德智，2010）

2. 分离结晶作用

宰便辉绿岩的 MgO 含量(6.79% ~ 14.31%)和 $Mg^{\#}$(43.1 ~ 58.6)变化较大(表 6-3)，表明其经历了一定程度的分离结晶作用。在 MgO 含量为横坐标的 Harker 图解上（王劲松等，2010），K_2O 和 Na_2O 含量随着 MgO 含量的变化不存在明显的变化，表明岩浆演化早期没有经历明显的斜长石分离结晶作用；P_2O_5 含量与 MgO 含量相关性不明显，可能表明岩浆演化过程中磷灰石等矿物的分离结晶作用不显著；TFe_2O_3、Al_2O_3 和 SiO_2 含量与 MgO 含量略呈正相关关系，可能存在一定程度的富镁铁矿物（如辉石和/或橄榄石）的分离结晶作用；微量元素 Cr、Ni 含量与 MgO 含量呈正相关关系，表明岩浆演化早期经历了一定程度橄榄石（和/或辉石）的分离结晶作用。因此，宰便辉绿岩母岩浆经历了辉石和橄榄石为主，斜长石及磷灰石等矿物不显著的分离结晶作用。

3. 地壳混染作用

已有研究表明，地壳具有显著的 Nb-Ta 负异常(Paces and Bell，1989；Rudnick and Fountain，1995；Barth et al.，2000)。通常情况下，上地壳 La、Th 显著富集，而下地壳 Th 的富集不明显(Barth et al.，2000)。宰便辉绿岩样品的微量元素蛛网图(图 6-11)没有明显差异，包括笔者之前发表的全部样品中，有 9 件样品的 Nb、Ta 略富集、(Nb/La)$_{PM}$ 值为 1.02 ~ 1.41，均值为 1.13，略大于 1，Th 含量较低(2.72×10^{-6} ~ 4.25×10^{-6})，均值为 3.61×10^{-6}，Nb/U 值较低(23 ± 2)；另外 6 件样品的 Nb、Ta 略亏损，

$(Nb/La)_{PM}$ 值为 0.54 ~ 0.98，均值为 0.83，略小于 1，Th 含量较低（2.79×10^{-6} ~ 4.25×10^{-6}），均值为 3.26×10^{-6}，Nb/U 值较低（25 ± 1）。全部样品 Nb/U 值均值为 24，介于洋中脊玄武岩（49 ± 11）、洋岛玄武岩（52 ± 15）和陆壳（8）之间（Hofmann et al.，1997，2003），表明它们受到一定程度的地壳物质尤其是下地壳物质的混染。Th 和 Nb 都是强不相容元素，通常部分熔融和结晶分异过程中都不影响 Th/Nb 值，所以 Th/Nb 值有着和同位素体系相似的示踪能力（Condie，2003；Sims and DePaolo，1997），故它能反映岩浆是否受过混染（Condie，2003）。宰便辉绿岩 Th/Nb 值为 0.17 ~ 0.22，均值为 0.19，介于原始地幔和下地壳之间，也说明宰便辉绿岩浆遭受了地壳物质的混染。Sr-Nd-Hf 同位素在示踪源区最有效的手段，已广泛应用于岩石地球化学和地幔地球化学领域。宰便辉绿岩的 Sr 同位素具有较高比值，暗示源区可能受到地壳物质或富放射性 Sr 的地质体的混染/交代。在 $\varepsilon_{Nd}(t)$-$(^{87}Sr/^{86}Sr)_i$ 图中（图 6-18），全部样品落入区间偏离高家村镁铁质超镁铁质杂岩体（朱维光，2004）和徐州地区新元古代辉绿岩体（贺世杰，2003），进一步说明宰便岩体受到混染作用。在 $\varepsilon_{Nd}(t)$-$\varepsilon_{Hf}(t)$ 图解（图 6-17）中更清晰显示下地壳对本区镁铁质侵入岩的混染作用。

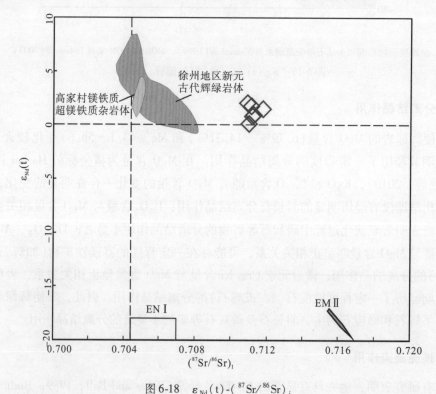

图 6-18　$\varepsilon_{Nd}(t)$-$(^{87}Sr/^{86}Sr)_i$

4. 构造环境及其地质意义

根据本区岩浆岩蚀变等特征，选用 REE 和 HFSE 来判别宰便辉绿岩成岩构造环境。在 Meschede（1986）的 Zr/4 ~ 2Nb-Y 图解上（图 6-19），亦靠近板内碱性玄武岩区，在 Zr/Y-Zr 图解中（图 6-20），全部样品落入板内玄武岩区，在 Ta/Hf-Th/Hf（图 6-21）（汪云亮等，2001）和 Nb/Zr-Th/Zr 中（图 6-21）（孙书勤等，2003），全部样品均落入板内拉张环境，另外在 Ta/Hf-Th/Hf（图 6-21）全部样品都靠近板内玄武岩与地幔柱玄武岩的交界，考虑到岩浆的结晶分异作用及陆壳混染，其原始岩浆可能更加接近地幔热柱玄武岩区（地壳混染使 Zr、Hf 含量增高）。

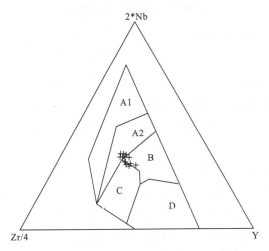

A1. 板内碱性玄武岩；A2. 板内碱性玄武岩和板内拉斑玄武岩；B. 富集型洋中脊玄武岩；C. 板内拉斑玄武岩和火山弧玄武岩；D. 正常洋中脊玄武岩和火山弧玄武岩

图 6-19　Zr/4 ~ 2Nb-Y 图（Meschede，1986）

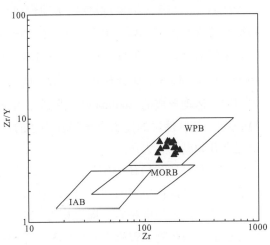

WPB. 板内玄武岩；IAB. 火山弧玄武岩；MORB. 洋中脊玄武岩

图 6-20　Zr/Y-Zr 图

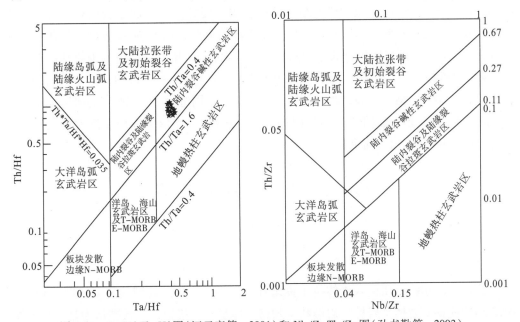

图 6-21　Ta/Hf-Th/Hf 图（汪云亮等，2001）和 Nb/Zr-Th/Zr 图（孙书勤等，2003）

宰便辉绿岩体的 $^{143}Nd/^{144}Nd$ 和 $\varepsilon_{Nd}(t)$ 值，与高家村镁铁质 840Ma 杂岩体 $^{143}Nd/^{144}Nd$ 和 $\varepsilon_{Nd}(t)$ 值相近（朱维光，2004），也与徐州地区 800Ma 辉绿岩（贺世杰，2003）Nd

同位素组成相似，落入周继彬（2007）所报道桂北元宝山地区 841Ma 超镁铁质岩的 Nd
同位素组成范围内，略高于葛文春等（2001）报道的宝坛地区约 825Ma 的镁铁-超镁铁质
岩 Nd 同位素组成，表明本区侵入岩浆源区具有相似性，均来源于一个相对亏损的软流
圈地幔。

　　Zhou 等（2003，2004）根据扬子地台周缘镁铁-超镁铁质岩具有似"岛弧地球化学"
特征而解释其为"岛弧"成因。Li 等（1999）对侵入四堡群中的四个基性-超基性岩墙的
锆石定年为 828Ma±7Ma，并把它们与澳大利亚地幔柱成因的 827Ma±6Ma GDS 岩墙群
和 824Ma±4Ma Amata 岩套联系起来，认为在新元古代早期（1000Ma 左右），由格林威
尔期造山运动形成的 Rodinia 超大陆中，华南古陆处于澳大利亚与劳伦之间，828Ma±
7Ma 基性-超基性岩的侵入是地幔柱到达的信号，地幔柱导致大规模（约1000km）的快速
地壳隆升和剥蚀、去顶。

　　葛文春等（2001）研究宝坛—元宝山镁铁质岩的地球化学，解释其成因为地幔柱作
用的产物，其镁铁质岩的似"岛弧地球化学"特点的响应是地壳物质混染引起的，而
科马提质玄武岩是堆晶岩。周继彬等（2007）的研究将桂北、湘西的镁铁质岩形成归为
地幔柱活动的产物。曾昭光等（2003）、曾雯等（2005）和黄隆辉等（2007）对本区基性火
山岩、摩天岭花岗岩、加榜辉绿岩等岩体进行了单颗粒锆石 U-Pb 定年，并与相邻的桂
北、湘西进行了对比，认为本区新元古代（850～780Ma）中期超基-基性侵入岩、甲路组
中的火山岩及花岗岩，是新元古代 Rodinia 超大陆裂解事件的记录。

　　前已述及宰便辉绿岩岩形成于约 848Ma，为新元古代中期（850～740Ma），微量元
素、REE、HFSE 和 Nd 同位素研究结果，均表明宰便辉绿岩形成于板内拉张环境，为
板内钙碱性玄武质岩系，其母岩浆来自拉张环境的大陆板内亏损-过渡型地幔源区，其
与扬子地台周缘其他岩浆岩同属于导致新元古代 Rodinia 超大陆裂解的地幔柱活动的产
物，而非岛弧模式。结合扬子地台周缘其他岩浆岩（Li et al.，1999；Li et al.，2002；
Zhu et al.，2006；葛文春等，2001；曾雯等，2005；周继彬等，2007）的研究成果，认
为华南是 Rodinia 超大陆的"中心"（Li et al.，1999），支持华南位于澳大利亚和劳伦
大陆之间的 Rodinia 超大陆重建模式。

第三节　那哥—加榜辉绿岩

一、岩体和岩石学特征

　　那哥镁铁-超镁铁质侵入岩体位于贵州省从江县，距从江县城约 80km（图 6-1）。那
哥镁铁-超镁铁质岩体呈岩株、岩墙状与加榜岩体呈断层接触，一致被认为是一个岩体，
规模小于 2km²。曾雯等（2005）年曾对该岩体进行了锆石定年，其形成于 788Ma，并认
为是新元古代岩浆活动产物。手标本观察岩石呈绿色-灰绿色-深绿色，块状构造，可见
变余辉绿结构，显微鉴定发现其主要矿物为：基性斜长石、钠长石、辉石和黑云母等，

蚀变强烈，并有后期石英脉贯穿。基性斜长石绝大部分脱钙呈钠-更长石，仅局部偶见；原生钠长石绿泥石化强烈，次生钠长石呈长柱状或他形，部分泥化；仅见少量蚀变残余辉石，蚀变有绿泥石化，纤闪石化、透闪石化；黑云母呈片状集合体，常被绿泥石取代。野外和显微观察辉长辉绿结构明显（图6-22），电子探针研究发现该岩体中主要矿物为钠长石和镁铁质蚀变矿物，其镁铁-超镁铁质岩蚀变矿物镁、铁含量高，根据成分可能是绿泥石之类的矿物，副矿物有金红石、钛铁矿等。

电子探针研究发现主要矿物为斜长石、辉石、绿泥石等，这些矿物蚀变强烈，并有后期石英脉贯穿。基性斜长石绝大部分脱钙呈钠-更长石，仅局部偶见；中性斜长石呈半自形或它形；原生钠长石绿泥石化强烈，次生钠长石他形部分泥化；仅见少量蚀变残余辉石，蚀变有绿泥石化，纤闪石化、透闪石化；黑云母呈片状集合体，常被绿泥石取代（图6-22）。

图6-22 那哥—加榜辉绿岩标本及显微组构特征

二、岩石地球化学特征

1. 岩石主化学成分及分类

全部样品岩石化学成分见表6-9。按岩石的TAS图解（图6-23），大部分岩石样品属于钙碱性系列，并且以低 TiO_2（0.25wt.% ~ 0.32wt.%），贫 K_2O（0.15wt.% ~ 1.73wt.%）为特征。在 AFM 图上（图6-24），全部样品落入钙碱性岩系，与 TAS 图解基本一致。因此，本书研究的黔东南那哥—加榜辉绿岩属于钙碱性玄武质岩石。

表6-9　那哥—加榜辉绿岩主量（wt.%）和微量元素（10^{-6}）含量及相关参数统计

编号	NG-19	NG-45	NG-46	NG-47	NG-48	编号	NG-19	NG-45	NG-46	NG-47	NG-48
岩性	辉绿岩	辉绿岩	辉绿岩	辉绿岩	辉绿岩	岩性	辉绿岩	辉绿岩	蚀变辉绿岩	辉绿岩	辉绿岩
SiO_2	46.45	48.35	42.04	47.44	52.86	Lu	0.41	0.447	0.415	0.441	0.295
Al_2O_3	16.01	6.92	15.00	15.30	14.31	Y	25.1	32.3	27.6	27.2	15.7
TFe_2O_3	8.18	8.48	7.61	8.39	9.14	∑REE	90.0	89.4	90.9	78.1	93.7
CaO	5.42	3.96	6.96	6.32	1.67	∑REE+Y	115.1	121.7	118.5	105.3	109.4
MgO	7.32	7.88	9.08	5.29	9.76	LREE	72.9	70.6	73.7	60.4	80.9
K_2O	0.17	0.24	0.15	0.19	1.73	HREE	17.1	18.8	17.1	17.8	12.8
Na_2O	5.48	4.41	5.51	6.09	2.13	LRE/HRE	4.3	3.8	4.3	3.4	6.3
MnO	0.40	0.31	0.31	0.33	0.12	$(La/Yb)_N$	3.5	3.3	3.9	2.8	6.3
TiO_2	0.26	0.32	0.30	0.30	0.25	$(La/Sm)_N$	1.60	2.24	2.36	1.73	2.34
P_2O_5	0.05	0.45	0.05	0.05	0.05	$(Gd/Yb)_N$	1.56	1.14	1.34	1.27	1.96
LOI	9.97	8.90	12.85	10.14	7.80	δEu	1.01	1.01	1.00	0.98	0.99
Total	99.71	99.82	99.86	99.84	99.82	δCe	0.95	0.95	0.99	0.94	0.96
Rb	9.01	12.9	7.43	11.6	103	Rb/Sr	0.07	0.13	0.06	0.08	1.69
Sr	130	103	130	142	61.1	Ba/Zr	0.85	0.58	0.72	1.28	2.41
Ba	113	81.1	83.5	184	326	La/Sm	2.54	3.56	3.76	2.74	3.71
Nb	15.2	13.1	16.5	14.8	14	La/Yb	5.18	4.87	5.73	4.10	9.38
Ta	1.07	0.95	0.86	1.15	1.04	Th/Yb	0.84	0.59	0.79	0.82	1.30
Zr	133	141	116	144	135	Zr/Ti	0.08	0.07	0.06	0.07	0.08
Hf	3.09	3.09	2.77	3.34	3.35	Y/Ti	0.01	0.02	0.01	0.01	0.01
Pb	15.0	12.2	10.3	17.2	25.6	Hf/Th	1.45	1.72	1.31	1.45	1.46
Th	2.13	1.8	2.12	2.31	2.3	Nd/Ta	18.19	17.20	19.76	13.40	18.69
U	0.478	0.578	0.55	0.713	0.701	La/Ta	12.22	15.52	17.89	10.09	16.00
Cr	191	199	246	214	583	Nb/La	1.16	0.89	1.08	1.28	0.84

（续表）

编号	NG-19	NG-45	NG-46	NG-47	NG-48	编号	NG-19	NG-45	NG-46	NG-47	NG-48
岩性	辉绿岩	辉绿岩	辉绿岩	辉绿岩	辉绿岩	岩性	辉绿岩	辉绿岩	蚀变辉绿岩	辉绿岩	辉绿岩
Co	70.1	70.7	61.1	106	110	Hf/Ta	2.88	3.24	3.24	2.91	3.23
Ni	98.2	135	143	65	263	Th/Nb	0.14	0.14	0.13	0.16	0.16
Sc	22.8	23.6	22.1	22.2	20.3	Y/Nb	1.65	2.47	1.67	1.84	1.12
V	134	127	127	156	146	Zr/Nb	8.75	10.76	7.03	9.73	9.64
La	13.1	14.8	15.3	11.6	16.6	Th/Nd	0.11	0.11	0.13	0.15	0.12
Ce	29.3	30	32.1	24.4	34.5	Th/Zr	0.02	0.01	0.02	0.02	0.02
Pr	4.21	3.88	3.96	3.34	4.47	Nb/Ta	14.18	13.74	19.29	12.88	13.49
Nd	19.5	16.4	16.9	15.4	19.4	Th/Hf	0.69	0.58	0.77	0.69	0.69
Sm	5.15	4.16	4.07	4.23	4.47	Ta/Hf	0.35	0.31	0.31	0.34	0.31
Eu	1.66	1.40	1.39	1.39	1.41	Nb/Zr	0.11	0.09	0.14	0.10	0.10
Gd	4.90	4.28	4.43	4.45	4.29	La/Nb	0.86	1.13	0.93	0.78	1.19
Tb	0.807	0.829	0.803	0.798	0.623	Ba/Nb	7.43	6.19	5.06	12.43	23.29
Dy	4.53	5.2	4.61	4.94	3.21	Th/La	0.16	0.12	0.14	0.20	0.14
Ho	0.954	1.24	1.05	1.03	0.64	Ba/La	8.63	5.48	5.46	15.86	19.64
Er	2.56	3.27	2.75	2.87	1.74	Zr/Y	5.30	4.37	4.20	5.29	8.60
Tm	0.379	0.452	0.41	0.407	0.263	Nb/Y	0.61	0.41	0.60	0.54	0.89
Yb	2.53	3.04	2.67	2.83	1.77						

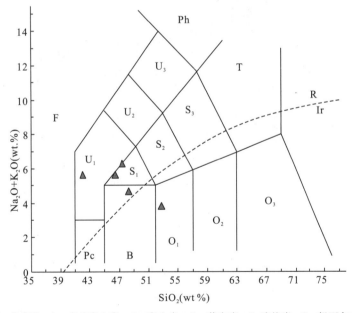

Pc.苦橄玄武岩；B.玄武岩；O_1.玄武安山岩；O_2.安山岩；O_3.英安岩；R.流纹岩；S_1.粗面玄武岩；S_2.玄武岩质粗面安山岩；S_3.粗面安山岩；T.粗面岩；U_1.碱玄岩；U_2.响岩质碱玄岩；U_3.碱玄质响岩；Ph.响岩；F.副长石岩

图 6-23 那哥—加榜辉绿岩 TAS 图解（据 Le Maitre et al.，1989）

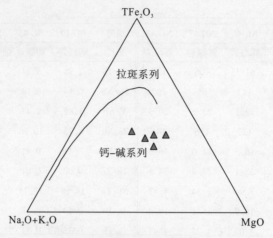

CA. 钙碱系列；TH. 拉斑系列

图 6-24　那哥—加榜辉绿岩 AFM 图解（据 Irvine et al.，1971）

2. 稀土元素

本区全部样品均呈现轻稀土富集（图 6-25），稀土总量较高（表 6-9），没有明显的 Eu 异常。

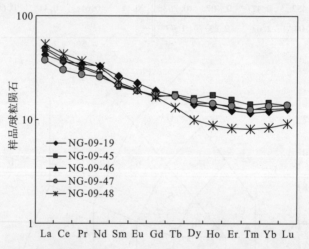

图 6-25　稀土元素球粒陨石标准化配分模式图（据 Boynton，1984）

3. 微量元素

在微量元素方面（图 6-26），LILE（K、Ba、Rb）相对 MORB 高出数十倍，与板内玄武岩一致。相应的 HFSE 比值中，Y/Nb、Zr/Nb 低于原始地幔平均值（14.8），指示其为过渡型富集地幔部分熔融的产物。原始地幔标准化蛛网图中，镁铁质岩 HFSE 中至弱 Nb 亏损、明显的 Ti 亏损，暗示那哥—加榜辉绿岩存在一定程度的地壳混染，与康滇地区新元古代辉绿岩相比，Nb、Ta 的亏损程度较低，表明受陆壳混染的程度较低（Li et al.，2003）。

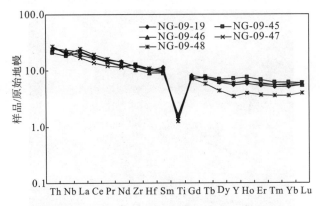

图 6-26 微量元素原始地幔标准化蛛网图(据 Sun and McDonough, 1989)

三、SIMS 锆石 U-Pb 年龄

那哥—加榜辉绿岩锆石 U-Th-Pb 同位素分析结果列于表 6-10。所分析的锆石均为自形晶，长 $60 \sim 200\mu m$，长宽比约为 $2:1$，锆石的阴极发光图像均显示完好的内部环带结构(图 6-27)，表明为自形岩浆成因锆石。分析的锆石 U 和 Th 含量较高并且变化较大，$U = 168 \times 10^{-6} \sim 729 \times 10^{-6}$；$Th = 18 \times 10^{-6} \sim 335 \times 10^{-6}$，$Th/U = 0.07 \sim 0.621$。获得的全部数据点均分布在谐和线上(图 6-28)，谐和年龄为 832.9Ma ±6.8Ma。

表 6-10 那哥—加榜辉绿岩锆石 U-Th-Pb 同位素测试结果

Spot #	$U/10^{-6}$	$Th/10^{-6}$	$Pb/10^{-6}$	Th/U	$^{207}Pb/^{235}U$	$\pm 1\sigma$ (%)	$^{206}Pb/^{238}U$	$\pm 1\sigma$ (%)	$^{207}Pb/^{206}Pb$	$\pm 1\sigma$ (%)	$^{206}Pb/^{238}U$ (Ma)	$\pm 1\sigma$ (Ma)
JB01@2	168	23	26	0.136	1.28172	2.17	0.13974	1.50	0.06652	1.57	843.2	11.9
JB01@3	200	89	33	0.447	1.25125	1.78	0.13861	1.50	0.06547	0.95	836.8	11.8
JB01@4	264	57	43	0.218	1.32598	1.72	0.14374	1.50	0.06691	0.84	865.8	12.2
JB01@8	539	335	94	0.621	1.27807	1.61	0.13837	1.50	0.06699	0.58	835.4	11.8
JB01@9	252	147	43	0.582	1.28641	1.72	0.13788	1.50	0.06767	0.83	832.6	11.7
JB01@10	529	83	80	0.157	1.24381	1.76	0.13557	1.50	0.06654	0.93	819.6	11.6
JB01@11	729	107	115	0.146	1.30373	1.57	0.14234	1.50	0.06643	0.46	857.9	12.1
JB01@12	433	140	71	0.322	1.28436	1.72	0.13943	1.50	0.06681	0.83	841.4	11.9
JB01@13	389	99	61	0.253	1.26361	1.63	0.13749	1.50	0.06666	0.63	830.5	11.7
JB01@14	418	67	65	0.160	1.26955	1.62	0.13822	1.50	0.06662	0.59	834.6	11.8
JB01@15	367	93	58	0.253	1.27207	1.67	0.13833	1.50	0.06669	0.73	835.2	11.8
JB01@16	672	187	104	0.279	1.23893	1.61	0.13411	1.51	0.06700	0.57	811.3	11.5
JB01@17	249	18	37	0.070	1.26413	1.68	0.13802	1.50	0.06643	0.77	833.5	11.7
JB01@18	260	27	40	0.105	1.26298	1.70	0.13846	1.50	0.06616	0.79	835.9	11.8

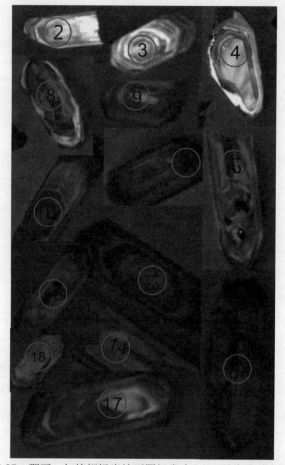

图 6-27　那哥—加榜辉绿岩锆石阴极发光(CL)照片及对应测点

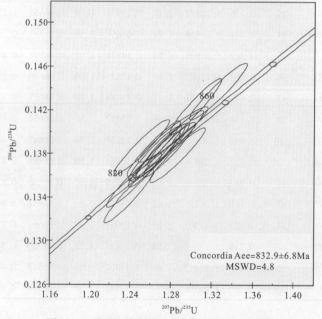

图 6-28　那哥—加榜辉绿岩锆石 U-Pb 谐和图

四、讨　论

1. 源区性质及岩石成因

REE 和 HFSE 对探讨地幔岩源区特征、地幔部分熔融、岩浆演化等具有重要意义。Th 和 Nb 都是强不相容元素，通常部分熔融和结晶分异过程中都不影响 Th/Nb 比值，所以 Th/Nb 比值有着和同位素体系相似的示踪能力（Condie，2003；Sims and DePaolo，1997），故它能反映地幔源区的特征和岩浆是否受过混染（Condie，2003）。那哥—加榜辉绿岩 Th/Nb 值为 0.17 ~ 0.22，均值为 0.19，介于原始地幔和下地壳之间，结合上述 Nb、Ta、La、Th 及 Nb/U 比，说明那哥镁铁质岩浆遭受了地壳物质的混染。

上已述及辉绿岩 REE 和 HFSE 含量明显高于原始地幔、N-MORB，其稀土配分为 LREE 富集型，$(La/Sm)N > 1$，Y/Nb 和 Zr/Nb 分别为 1.39 ~ 2.08 和 8.13 ~ 9.81，这些特征暗示其母岩为交代过渡地幔-富集地幔部分熔融的产物；岩石的 REE 和 HFSE 含量变化范围宽、参数变化大，这些特征表明其母岩浆可能为交代过渡-富集地幔不同程度部分熔融的产物，同时也指示岩浆演化过程中存在结晶分异作用或岩浆上升过程存在混染作用。

前人提出的各种地球化学构造环境判别图解在探讨成岩动力学背景上发挥了巨大作用，但判别图在使用过程中往往存在许多问题，为更真实地探讨岩浆岩成因和成岩环境，根据本区岩浆岩蚀变等特征，选用 REE 和 HFSE 来判别那哥镁铁质岩成岩构造环境。在 Wood（1979）的 Th-Hf/3-Nb/16 图中（图 6-29a），样品落入 E-MORB + WPT 与 WPAB 交界处。在 Meschede（1986）的 Zr/4-2Nb-Y 图解上（图 6-29b），亦靠近板内碱性玄武岩区，在 Cabanis and Lecolle（1989）的 Y/15-La/10-Nb/8 图解（图 6-29c）中，样品落入大陆玄武岩与富集地幔交界区，这些结果与镁铁质岩稀土、微量元素配分模式是完全一致的。在 Zr/Y-Zr 图解中（图 6-29d），全部样品落入板内玄武岩区，在 Ta/Hf-Th/Hf（图 6-29e）（汪云亮等，2001）和 Nb/Zr-Th/Zr 中（图 6-29f）（孙书勤等，2003），全部样品均落入板内拉张环境，在 Ta/Hf-Th/Hf（图 6-29e）全部样品都靠近板内玄武岩与地幔柱玄武岩的交界，考虑到岩浆的结晶分异作用及陆壳混染，其原始岩浆可能更加接近地幔热柱玄武岩区（地壳混染使 Zr、Hf 含量增高）。

2. 分离结晶作用

分离结晶作用是许多火成岩演化的一个重要过程，本区镁铁质岩样品 MgO 含量（5.29% ~ 9.08%）的变化较大，表明其经历了一定程度的分离结晶作用。在 MgO 含量为横坐标的 Harker 图解上（图略），K_2O 和 Na_2O 含量随着 MgO 含量的变化不存在明显的变化，表明岩浆演化早期没有经历明显的斜长石分离结晶作用；P_2O_5 的含量变化与 MgO 含量变化相关性不明显，可能表明岩浆演化过程中磷灰石等矿物的分离结晶作用较不显著；TFe_2O_3、Al_2O_3 和 SiO_2 的含量变化与 MgO 含量变化呈正相关关系，表明岩浆演化过程中存在一定程度的富镁铁矿物如辉石和/或橄榄石的分离结晶作用；Cr、Ni

含量变化与 MgO 含量变化呈正相关关系，表明岩浆演化早期经历了一定程度橄榄石和/或辉石的分离结晶作用。综上所述，岩浆经历了辉石和橄榄石为主，而斜长石及磷灰石等矿物的分离结晶作用较不显著。

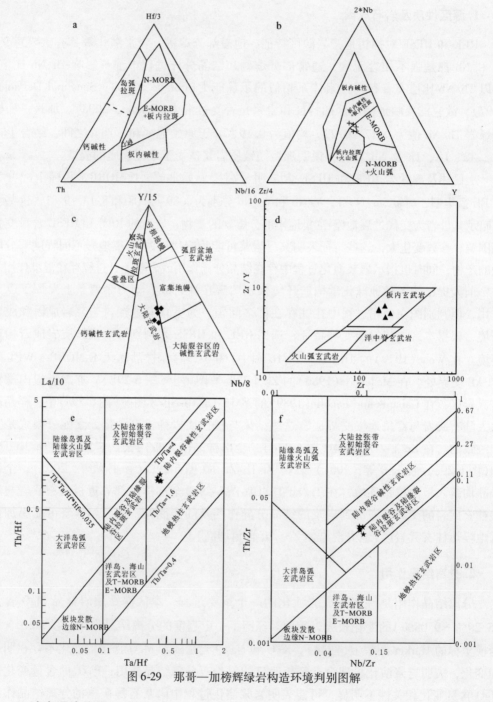

图 6-29　那哥—加榜辉绿岩构造环境判别图解

3. 地壳混染作用

已有研究表明，地壳具有显著的 Nb-Ta 负异常（Paces and Bell，1989；Rudnick and

Fountain, 1995; Barth et al., 2000)。通常情况下上地壳 La、Th 显著富集而下地壳 Th 的富集不明显(Barth et al., 2000)。那哥镁铁质岩样品的微量元素蛛网图没有明显差异，全部样品 Nb、Ta 略富集，(Nb/La)$_{PM}$值为(1.02~1.41)，均值为 1.13，略大于 1，Th 含量较低(2.72~4.25ppm)，均值为 3.61ppm，Nb/U 值较低(23±2)，全部样品 Nb/U 值均值为 24，介于洋中脊玄武岩(49±11)、洋岛玄武岩(52±15)和陆壳(8)之间(Hofmann et al., 1997, 2003)，表明它们受到一定程度的地壳物质尤其是下地壳物质的混染，与(La/Ta)$_{PM}$-(Th/Ta)$_{PM}$图解(图略)的判别结果一致，高的初始锶值也表明本区基性超基性岩浆岩受到一定程度的地壳混染。

4. 地质意义

扬子地台西缘新元古代岩浆活动异常强烈，其中以酸性岩为主，其基性岩相对较少，包括玄武岩、辉长辉绿岩小岩体及基性岩墙或岩脉等。前人对产在四堡群中的镁铁-超镁铁质岩的成因进行了许多研究和探讨。一些研究者将湘西、桂北具有类似"鬣刺结构"的镁铁-超镁铁岩定为科马提岩或科马提质玄武岩(杨丽贞，1990；唐红松等，1992；Zhou et al., 2000)。Zhou 等(2003, 2004)根据镁铁质岩具有似"岛弧地球化学"特征而解释其为"岛弧"成因。Li 等(1999)对侵入四堡群中的四个基性—超基性岩墙的锆石定年为 828±7Ma，并把它们与澳大利亚地幔柱成因的 827±6Ma Gairdner 岩墙群(GDS)和 824±4Ma Amata 岩套联系起来。Li 等(1999)认为在新元古代早期(1000Ma 左右)，由格林威尔期造山运动形成的 Rodinia 超大陆中，华南古陆处于澳大利亚与劳伦之间，828±7Ma 基性—超基性岩的侵入是地幔柱到达的信号，地幔柱导致大规模(约 1000km)的快速地壳隆升和剥蚀、去顶。葛文春等(2000, 2001)研究宝坛—元宝山镁铁质岩的地球化学，解释其成因为地幔柱作用的产物，其镁铁质岩的似"岛弧地球化学"特点的响应是地壳物质混染引起的，而科马提质玄武岩是堆晶岩。周继彬等(2007)的研究将桂北、湘西的镁铁质岩形成归为地幔柱活动的产物。曾昭光等(2003)、曾雯等(2005)和黄隆辉等(2007)对本区基性火山岩、摩天岭花岗岩、加榜辉绿岩等岩体进行了单颗粒锆石 U-Pb 定年，与相邻的桂北、湘西进行了对比，认为本区新元古代(830~780Ma)早期的超基-基性侵入岩、甲路组中的火山岩与花岗侵入岩，是新元古代 Rodinia 超大陆裂解事件的记录。

前已述及那哥—加榜辉绿岩岩形成于约 832Ma，为新元古代中期(850~740Ma)，在 Th-Hf/3-Nb/16 图解(图 6-29a)、Zr/4-2Nb-Y 图解(图 6-29b)、Y/15-La/10-Nb/8 图解(图 6-29c)、Zr/Y-Zr 图解(图 6-29d)、Ta/Hf-Th/Hf(图 6-29e)和 Nb/Zr-Th/Zr 图解(图 6-29f)中，全部样品均落入板内拉张环境，为板内钙碱性玄武质岩。这些结果与镁铁质岩稀土、微量元素配分模式是一致的。

综上所述，那哥镁铁质岩均可能来自拉张环境的大陆板内过渡型地幔或富集地幔源区，其与扬子地台周缘其他与地幔柱/板内裂谷活动有关的岩浆岩同属于导致新元古代 Rodinia 超大陆裂解的地幔柱活动的产物，而非岛弧模式。结合扬子地台周缘其他与地幔柱/板内裂谷活动有关的岩浆岩(Li et al., 1999; Li et al., 2002; Zhu et al.,

2006，2007，2008；葛文春等，2000，2001；张传林等，2004；曾雯等，2005；周继彬等，2007），以及澳大利亚中南部与超级地幔柱活动相关的约825Ma的Gairdner基性岩墙群（Zhao et al.，1994；Wingate et al.，1998）、北美西部约780Ma的基性岩浆事件（Park et al.，1995；Harlan et al.，2003）、澳大利亚西南部755Ma的Mundine Well基性岩墙群（Wingate and Giddings，2000；Ernst and Buchan，2001；Li et al.，2006），认为华南是Rodinia超大陆的"中心"（Li et al.，1995，1999），新元古代与地幔柱活动相关的岩浆岩活动最终导致Rodinia超大陆的裂解。

第四节　那哥似斑状花岗岩

一、岩石学特征

岩石由斑晶和基质组成，基质粒度较一般斑岩大；石英斑晶呈烟灰色，粒度多为2mm×3mm，长石斑晶巨大，一般为2mm×10mm，个别达2cm×5cm（图6-30）；基质主要为石英和长石，少量黑云母和副矿物。

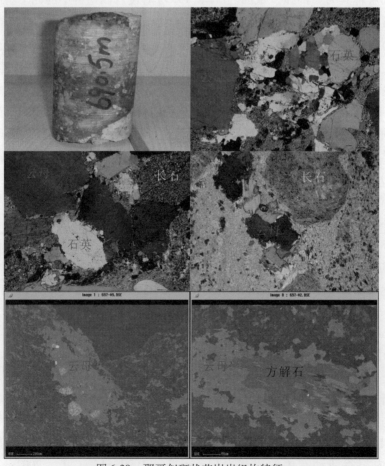

图6-30　那哥似斑状花岗岩组构特征

二、岩石地球化学特征

1. 主量元素

本次全部样品的主量元素分析结果列于表6-11。全部样品中SiO_2含量为68.56% ~ 81.25%，$K_2O + Na_2O$为3.14% ~ 6.44%，Na_2O/K_2O为0.09 ~ 1.18。在SiO_2-($K_2O + Na_2O$)图解上(图6-31)，落入花岗岩和花岗岩闪长岩区域，与从江秀塘花岗质岩石相似(樊俊雷等，2010)，与刚边和南加花岗质岩石相比，亏碱(曹卫刚等，2012)。在铝饱和程度上，它们均属于过铝质系列岩石(图6-32)。

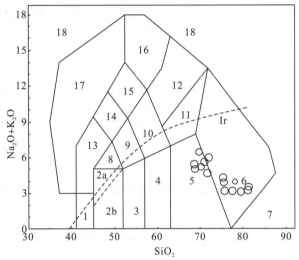

1. 橄榄辉长岩；2a. 碱性辉长岩；2b. 亚碱性辉长岩；3. 辉长闪长岩；4. 闪长岩；5. 花岗闪长岩；6. 花岗岩；
7. 硅英岩；8. 二长辉长岩；9. 二长闪长岩；10. 二长岩；11. 石英二长岩；12. 正长岩；13. 副长石辉长岩；
14. 副长石二长闪长岩；15. 副长石二长正长岩；16. 副长正长岩；17. 副长深成岩；
18. 霓方钠岩/磷霞岩/粗白榴岩；Ir-Irvine，上方为碱性，下方为亚碱性

图 6-31　那哥似斑状花岗岩硅-碱图

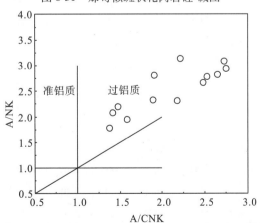

图 6-32　那哥似斑状花岗岩 A/CNK-A/NK 图解

表 6-11　那哥似斑状花岗岩主量元素分析结果（wt. %）

样号	SiO_2	Al_2O_3	TFe_2O_3	MgO	CaO	Na_2O	K_2O	MnO	P_2O_5	TiO_2	LOI	Total
510	75.36	14.32	3.36	0.63	0.19	0.34	3.98	0.05	0.01	0.41	2.61	101.26
537	81.07	10.08	2.00	0.24	0.96	0.28	2.96	0.04	0.12	0.49	2.35	100.60
549	81.25	11.30	2.51	0.31	0.15	0.31	3.22	0.02	0.05	0.31	1.84	101.27
556	79.44	10.11	4.26	0.42	0.93	0.37	2.77	0.08	0.02	0.51	2.34	101.25
567	77.61	11.20	4.80	0.55	0.26	0.29	2.91	0.05	0.02	0.57	2.57	100.84
575	75.71	11.45	4.94	0.91	0.84	0.30	2.91	0.08	0.00	0.59	3.65	101.38
586	71.73	13.61	4.40	1.37	1.67	2.05	2.61	0.07	0.11	0.59	3.24	101.44
609	71.93	14.23	3.82	1.18	1.25	2.74	3.26	0.05	0.12	0.48	2.32	101.37
617	70.27	14.92	4.62	1.65	0.81	1.44	3.74	0.06	0.11	0.66	2.84	101.10
639	69.80	14.59	4.63	1.34	0.91	3.48	2.96	0.07	0.12	0.58	2.50	100.98
647	68.56	16.11	4.46	1.50	0.26	0.30	5.12	0.05	0.13	0.57	2.98	100.03
656	75.53	12.18	2.56	0.81	0.25	0.27	3.64	0.03	0.09	0.48	2.72	98.55
669	71.04	14.42	4.33	1.41	0.95	2.31	3.30	0.08	0.12	0.64	2.62	101.22
677	68.81	13.90	5.71	1.47	1.72	2.26	2.74	0.11	0.11	0.60	3.55	100.97

2. 微量和稀土元素

本次全部样品的微量元素分析结果列于表 6-12，稀土元素及相关参数列于表 6-13。微量元素富集大离子亲石元素 Rb、Th，亏损高场强元素 Sr、Ti（图 6-33）。

表 6-12　那哥似斑状花岗岩微量元素分析结果（10^{-6}）

	Rb	Sr	Y	Zr	Nb	Ba	Hf	Ta	Pb	Th	U
510	160	20.1	14	104	8.1	362	3.04	0.608	9.8	8.67	1.78
537	137	21.3	15.4	101	8.64	325	3.23	0.984	19.9	10.2	2.36
549	140	15.2	22.3	128	8.96	389	3.84	0.784	19.0	12.3	2.61
556	132	23.8	21.4	119	12.2	400	3.52	0.987	39.7	10.9	2.08
567	141	14.4	24.1	158	13.1	465	4.55	1.11	17.6	12.8	2.58
575	132	24.1	19.1	190	13.3	465	5.41	1.07	117.2	10.2	1.98
586	121	41.1	32.5	176	14	443	5.24	1.33	22.4	17.8	3.16
609	132	117	27.9	156	11.9	743	4.40	1.05	22.1	15.1	2.6
617	162	42.5	39.9	173	15.7	709	5.29	1.37	6.0	18.9	3.27
639	110	85.2	31.6	185	14	573	5.22	1.27	57.8	18.5	3.33
647	186	21.3	32.9	195	14.5	1000	5.80	1.2	55.4	17.9	3.46
656	212	18.2	23	174	10.6	165	4.97	1.02	20147	14	2.79
669	158	79.6	39	233	16.1	554	7.01	1.36	15.8	19.6	3.28
677	138	87.8	34.9	193	13.9	425	5.51	1.23	8.1	17.8	3.08

表6-13　那哥似斑状花岗岩稀土元素分析结果(10^{-6})及相关参数

No.	La	Ce	Pr	Nd	Sm	Eu	Gd	Tb	Dy	Ho	Er
510	14.8	30.5	3.61	13.2	2.66	0.472	2.46	0.434	2.6	0.583	1.55
537	17.5	34.4	3.94	14.2	2.85	0.511	2.78	0.463	2.8	0.603	1.58
549	25.8	48.6	5.87	21.8	4.17	0.680	4.02	0.671	3.97	0.793	2.08
556	22.6	42.8	5.03	18.4	3.67	0.638	3.21	0.62	3.46	0.8	2.18
567	35.6	68.6	8.04	30	5.81	1.051	4.99	0.818	4.48	0.911	2.6
575	21.1	41.5	4.85	17.6	3.24	0.528	3.09	0.522	3.14	0.697	1.94
586	40.7	81.2	9.17	33.5	6.55	0.951	5.86	1.02	6.06	1.28	3.36
609	32.6	65.7	7.61	27.5	5.64	0.853	5.43	0.885	4.93	1.03	2.88
617	46	93.5	10.7	39.1	7.95	1.020	7.02	1.23	7.14	1.58	4.13
639	37.9	78.9	9.27	33.2	6.79	0.980	6.00	0.981	5.6	1.16	3.25
647	48.8	101	11.4	41.4	8.01	1.061	7.06	1.11	5.8	1.22	3.2
656	13.1	27.5	3.23	12.6	2.98	0.553	3.16	0.576	3.59	0.847	2.22
669	52.1	103	11.7	42.9	8.59	1.228	7.10	1.21	6.75	1.4	3.83
677	38.5	78.8	9.25	35.5	6.72	0.877	5.81	1.02	5.87	1.25	3.42

No.	Tm	Yb	Lu	ΣREE	LR	HR	LR/HR	(La/Yb)$_N$	δEu	δCe
510	0.245	1.61	0.225	74.9	65.2	9.7	6.7	6.59	0.55	0.99
537	0.238	1.44	0.198	83.5	73.4	10.1	7.3	8.72	0.55	0.97
549	0.318	1.81	0.253	120.8	106.9	13.9	7.7	10.22	0.50	0.93
556	0.336	2.01	0.3	106.1	93.1	12.9	7.2	8.07	0.56	0.94
567	0.363	2.37	0.33	166.0	149.1	16.9	8.8	10.77	0.58	0.95
575	0.294	2.01	0.31	100.8	88.8	12.0	7.4	7.53	0.50	0.97
586	0.472	3.16	0.44	193.7	172.1	21.7	7.9	9.24	0.46	0.99
609	0.406	2.61	0.381	158.5	139.9	18.6	7.5	8.96	0.47	0.99
617	0.586	3.67	0.481	224.1	198.3	25.8	7.7	8.99	0.41	1.00
639	0.464	3.11	0.42	188.0	167.0	21.0	8.0	8.74	0.46	1.00
647	0.445	2.89	0.411	233.8	211.7	22.1	9.6	12.11	0.42	1.01
656	0.329	2.24	0.321	73.2	60.0	13.3	4.5	4.19	0.55	1.01
669	0.577	3.55	0.51	244.4	219.5	24.9	8.8	10.53	0.47	0.98
677	0.504	3.15	0.44	191.1	169.6	21.5	7.9	8.77	0.42	0.99

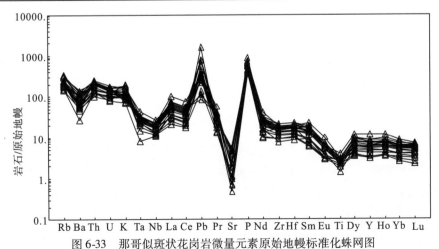

图6-33　那哥似斑状花岗岩微量元素原始地幔标准化蛛网图

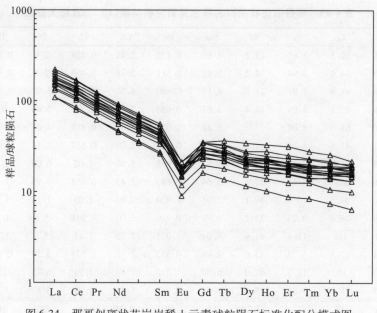

图 6-34　那哥似斑状花岗岩稀土元素球粒陨石标准化配分模式图

稀土元素总量中等，总稀土含量变化较宽，为 $73.2 \times 10^{-6} \sim 244.4 \times 10^{-6}$，（La/Yb）$_N$ 为 4.19 ~ 12.11，属于轻稀土富集型（图 6-34）。全部样品具有明显的 Eu 亏损，Eu/Eu* 为 0.41 ~ 0.58，说明源区有斜长石残留，Ce 异常不显著，δCe 为 0.93 ~ 1.01。那哥似斑状花岗岩微量和稀土元素特征与秀塘（樊俊雷等，2010）、刚边、南加花岗质岩石特征相似（陈文西等，2007；曹卫刚等，2012），与元宝山花岗岩（李献华等，1999）和摩天岭花岗岩也相近（李献华等，1999；曾雯等，2005），结合遥感环形解译成果（况顺达私人通讯），那哥地区隐伏岩体与摩天岭花岗岩在深部是连接在一起的，暗示这些花岗质岩石可能具有内在的成因联系，结合后文锆石 U-Pb 年龄，暗示它们属于同一构造热事件的产物。

三、LA-ICP-MS 锆石 U-Pb 年龄

那哥似斑状花岗岩中选出的锆石多为长柱状自形晶，具有明显的岩浆锆石所特有的韵律环带（图 6-35）。25 个测点 $^{206}Pb/^{238}U$ 年龄分布在 856.7 ~ 845.4Ma（表 6-14），加权平均年龄为 852.7 ± 2.3Ma（图 6-36）。在锆石 U-Pb 谐和图上（图 6-37），测点均落在谐和线附近，测点比较集中，获得的谐和年龄为 852.2 ± 2.7Ma，与全部测点的加权平均年龄一致，表明锆石 U-Pb 体系封闭，锆石 U-Pb 年龄可靠。

该年龄较目前发表的元宝山花岗岩（824Ma；李献华等，1999）、秀塘花岗质岩石（836Ma；樊俊雷等，2010）、刚边花岗质岩石（823Ma；陈文西等，2007；曹卫刚等，2012）和摩天岭花岗岩（825Ma；李献华等，1999；曾雯等，2005）略老 25 ~ 15Ma，早于区内基性岩浆活动（848 ~ 788Ma；葛文春等，2001；曾雯等，2005；王劲松等，2012），与基性脉岩穿过花岗质岩石的地质特征吻合。

图 6-35　那哥似斑状花岗岩锆石 CL 图像

表 6-14　那哥似斑状花岗岩锆石 U-Pb 比值及年龄

spot	$^{206}Pb/^{238}U$	$\pm 1\sigma$	$^{207}Pb/^{235}U$	$\pm 1\sigma$	$^{206}Pb/^{238}U/Ma$	$\pm 1\sigma/Ma$
NG#-01	0. 14112	0. 00221	1. 35284	0. 03442	851	12. 47
NG#-02	0. 14158	0. 00208	1. 34313	0. 02433	853. 6	11. 74
NG#-03	0. 14213	0. 00207	1. 46433	0. 02503	856. 7	11. 71
NG#-04	0. 14163	0. 00208	1. 32743	0. 02401	853. 9	11. 73
NG#-05	0. 14164	0. 00207	1. 3287	0. 02295	853. 9	11. 66
NG#-06	0. 14162	0. 00208	1. 31385	0. 02372	853. 8	11. 73
NG#-07	0. 14103	0. 00208	1. 31725	0. 02518	850. 5	11. 78
NG#-08	0. 14149	0. 00211	1. 30391	0. 02635	853. 1	11. 91
NG#-09	0. 14174	0. 00205	1. 35363	0. 02153	854. 5	11. 56
NG#-10	0. 14177	0. 00211	1. 51466	0. 02933	854. 7	11. 91
NG#-11	0. 14168	0. 00208	1. 34054	0. 02458	854. 1	11. 76
NG#-12	0. 14163	0. 00212	1. 6609	0. 0324	853. 8	11. 95
NG#-13	0. 14147	0. 00216	1. 32756	0. 03065	853	12. 21
NG#-14	0. 14158	0. 00207	1. 3316	0. 02387	853. 6	11. 71
NG#-15	0. 14167	0. 00206	1. 36137	0. 02312	854. 1	11. 64

（续表）

spot	$^{206}Pb/^{238}U$	$\pm 1\sigma$	$^{207}Pb/^{235}U$	$\pm 1\sigma$	$^{206}Pb/^{238}U/Ma$	$\pm 1\sigma/Ma$
NG#-16	0.14137	0.00207	1.31657	0.02375	852.4	11.7
NG#-17	0.14012	0.00206	1.30148	0.02384	845.4	11.63
NG#-18	0.14117	0.00216	1.30784	0.03059	851.3	12.19
NG#-19	0.14108	0.00207	1.33598	0.02443	850.7	11.7
NG#-20	0.14149	0.0021	1.42334	0.02758	853.1	11.85
NG#-21	0.14156	0.00207	1.31781	0.02337	853.5	11.68
NG#-22	0.14129	0.00206	1.29002	0.02292	851.9	11.66
NG#-23	0.14167	0.00209	1.33177	0.02495	854.1	11.78
NG#-24	0.14084	0.00208	1.38088	0.0264	849.4	11.77
NG#-25	0.141	0.00212	1.3126	0.02787	850.3	11.96

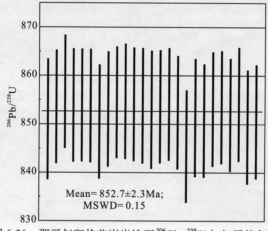

图 6-36　那哥似斑状花岗岩锆石 $^{206}Pb/^{238}U$ 加权平均年龄

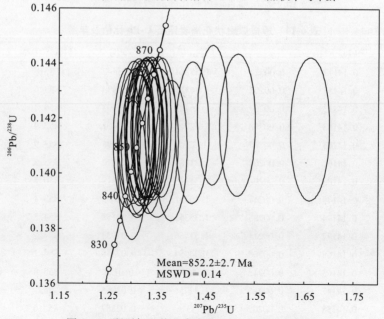

图 6-37　那哥似斑状花岗岩锆石 U-Pb 谐和年龄图

四、讨 论

那哥似斑状花岗岩样品在 Y-Nb 图解（图 6-38）中，几乎全部落入火山弧花岗岩＋同碰撞花岗岩区域，而在 Yb-Ta 图解（图 6-39）上，则主要约束在火山花岗岩区域内。

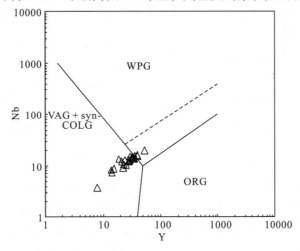

WPG. 板内花岗岩；VAG. 火山弧花岗岩；ORG. 洋脊花岗岩；syn-CLOG. 同碰撞花岗岩

图 6-38 那哥似斑状花岗岩 Yb-Ta 图解

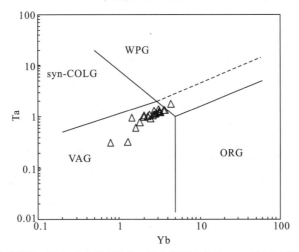

WPG. 板内花岗岩；VAG. 火山弧花岗岩；ORG. 洋脊花岗岩；syn-CLOG. 同碰撞花岗岩

图 6-39 那哥似斑状花岗岩 Yb-Ta 图解

但在 Hf-Rb/30～3Ta 图解（图 6-40）中，全部样品又落入火山弧与同碰撞及碰撞后分界上。结合那哥似斑状花岗岩属于 S 型过铝质系列岩石（图 6-32 和图 6-41），与秀塘花岗质岩石（樊俊雷等，2010）及刚边—南加花岗质岩石（曹卫刚等，2012）相似。因此，一些学者认为它们均形成于碰撞环境，不能作为 Rodinia 超大陆裂解的岩石证据，即它们不是地幔柱活动的产物（樊俊雷等，2010；曹卫刚等，2012）。

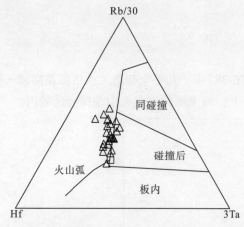

图 6-40　那哥似斑状花岗岩 Hf-Rb/30-3Ta 图解

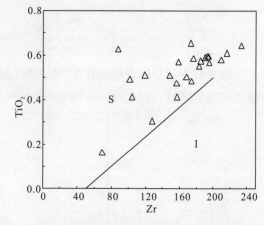

图 6-41　那哥似斑状花岗岩 Zr-TiO₂图解

位于扬子地块周缘地区新元古代构造-岩浆活动异常强烈，形成大量以中酸性火成岩为主，镁铁-超镁铁质岩为辅的侵入岩浆岩群。这些构造-岩浆岩体的形成时代主要集中在新元古代中期(850～740Ma)，主要侵位于中新元古界扬子型变质基底岩系中，并多被南华系或震旦系不整合超覆(陈文西等，2007)。由于其形成的构造环境对研究扬子地块形成演化和大地构造格局以及 Rodinia 超大陆的恢复重建具有重要的科学意义而受到广泛关注(李献华等，2008)。对这些岩浆岩的成因和形成的构造背景存在三种认识：

第一种，认为华南新元古代早期(≥880Ma)岩浆岩的形成与 Rodinia 超大陆聚合有关的四堡期造山运动有关，而新元古代中期(850～740Ma)的岩浆岩为板内非造山成因，其中 830～800Ma 和 780～740Ma 两个主要时期的岩浆活动很可能与导致 Rodinia 超大陆裂解的地幔柱-超级地幔柱活动有关(Li，1999；Li et al.，2002，2003，2006；Li et al.，1999；葛文春等，2001；李献华等，2001，2008)。

第二种，认为华南新元古代岩浆活动(特别是≥800 Ma)，是与洋壳俯冲消减于扬子地块之下的俯冲造山运动有关的大陆边缘岩浆岛弧，并认为新元古代时期扬子地块是一个被洋壳包围起来的孤立陆块(Zhou et al.，2002a，2002b，2006a，2006b)，扬子地块周缘的俯冲造山运动可能持续到820Ma 或更晚，一些研究人员还认为华南很可能位于 Rodinia 超大陆的边缘或根本不属于 Rodinia 超大陆的一部分(Zhou et al.，2002a，2002b，2006a；2006b，2007；Zhao and Zhou，2007)。

第三种，认为扬子地块周缘新元古代岩浆活动是早期弧-陆碰撞、晚期伸展垮塌和大陆裂谷再造产物(Wang et al.，2004，2008；Zheng et al.，2006；Zhou et al.，2004，2009)。

上述三种不同学术观点的争议主要是由于对岩浆岩构造成因解释不同造成的。这与本次研究观察的到的现象一致，微量元素的岩石构造环境判别往往给出不同结果(图 6-38、6-39 和 6-40)，显示本区岩浆即可以解释为岩浆岛弧环境(Zhou et al.，2002a)，也可解释为形成于弧-陆碰撞环境(Wang et al.，2004)，或者是由于受到混染等作用的影响，其原始岩浆的形成很可能与地幔柱活动有关（Li，1999）。上述宰便及那哥—加榜辉绿岩岩石地球化学示踪表明，本区新元古代很可能经历了地幔柱活动，属于板内裂谷环境，而花岗岩的岩石地球化学示踪显示，构造环境的多解性，但一个地区同时不可能经历不同的构造热事件。因此，本次研究结果认为慢源基性岩浆的研究结论，具有更高的可信度，支持地幔柱理论（王劲松等，2012）。

第五节 大坪电气石岩

电气石岩（hyalotourmalite）是指与围岩大致整合的层控岩石单元，其中电气石所占全岩体积大于20%（沈建忠和韩发，1992）。Slack 等（1984）强调该术语仅适用于与围岩整合产出的富电气石岩层，没有成因含义，故不能与其他由特定地质作用形成的富电气石岩石如电英岩（tourmalite）或电气石花岗岩（luxullianite）混为一谈。王登红和陈毓川（2000）认为电气石产出环境不唯一，要针对不同特定的地质环境研究其成因。

20世纪80年代以前有关电气石岩的研究主要与伟晶岩脉、交代岩、花岗岩体、矿化角砾岩筒及蒸发岩有关（聂凤军，1993），最近二十年随着电气石岩在层状金、钨、锡和贱金属块状硫化物矿床及周边发现，研究广泛认为其与喷流沉积型块状硫化物矿床有着密切的关系，并被视为层状金、钨、锡和贱金属块状硫化物矿床的标志岩性单元进行找矿勘探（Bone，1988；Plimer，1988；Palmer and Slack，1989；Griffin et al.，1996；沈建忠和韩发，1992；聂凤军，1993；夏学惠，1995a，1995b，1997；叶松等，1997）。某些特殊环境产出的电气石岩具有重要的成因意义（夏学惠，1995a，1997；叶松等，1997）和找矿意义，其常与喷气、喷流、热水沉积型块状硫化物矿床密切相关（聂凤军，1993；沈建忠和韩发，1993；夏学惠，1995a；Griffin et al.，1996）。

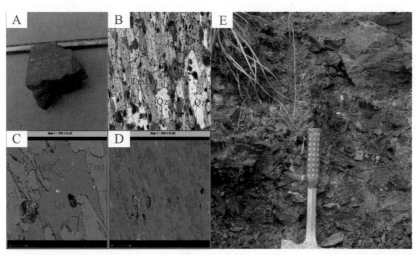

A. 手标本照片，蚀变电气石岩纹层状构造；B. 40×单偏光呈柱状电气石定向排列，不规则状石英及绿泥石等充填其间；
C. 不规则粒状石英中含有富轻、重稀土矿物，边部亮点为锆石（分别对应图3A、B、C）；D. BSE图；E. 野外照片

图6-42 电气石岩的照片

项目组成员杨德智等在贵州大坪多金属成矿区内地质测量过程中，发现一处电气

石岩岩层(图6-1),其风化蚀变强烈,该电气石岩层产出部位位于黔桂边界摩天岭花岗岩体外围,与周围发现的金、钨矿化点相近(3km左右),与多金属矿床相距也不超过5km,野外观察、系统岩矿鉴定和地球化学研究,认为该电气石岩层具有成因和找矿意义。电气石岩位于甲路组地层中,与围岩接触界限较明显,野外呈灰色、灰黑色,具有明显的纹层构造,由于植被覆盖较厚,走向延伸不详,出露厚度大于1m(图6-42)。

一、电气石岩岩石学

1. 电气石的一般特征

电气石族矿物的结构和化学成分十分复杂的环状硅酸盐矿物,直到20世纪50年代对电气石晶体结构测定以后,才提出比较合理的化学成分组成:$(Na, Ca) R Al_6 [Si_6 O_{18}] [BO_3]_3 (O, OH, F)_4$(王濮等,1984)。其通式可表示为:$XY_3 Z_6 B_3 Si_6 O_{27} W_4$(杨如增和徐礼新,2007),其结构中存在着两类八面体位置,分别为Z和稍大一点但有些扭曲的Y八面体位置;X位可由Ca或Na占据;Y位由Mg和Fe^{2+},(Al + Li)或Fe^{2+}(还包括Mn、Cr、V和Ti)占据;Al^{3+}、Fe^{3+}或Cr^{3+}则可占据Z位,B为三次配位,没有明显替代;Si位于四面体位置,可有部分Al^{3+}替代Si;W位上亦存在O、OH、F的类质同象替代。根据主化学元素占位情况不同,电气石可分为许多不同的种类,目前国际矿物协会确认的电气石有11个种类(潘兆橹等,1994),如表6-15所示。

表6-15　不同电气石矿物主化学元素占位情况

电气石种类	X位	Y_3位	Z_6位	其余部分化学式
黑电气石	Na	Fe_3^{2+}	Al_6	$B_3 Si_6 O_{27} X$
镁电气石	Na	Mg_3	Al_6	$B_3 Si_6 O_{27} X$
锂电气石	Na	$[Li_{1.5} Al_{1.5}]$	Al_6	$B_3 Si_6 O_{27} X$
钠锰电气石	Na	Mn_3^{2+}	Al_6	$B_3 Si_6 O_{27} X$
钙镁电气石	Ca	Mg_3	$[Mg Al_5]$	$B_3 Si_6 O_{27} X$
钙锂电气石	Ca	$[Li_2 Al]$	Al_6	$B_3 Si_6 O_{27} X$
钙铁电气石	Ca	Fe_3^{2+}	$[Mg Al_5]$	$B_3 Y$
铝电气石	Na	Al_3	Al_6	$[BO_3]_3 Y$
布格电气石	Na	Fe_3^{3+}	Al_6	$[BO_3]_3 [Si_6 O_{18}] F$
铬镁电气石	Na	Mg_3	Cr_6	$B_3 Si_6 O_{27} X$
无碱电气石	空穴	$Fe_2^{2+}(Al, Fe^{3+})$	Al_6	$[BO_3]_3 Y$

备注:$X = (O, OH)_3 (OH, F)$, $Y = [Si_6 O_{18}] (OH)_4$

2. 电气石岩岩石特征

条纹状电气石岩在外貌上与磁铁石英岩相类似,为黑—黑灰色,层纹或条纹构造明显,深、浅色条纹(1~3mm)相间排列,交替出现,呈现出韵律性变化(图6-43A)。

深色条纹（或条带）由电气石 40%～60%（体积）和石英 15%～36%（体积）以及少量绿泥石、云母等组成（王劲松等，2010a）。浅色条纹（或条带）主要含石英 60%～85%（体积）和少许绢云母、斜长石、电气石等矿物，深、浅条纹（或条带）之间并无截然不同的界限，只是电气石含量不同。镜下观察、XRD 及电子探针分析结果表明：电气石岩主要由电气石、石英、绿泥石组成（图 6-42B、图 6-42D），还含有少量云母、稀土矿物、锆石等（图 6-43A、B、C），其中电气石多呈半自形柱状或粒状、多色性与吸收性明显，N_o：棕黄色—中等程度蓝棕黄色，N_e：淡黄色—无色，$N_o = 1.661 - 1.673$，$N_e = 1.625 - 1.642$，$N_o - N_e = 0.006 \sim 0.031$。弧线三角形或等轴形切面常可见及，粒径变化 0.4～6.8mm，局限可达 3mm，电气石的筛状和穿孔结构亦较发育；石英一般呈他形粒状结构，粒径小于与其共生的电气石并且常与电气石构成柱粒状变晶结构（图 6-42B、C、D）。

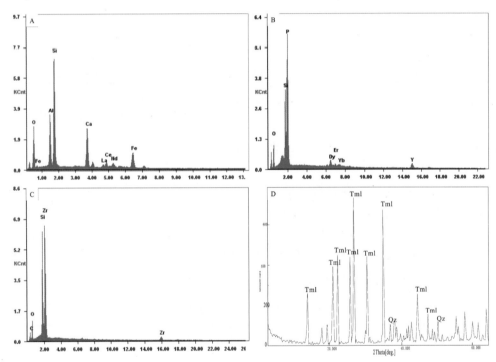

A. 富轻稀土矿物；B. 富重稀土矿物（磷钇矿）；C. 锆石；D. XRD 谱图（Tml. 电气石；Qz. 石英）

图 6-43　电子探针能谱图及 XRD 衍射谱图

二、化学成分

根据电子探针数据（表 6-16），该电气石岩 $Fe^{\#}[FeO/(FeO + MgO)]$ 为 0.64～0.67，平均 0.65，$Mg^{\#}[MgO/(FeO + MgO)]$ 为 0.33～0.36，平均 0.34，该特征表明电气石岩属于黑电气石-镁电气石固溶体系列（Hery et al.，1985；廖忠礼等，2007），与藏南过铝花岗岩中电气石特征相似（廖忠礼等，2007）。

表 6-16　电气石单矿物电子探针成分(%)

组分	电气石单矿物	
	DPYK-1-1	DPYK-1-2
SiO_2	33.145	35.371
TiO_2	0.161	0.645
Al_2O_3	30.915	31.93
TfeO	9.15	9.528
MnO	0.021	0.07
MgO	4.56	5.395
CaO	0.442	1.04
Na_2O	1.513	1.901
Cr_2O_3	0.04	0.023
B_2O_3	12.259	8.912
F	1.645	nd
Total	93.851	94.815

备注：测试由中科院地化所矿床国家重点实验室电子探针分析，nd：未测出

三、成矿元素组成

对电气石岩的成矿元素分析结果表明(表 6-17)，该区多金属 Co、Zn、As、Sn、W、Pb、Bi、Ag 等在电气石岩中均呈现不同程度的富集，富集系数在一个数量级至三个数量级不等，W、Sn、Bi 的富集程度最高，该区是 W、Sn 矿的远景成矿区，在摩天岭花岗岩体周围相邻的广西境内产出多个大中型 W、Sn 矿，在贵州境内尚未发现成规模的矿体，电气石岩的发现对下一步找矿具有重要的指示意义。

表 6-17　电气石岩成矿元素特征

元素	DPYK-1-1	DPYK-1-2	地壳丰度*	富集系数	
Li	8.81	0.451	21	0.42	0.021
Be	4.687	3.36	1.3	3.606	2.585
Co	91.3	94.1	25	3.652	3.764
Ni	37	31	89	0.416	0.348
Cu	23.1	22.6	63	0.367	0.359
Zn	304	297	94	3.234	3.16
As	32.19	28.105	2.2	14.632	12.775
Ag	0.206	0.184	0.08	2.575	2.3
Cd	0.677	0.33	0.2	3.385	1.65
Sn	19.4	9.17	1.7	11.412	5.394

（续表）

元素	DPYK-1-1	DPYK-1-2	地壳丰度 *	富集系数	
W	1340	906	1.1	1218.182	823.636
Pb	29.708	29.147	12	2.476	2.429
Bi	0.218	0.191	0.004	54.5	47.75

备注：分析由中科院地化所矿床地球化学国家重点实验室胡静完成，＊地壳丰度采用黎彤（1976）。

四、稀土及微量元素特征

电气石岩的球粒陨石标准化结果显示出轻稀土富集，中稀土亏损，重稀土平坦型，稀土总量低与北美页岩球粒陨石标准化配分模式及稀土总量相似（图6-44 左），其轻重稀土分异较小，Eu、Ce 异常不明显（表6-18）；北美页岩标准化稀土配分模式显示出重稀土富集及明显 Eu 正异常，弱的 Ce 负异常，与辽西凤城地区热水沉积型电气石岩具相似特征（夏学惠，1995a），不同的是本区电气石岩明显亏 Nd 元素（图6-44 右，表6-4）。

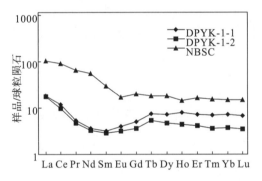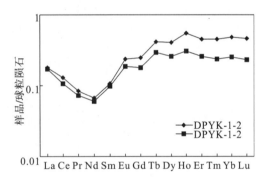

图6-44　电气石岩标准化稀土配分模式图

表6-18　微量、稀土元素含量及参数特征

No.	DPYK-1-1	DPYK-1-2	No.	DPYK-1-1	DPYK-1-2
Rb	1.14	1.05	Tb	0.35	0.25
Ba	1.79	2.08	Dy	2.35	1.51
Th	11.9	10.3	Ho	0.56	0.32
U	1.41	1.44	Er	1.52	0.87
Ta	0.87	0.26	Tm	0.22	0.12
Nb	7.88	5.67	Yb	1.50	0.77
Sr	159	145	Lu	0.22	0.11
Hf	5.39	4.29	ΣREE	26.82	21.43
Zr	176	134	$(La/Sm)_N$	5.84	6.17
Y	12.8	6.58	$(Gd/Yb)_N$	0.69	0.98

（续表）

No.	DPYK-1-1	DPYK-1-2	No.	DPYK-1-1	DPYK-1-2
La	5.68	5.46	$(La/Yb)_N$	2.55	4.76
Ce	9.37	7.74	$(La/Pr)_N$	3.38	3.74
Pr	0.66	0.58	δEu_N	1.00	0.99
Nd	2.20	1.97	δCe_N	0.98	0.86
Sm	0.61	0.56	LREE/HREE	2.35	3.38
Eu	0.29	0.23	δEu_S	1.44	1.42
Gd	1.28	0.94	δCe_S	0.98	0.87

注：. 球粒陨石采用 Boynton(1984)，北美页岩采用 Gromet 等(1984)。

MORB 及 NASC 标准化微量元素蛛网图均显示出亏 Ba、Sm、Nd，富 Th、Sr、Hf、Zr 特征，该特征与世界其他地区典型电气石岩基本一致(Griffin et al.，1996)(表 6-18、图 6-45)。

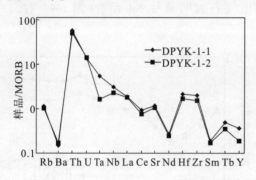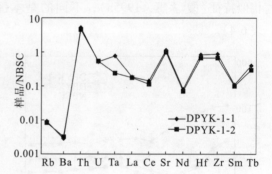

图 6-45　电气石岩微量元素蛛网图

五、电气石岩的成因

从前述地质特征、矿物学及岩石地球化学揭示的成因信息，可总结出黔东南大坪电气石岩有如下特征：①电气石岩在地质产状上呈岩层状产出，具纹层状构造；在空间上，位于岩浆岩十分复杂的地区，分布在摩天岭花岗岩体外围，在构造上处于江南造山带西南段(曾昭光等，2003)；时间上，地幔柱活动导致 Rodinia 超大陆裂解(~825Ma，黄隆辉等，2007；王劲松等，2012)，摩天岭花岗岩、宰便和那哥—加榜辉绿岩及那哥似斑状花岗岩均为地幔柱活动的产物(~825Ma，曾雯等，2005)，电气石岩的形成可能与此事件相关。②在岩石及岩相学特征表明，电气石岩蚀变较强，矿物组合简单，XRD 显示低含量组分多(图 6-43D)，目前缺乏变质前矿物组合特征资料。③电气石的主量元素中的 $Fe^\#$、$Mg^\#$ 暗示该电气石岩与岩浆岩可能存在成因上的联系，统计资料也显示出该可能性(谭运金，1987)。④全岩稀土及微量元素特征表明，其与北美页岩具相似特征，稀土总量低，轻稀土富集。

综上所述，该电气石岩可能为岩浆侵入体的岩浆期后热液成因，为岩浆喷气热液型(王劲松等, 2010a)。

六、电气石岩的找矿意义

近年来, 在层控矿床(如贱金属、钨、锡、钴、镍和金等)中及其附近发现许多层状电气石岩(沈建忠和韩发, 1992)。目前已积累了不少有关电气石岩地质地球化学的资料, 这些研究表明电气石岩已成为海底喷气矿床找矿勘探的重要标志之一(沈建忠和韩发, 1992; 聂凤军, 1993; 夏学惠, 1995a, 1995b; Griffin et al., 1996; 夏学惠, 1997; 叶松等, 1997; 王进军和赵枫, 2002)。黔东南大坪电气石岩的岩石学和岩石地球化学研究表明, 该电气石岩可能与岩浆岩存在成因上的联系, $Fe^{\#}$、$Mg^{\#}$暗示与过铝质花岗岩有一定关系, Pirajno 和 Smithies(1992)研究认为 $FeO/(FeO+MgO)$ 的比值($Fe^{\#}$值)可以指示与花岗岩有关的电气石及钨锡矿距花岗岩的远近, 大坪电气石岩的 $Fe^{\#}$、$Fe^{\#}/MgO$ 暗示该电气石岩属于中源。成矿元素显示出多种金属富集, 特别是 W、Sn、Bi 的富集均对进 步找矿勘查具有重要的指示意义。

此外, 某些电气石岩本身就含有可观的 Au(如 Golden Dyke Domo)、W(如格陵兰 Molane 钨矿区)和 Sn(如宝坛矿区)。电气石岩在长期的变形和变质作用期间相对稳定, 故在变质火山—沉积地区, 尤其是变质沉积地区, 电气石岩可作为局部地区的找矿勘探依据, 沿电气石岩追索就有可能找到古喷气口, 进而有望找到喷气矿床(Bone, 1988)。在离黔东南大坪电气石岩发现地不到 5km 的距离内, 发现多处 Cu、Pb、Zn 多金属和 Au 等矿化点, 但规模较小, 电气石岩的发现有望实现找矿勘查的突破。

第六节 小 结

宰便辉绿岩 SIMS 锆石 U-Pb 年龄为 848 ± 15Ma, 那哥—加榜辉绿岩 SIMS 锆石 U-Pb 年龄为 832.9 ± 6.8Ma, 与区域新元古代基性岩浆岩侵位年龄相近(葛文春等, 2001), 很可能为导致 Rodinia 超大陆裂解的华南地幔柱活动的产物(Li, 1999)。扬子周缘新元古代中-酸性岩浆岩占到新元古代岩浆分布的 80%, 它们的形成年龄集中在 836 ~ 823Ma(李献华等, 1999; 曾雯等, 2005; 陈文西等, 2007; 黄隆辉等, 2007; 樊俊雷等, 2010), 但它们的形成环境颇具争议, 主要是由于对岩浆岩构造成因解释不同造成的。那哥隐伏似斑状花岗岩的形成年龄为 852.7 ± 2.3Ma, 略早于附近其他出露地表的长英质和镁铁质岩体, 其形成环境的微量元素判别显示, 与火山弧或碰撞作用有关, 但考虑到可能受到壳源物质的影响, 导致微量元素判别的多解性, 认为地幔柱活动也可能是大规模长英质岩浆发育的重要机制。在从江宰便地区新元古代岩浆广泛发育区内, 发现存在电气石岩, 其形成可能与花岗质岩浆期后喷气作用有关, 是重要的喷气矿床的找矿标志(王劲松等, 2010a)。

第七章　矿床成因及成矿预测

前人对黔东南从江宰便铜铅锌多金属成矿内地虎—九星铜金多金属矿床和那哥铜铅多金属矿床的成因有不同认识，如：①韧性剪切带型（杜定全等，2010）；②蚀变岩型（王睿，2009a）；③岩浆热液石英脉型（郑杰等，2010）；④低温热液型（王加昇，2012）；⑤岩浆热液充填＋变质热液改造型（杨德智等，2010a）。这些成因观点的提出，有着不同的地质或地球化学依据，本书在系统详实的成岩成矿地质-地球化学和年代学研究基础上，重新认识该区多金属成矿作用和过程，总结区域成矿规律，建立切合实际的矿床模型。在此基础上，优选有利成矿远景区，开展遥感地质、地球化学和地球物理测量，建立找矿模型，圈定找矿靶区，并对部分靶区实施工程验证。

第一节　矿床成因信息

一、成矿条件

1. 地层条件

本书所选择的三个典型矿床（点）均赋存于新元古代下江群甲路组浅变质火山沉积建造中，岩性为钙质千枚岩、绢云绿泥石千枚岩、粉砂质板岩、石英绢云母片岩、含钙质变质粉砂岩夹基性火山岩（详见本书第二章和第三章）。该套地层的岩石组合具有较高的 Au-Cu-Pb-Zb 等成矿元素背景值（王睿，2009；张晓东，2009；陈芳等，2011；王珏和周家喜，2013），具备为铜铅锌多金属成矿提供大量成矿物质的潜力，特别是后期区域变质过程中（杨德智等，2010a），一些成矿元素在构造-热事件的作用下被活化，并随着地质流体迁移。从江宰便铜铅锌多金属成矿区内的地层条件决定本区多金属矿床的后成性。

2. 构造条件

黔东南地区构造体系属于天锦黎断褶带，构造线以 NEE 向为主，其中断层具有逆冲兼走滑特征。从江宰便地区构造形迹复杂，主构造以北东向褶皱构造和南北及北西向断裂构造为代表，并发育韧性剪切带和层间滑动带（杜定全等，2010；刘志臣等，2012）。从地虎—九星和那哥多金属矿床中矿体产状和形态上看，它们明显受构造控制，表现为褶皱构造控制矿床分布，断裂构造（包括韧性剪切带和层间滑动带）控制矿体产出。该区构造基本切穿中-新元古地层，其形成晚于新元古代，它们中的主体主要走向为北东或北西向，定型可能晚于加里东期。可见，宰便铜铅锌多金属成矿区的构造条件显示区内的多金属矿床(点)应该为受构造控制的热液型。

3. 岩浆条件

宰便铜铅锌多金属成矿区内,岩浆十分发育,出露有基性岩(辉绿岩和基性火山岩)、中-酸性岩(花岗闪长岩、花岗岩和花岗岩斑岩),它们的形成年龄(表 7-1)介于 852 ~ 788Ma(曾昭光等,2003;曾雯等,2005;黄隆辉等,2007;樊俊雷等,2010;王劲松等,2012;本书第六章),为新元古代中期。这些岩浆中某些成矿元素,如 W、Sn、Cu 等也具有较高的背景值,而除了区域上发现有与基性-超基性有关的铜镍硫化物外(规模较小),目前还没有直接的成矿年代学证据表明这些岩浆活动与本区多金属矿床的形成,有着直接的成因联系,但一些研究表明,不排除后期的构造-热事件活化或萃取这些岩浆岩中的部分成矿物质。成矿流体(本书第三章)和 S-Cu 同位素研究表明(本书第五章),成矿流体中的部分成矿金属或矿化剂来自基性岩浆。综上,该区形成于新元古代的各类岩浆岩可能与区内的多金属成矿间没有直接的成因联系,但可能为成矿提供部分成矿物质。

表 7-1　研究区及邻区岩浆岩测年数据表

地质体	岩性	与围岩接触关系	定年方法	年龄/Ma	资料来源
四堡群	斑脱岩	被甲路组沉积超覆	SHRIMP 锆石 U-Pb	841.7 ± 5.9	Li et al., 2002
宝坛基性-超基性岩体	镁铁-超镁铁质岩	侵入于四堡群	SHRIMP 锆石 U-Pb	828 ± 7	Li et al., 1999
寨滚岩体	花岗闪长岩	侵入于四堡群中的镁铁-超镁铁质岩	LA-ICP-MS 锆石 U-Pb	834.6 ± 8.4; 835.8 ± 2.8	李献华, 1999
本洞岩体	花岗闪长岩	侵入于四堡群,被下江群甲路组沉积超覆	LA-ICP-MS 锆石 U-Pb	822.7 ± 3.8	李献华, 1999
			SHRIMP 锆石 U-Pb	820 ± 7;	王孝磊等, 2006
			单颗粒锆石 U-Pb	825 ± 6	王孝磊等, 2006
三防岩体	花岗岩	侵入于四堡群	LA-ICP-MS 锆石 U-Pb	804.3 ± 5.2	李献华, 1999
摩天岭花岗岩	花岗岩	侵入于四堡群	SHRIMP 锆石 U-Pb	826.80 ± 5.9	Li et al., 1999
			单颗粒锆石 U-Pb	825.0 ± 2.4	曾雯等, 2005
峒马岩体	中细粒花岗闪长岩	侵入于四堡群中的镁铁—超镁铁质岩	LA-ICP-MS 锆石 U-Pb	824 ± 13	李献华, 1999
田朋岩体	粗粒花岗岩	侵入于寨滚岩体中	LA-ICP-MS 锆石 U-Pb	794.2 ± 8.1	李献华, 1999
元宝山岩体	花岗岩	侵位于四堡群,被丹洲群沉积超覆	单颗粒锆石 U-Pb	824 ± 4	王孝磊等, 2006
梵净山芙蓉坝花岗岩	白岗岩	侵入于梵净山群,被甲路组沉积超覆	SHRIMP 锆石 U-Pb	834.5 ± 5.2	樊俊雷, 2010
甲路组基性火山岩	基性火山岩	与围岩甲路组地层产状一致	单颗粒锆石 U-Pb	815.8 ± 4.9	曾昭光等, 2003
隐伏斑岩	花岗斑岩	侵位于甲路组	SIMS 锆石 U-Pb	852.7 ± 2.3	本书
宰便辉绿岩	辉绿岩	侵位于甲路组	锆石 U-Pb	848 ± 15	王劲松等, 2012

二、成矿流体性质与来源

成矿流体地球化学研究表明，地虎—九星铜金多金属矿床成矿流体为 Na^+-K^+-Ca^{2+}-Mg^{2+}-Cl^- 型，含大量 CO_2 和少量 H_2，成矿具有中-低温度（小于 300℃）和中-低盐度（小于 20wt.% NaCl）特点，成矿流体中的 H_2O 主要为变质水，并受到大气降水的影响；那哥铜铅多金属矿床成矿流体具有低温（60~220℃）和中-低盐度（4wt.% ~22wt.% NaCl）特征，成矿流体中的 H_2O 也主要为变质水，并受到大气降水的影响。成矿流体性质和来源暗示，宰便铜铅锌多金属成矿与区域变质作用有关，成矿流体主要由变质热液提供，并活化或萃取区域地层或岩浆岩中的部分成矿物质。

三、成矿物质来源

地虎—九星铜金多金属矿床微量和稀土元素地球化学研究表明，成矿流体中金属来源复杂，其中成矿元素来源主要为赋矿地层岩石，部分来自区域出露的岩浆岩，而稀土元素主要继承围岩，硫化物硫同位素地球化学研究表明，成矿流体的还原硫以海水硫为主，并有部分深源硫的加入，而岩石、矿石和硫化物铅同位素组成和对比显示，矿石和硫化物铅同位素具有造山带铅特征，表明成矿流体中的铅金属以地层岩石提供为主，不排除部分来自下地壳重熔形成的中-酸性岩浆岩，黄铜矿铜同位素地球化学研究表明，成矿流体中的铜金属来源可能与基性岩浆岩有关；那哥铜铅多金属矿床微量和稀土元素地球化学特征显示，成矿流体中的稀土具有混合特征，成矿金属由赋矿围岩和基性岩共同提供，成矿流体中的硫以深源岩浆硫为主，围岩、基性岩、矿石和硫化物铅同位素组成和对比分析显示，成矿流体中的铅金属具有混合特征，黄铜矿铜同位素组成与基性岩浆岩及岩浆矿床中黄铜矿的铜同位素组成相似，表明成矿流体中的铜来源可能与基性岩浆岩有关；友能铅锌多金属矿床围岩和矿石铅同位素组成相似，暗示该矿床成矿流体中的铅金属可能来自赋矿围岩。由成矿物质来源可知，宰便铜铅锌多金属成矿区内的多金属矿床成矿物质来源主要由赋矿地层岩石提供，部分金属成矿（如铜），可能为成矿流体萃取基性岩浆岩形成。

第二节　矿床成因模型

通过大量的野外地质观察，结合室内薄片鉴定、矿床地球化学和岩石地球化学及年代学研究，根据成矿条件、成矿流体性质与来源及成矿物质来源特征，本书认为宰便铜铅锌多金属成矿区内的多金属矿床成因类型可能属于中-低温变质热液型。雪峰期以来的区域构造-热事件，诱发区域发生大规模变质，产生大量的变质流体，这些流体不断活化地层岩石和各类岩浆岩中的成矿元素，在构造驱动下运移，随着大气降水的逐渐混入，在某些物理化学条件改变或地球化学障的作用下，在有利部位充填成矿，不同的矿化元素组合，除存在矿化分带外，主要受赋矿围岩中成矿金属的背景值控制。根据上述成矿过程，构建的矿床成因模型如图7-1所示。

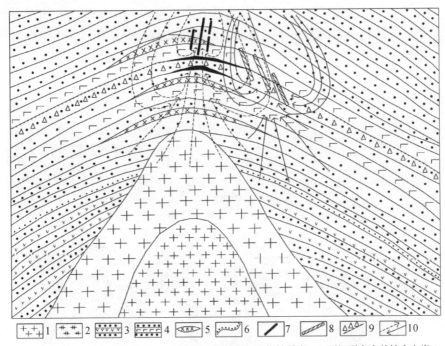

1.花岗斑岩；2.中细粒花岗岩；3.四堡群夹镁铁质－超镁铁质岩；4.下江群夹中基性火山岩；
5.辉绿岩；6.不整合面；7.铜铅多金属矿体；8.金矿体；9.区域滑脱带；10.成矿流体系统

图7-1 铜铅锌多金属成矿模型略图（据张均等，2012）

第三节 找矿模型和找矿方向

本节基于遥感地质、地球化学和地球物理测量，构建找矿模型，在提取关键找矿标志的基础上，指出找矿方向，进而优选有利成矿靶区，实施工程验证。

一、遥感地质及解译

遥感找矿的地质标志主要反映在空间信息上。从与区域成矿相关的线状影像中提取信息（主要包括断裂、节理、推覆体等类型），从中酸性岩体、火山盆地、火山机构及深部岩浆、热液活动相关的环状影像提取信息（包括与火山有关的盆地、构造），从矿源层、赋矿岩层相关的带状影像提取信息（主要表现为岩层信息），从与控矿断裂交切形成的块状影像及与成矿有关的色异常中提取信息（如与蚀变、接触带有关的色环、色带、色块等）。当断裂是主要控矿构造时，对断裂构造遥感信息进行重点提取会取得一定的成效。

1. 研究区构造与区域构造的不协调

宰便铜铅锌多金属矿区位于黔东南与桂东北交界处，该区域位于江南造山带西南段的北亚带、中亚带和扬子陆块的东南缘。武陵构造旋回期形成阿尔卑斯式紧闭褶皱变形，构造线方向主要为 NE 向。加里东构造旋回期持续时间长，形成阿尔卑斯式开阔褶皱变形，褶皱主体是该区新元古代，构造线方向主要为 NNE-SSW 向。此外还形成了韧性剪切带、变质核杂岩构造和伸展断层系。值得注意的是，在以往 1：20 万区域地质调查、贵州省区域地质志（图 7-2）等资料中均标明断裂的构造方向、褶皱轴迹为北西西向。

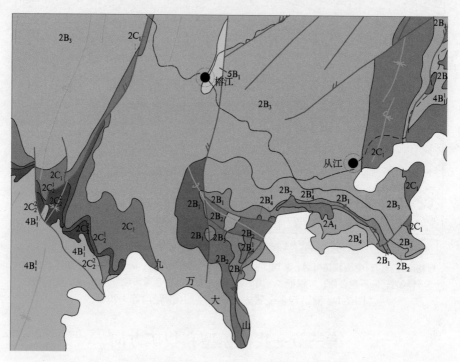

图 7-2　研究区北西向构造与区域构造不协调

基于此，我们认为从江县宰便铜铅锌多金属矿区处于一个构造不协调的地段，依据都柳江的支流—生苗河绕下江群作半圆形分布的水系特征，初步推测可能是由于深部隐伏岩体引起或者是受古地形控制又或者是盖层在后期滑脱过程中不均一滑动导致（李方林等，2011）。从现代成矿理论看该区具有较好的成矿背景。根据钻孔揭露该区确实存在隐伏岩体，其形成于新元古代，是否还发育其他时期岩浆岩，需要进一步研究。

2. 数据及解译

由于该区地表植被覆盖严重，地形切割强烈，为了较好地识别矿区及周边的断裂构造，分别采用了美国陆地卫星数据和 CBERS-02B 卫星的 HR 数据与 CCD 数据融合处理数据进行构造信息的解译。

（1）基于美国陆地卫星数据的区域构造与岩石地层分布

LANDSAT 是美国陆地探测卫星系统。从 1972 年开始发射第一颗卫星 LANDSAT1，到目前最新的 LANDSAT7。LANDSAT7 卫星于 1999 年发射，装备有 Enhanced Thematic

Mapper Plus(ETM+)设备，ETM+被动感应地表反射的太阳辐射和散发的热辐射，有8个波段的感应器，覆盖了从红外到可见光的不同波段。ETM⁺比起在LANDSAT4、5上面装备的Thematic Mapper(TM)设备在红外波段的分辨率更高，因此有更高的准确性。表7-2为LANDSAT7各波段的基本特征。741波段组合图像具有兼容中红外、近红外及可见光波段信息的优势，图面色彩丰富，层次感好，具有极为丰富的地质信息和地表环境信息；而且清晰度高，干扰信息少，地质可解译程度高，各种构造形迹(褶皱及断裂)显示清楚，不同类型的岩石区边界清晰，岩石地层单元的边界、特殊岩性的展布以及火山机构也显示清楚。

为了更好地增强线性构造信息的显示，对ETM⁺数据除进行简单的全色与多光谱融合之外，还进行了主成分分析，有效地增强了区域线性构造。

表7-2　LANDSAT7各波段的基本特征

序号	波长/μm	名称	分辨率	主要应用领域
1	0.45~0.52	蓝绿色	30m	对水体有一定的透视能力，能够反射浅水水下特征，区分土壤和植被、编制森林类型图、区分人造地物类型，分析土地利用
2	0.52~0.60	绿色	30m	探测健康植被绿色反射率、区分植被类型和评估作物长势，区分人造地物类型，对水体有一定透射能力，主要观测植被在绿波段中的反射峰值，这一波段位于叶绿素的两个吸收带之间，利用这一波段增强鉴别植被的能力
3	0.63~0.69	红色	30m	测量植物绿色素吸收率，并以此进行植物分类，可区分人造地物类型；位于叶绿素的吸收区，能增强植被覆盖与无植被覆盖之间的反差，亦能增强同类植被的反差
4	0.76~0.90	近红外	30m	测量生物量和作物长势，区分植被类型，绘制水体边界、探测水中生物的含量和土壤湿度；要用来增强土壤-农作物与陆地-水域之间的反差
5	1.55~1.75	短波红外	30m	探测植物含水量和土壤湿度，区别雪和云；适合庄稼缺水现象的探测和作物长势分析
6	10.4~12.5	热红外	60m	用于热强度、测定分析，探测地表物质自身热辐射，用于热分布制图，岩石识别和地质探矿
7	2.08~2.35	短波红外	30m	探测高温辐射源，如监测森林火灾、火山活动等，区分人造地物类型，岩性判别
8	0.52~0.90	全色	15m	

1)区域性的寨嵩(宰便)断层

寨嵩(宰便)断层纵贯研究区，其形成时间早，根据区域构造线的分布特征，应该属于加里东构造旋回期的产物。其影像特征有：在宰便镇、加榜乡分别控制了南北向的河道，在加榜乡一带线性特征清楚，断裂带不宽，其两侧的微地貌，水系密度等均有一定差异。从加榜乡往南线性行迹不明显，变得相对隐晦，愈往南断裂带逐渐变宽，断裂带西边界清楚，东边界不清楚，带宽可达1km左右(图7-3和图7-4)。

图 7-3　寨嵩(宰便)断层近南北向延伸的影像特征

图 7-4　寨嵩(宰便)断层南端影像特征

2）区域岩石地层影像特征

从目前该地区已经发现的矿（化）点分布看多与断裂构造、甲路组相关。图7-5为甲路组与乌叶组的分界处的影像，甲路组沟谷切割密度大于乌叶组，切割深度大，土地利用程度高，有较多的耕地分布，乌叶组地形相对完整，植被覆盖度大，两者间有明显的地貌差异。从放大的影像上看两者间有一定的滑动。

图7-5　甲路组与乌叶组影像地层界线

乌叶组第一段为浅灰、灰绿及灰色粉砂质板岩、千枚状板岩、千枚岩夹变余粉砂岩-细砂岩，顶部常以变余粉-细砂岩为主夹变余凝灰岩；第二段为深灰至灰黑色绢云母板岩、千枚状板岩、千枚岩夹深灰色变余粉砂—细砂岩及少许变余凝灰岩，雷公山小区千枚岩较多，并有少量大理岩小透镜体。图7-6显示的是新寨、宰鱼、宰送（地名据Google Earth）一带乌叶组二段与一段的影像特征及接触关系。从图7-6中可以看到乌叶组二段呈现为相对较低的洼地，四周均为断层接触。乌叶组二段地表耕作程度高，尤其是北西西向的节理（线性）构造发育。这一影像地层单元的分布范围与原1∶20万地质图上标明的乌叶组二段范围一致，但与1∶20万地质图上的位置有偏差。宰近乡据原地质图上的宰近公社而来。

图7-6　宰近乡乌叶组二段与一段的关系

　　番召组可分为两段，第一段为浅灰-深灰色变余砂岩、变余粉砂岩夹板岩，上部见有大理岩小透镜体，砂岩及粉砂岩中常含粘土质砾石及砾岩透镜体；第二段为浅灰-深灰色板岩、千枚岩夹少量变余砂岩、变余凝灰岩，含黄铁矿，偶见大理岩小透镜体。在遥感影响上番召组一般植被覆盖较好，但因其中有大理岩的透镜体，因此在图像上能见到弱的喀斯特地貌，是该组地层识别的影像标志。图7-7中番召组与乌叶组岩石地层影像差异大，东南部为番召组分布区域，西北部为乌叶组地层分布区。

图7-7　番召组与乌叶组岩石地层影像差异性

（2）基于 CBERS-02B 的遥感构造解译

CBERS-02B 卫星于 2007 年 9 月 19 日发射升空，卫星上搭载了 19.5m 的中分辨率多光谱 CCD 相机，还首次搭载了一台自主研制的高分辨率 HR 相机，其分辨率达 2.36m，是当时国内最高分辨率的民用卫星。其基本参数如下：宽幅 CCD 相机 113 × 113（或 HR 相机 27 × 27）km²，重复周期 26 天。其搭载的 CCD 相机各波段主要参数见表 7-3。本次调查所用 CBERS-02B 数据成像时间为 2007 年 11 月 24 日。

表 7-3　CBERS-02B CCD 相机各波段参数基本特征

波段	波长/μm	空间分辨率
B1	0.45 ~ 0.52	19.5m
B2	0.52 ~ 0.59	19.5m
B3	0.63 ~ 0.69	19.5m
B4	0.77 ~ 0.89	19.5m
B5	0.51 ~ 0.73	19.5m

HR 相机全色波段 HR 数据波段为 0.5 ~ 0.8μm，空间分辨率为 2.36m。为了充分利用 HR 影像和 CCD 影像的空间特征和光谱特征，需要对其进行融合处理。处理后的遥感影像具有高空间分辨率和多光谱特征，从而达到图像增强的目的，提高解译效率。经过对比分析，采用乘积融合方法进行融合处理。通过融合，不仅提高了影像的空间分辨率，同时融合后影像的扫描痕迹噪声也得到改善。区域北北东（近南北）向区域性断裂通过 ETM + 数据已经实现了初步分析。

1）北北东（近南北）向断层—寨嵩（宰便）断层

通过 ETM + 影像已经揭示了寨嵩（宰便）断层空间展布的基本规律，在宰便—加榜乡线性特征不明显，这一段主断裂带不清楚，图 7-8 中标区域性寨嵩（宰便）断层位置影像上依然可以识别，但与其伴生的北北东向的剪节理构造在 CBERS-02B 图像上则更加清晰。

图 7-8　区域性寨嵩（宰便）断层影像

2）北东东—南西西向线性构造

图 7-9 展示的是这一组方向的构造，这一组构造从图像上表现出了明显的剪切构造性质，断层面倾向南东东。控制着线性沟谷、断层三角面也很清楚。与目前正在寻找的含矿的向北倾斜的断层还有一定的差别（图 7-10）。从图 7-10 中也可以发现与含矿断层近平行的构造。更为特别的是它与北北东构造复合后使其复杂化，具有较好的找矿前景。

图 7-9　北东东—南西西向线性构造影像

图 7-10　目前勘探的含矿的近东西向构造

3）北西—南东向线性构造

图 7-11 所示的北西—南东向线性构造为密集的剪切带，间隔在 140m 左右，与北北西向密集的剪切带构成共轭状，北西—南东向延伸相对稳定。在图中的西北部位也有演化为规模较大的断层者。

图 7-11　北西—南东向线性构造影像

4）北东—南西向线性构造

图 7-12 所示的北东—南西构造对含矿的近东西向破碎带有破坏改造作用，与该方向的线性构造还可以参见图 7-2。其影像特征明显，容易识别。可能为南北向寨嵩断裂带的伴生构造。

图 7-12　北东—南西向线性构造

5）环形构造

环形构造又称圆形构造，是地球和其他星球表面普遍存在的一种构造形式。在地壳中它以近圆形的构造环带为特征，通常在卫星像片上有明显表现。环形构造的成因具有多样性，它可能是地壳深部强烈的热动力冲压、旋扭作用的产物（具有明显的圆形、环形、弧形边界）；也可能是地质历史早期陨石撞击的遗迹；有的可能是侵入岩体的露头或隐伏边界；有的又可以是大型盆地的边界。而在平原地区出现的圆形构造也可以起因于地下水位的急剧变化。图 7-13 的环形特征比较明显，直径约 3km，环的中心偏南的部位发育有岩溶地貌，需要加强野外验证工作。

图 7-13　环形地貌

3. 初步认识

根据遥感解译认为，宰便铜铅锌多金属矿区处于一个构造不协调的地段。从现代成矿理论看该区具有较好的成矿背景。影像地层能够识别地层（如乌叶组 1 段和 2 段的影像有明显区别），对地质填图有帮助。遥感解译出环形构造可能与隐伏岩体有关，在宰便矿权的北侧存在东西构造，在东部出现张性断裂构造，都是与矿化密切相关，值得进一步验证。

二、地球化学测量

从理论上分析，能够穿越中浅覆盖层传输矿化信息最理想的介质是气体，其次是液体。在此理论基础上发展起来的勘查地球化学深穿透技术，包括气体地球化学测量地气法和活动态元素提取技术等方法。汞气测量是找断裂构造、金矿及硫化物矿体的有效方法。结合研究区的地质特点及地貌特征，我们选择壤中汞气测量、土壤热释汞测量、土壤测量等方法进行试验研究。这部分资料为本书作者与中国地质大学（武汉）李方林教授等合作研究成果。

1. 工作方法

本次工作主要是开展壤中汞气测量、土壤吸附态汞测量和土壤地球化学测量。壤中汞气采样采用石英砂镀金膜捕汞管富集汞气，这种捕汞管是我队自行研制的，与传统的金丝捕汞管相比有两大优点。一是吸附表面积大、释放温度低，二是灵敏度高、稳定性好，能适应汞气异常衬度低地区开展汞气测量工作的需要。

（1）壤中汞气

每次采样前，所用捕汞管均在管式电炉上（500～600℃）进行灼烧，清除残留汞量，以保持捕汞管本底一致。野外采样时采用丰动吸附法，在采样点上1m左右，用钢钎打孔2个孔，孔深50cm，用硬质铝合金锥形采样器旋进，压实四周，以隔绝与大气贯通。用抽气筒人工抽气的优点在于凭手感可掌握负压大小，了解每个孔与大气沟通的程度，以确保所抽气体为壤中气，减少地面大气干扰。每孔抽气3.3L，

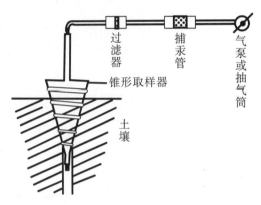

图7-14　壤中汞气取样装置示意图

两孔共6.6L。抽气管前安置过滤器，通过滤膜滤去粉尘，确保无土壤微粒进入富集管。抽取的壤中气经过滤膜后，进入捕汞管（镀膜捕汞管），将汞蒸气富集于捕汞管的金膜上（图7-14）。

（2）土壤热释汞

壤中汞气测量效果显著，方法成熟，在大比例尺地球化学测量中得到广泛应用。但该方法劳动强度大，工作效率低，且受气温及降雨等因素影响较大，影响了它在大面积测量中的推广应用。而土壤热释汞测量在一定程度上将弥补壤中汞气测量的上述缺陷。本次土壤热释汞测定的工作流程是，将装有0.1g、160目土壤样品的玻璃管置于特制的热电炉中加热8min（195℃），热释出的混合气体由高纯氮气导出，经镀金膜捕汞管富集汞气（图7-15），然后对富集了汞气的捕汞管在600℃高温下加热释放。

汞含量采用宁波瑞利公司生产的RG-1型单波长原子吸收测汞仪进行测定。测定条件：电压220V、炉温600℃，峰值测量，延时30s。

（3）土壤地球化学

土壤金属活动态，元素活动态测量，即活动态金属测量（MOMEO）（习称为金属活动态测量）是近年来新开发的化探观测指标。元素活动态指疏松覆盖之下的成矿元素及伴生元素通过各种途径迁移至地表，进而转化成各种活动超微细颗粒或可溶盐类（胶体、离子和各种化合物），被黏土矿物、铁锰氧化物、有机质所吸附或结合而存在于地

表疏松覆盖物中的物质。利用疏松覆盖物中活动态组份提供的信息，有可能寻找深部隐伏矿。土壤地球化学测量与汞气测量同时进行，取 B、C 层样品，去除碎石和根系等，样重500g，布袋或密实袋包装，室内凉干后过160目留50g备分析用。野外用 GPS 定点，直线导航，用直角坐标记录，使误差最小化。

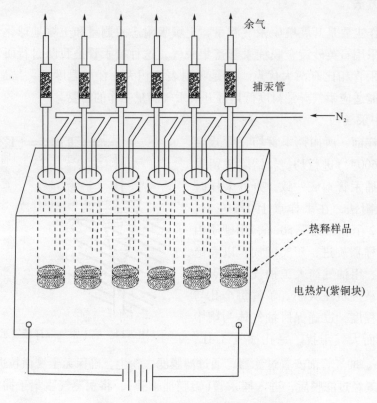

图 7-15　热释汞分离富集装置示意图

2. 地球化学数据处理

数据处理利用数理统计法，得出数据最小值（min）、最大值（max）、平均值（$\bar{X}$）、标准差（S_0）。对高值点（$\geqslant \bar{X}+3S_0$）进行多次剔除，求背景值（$\bar{X}$）和标准差（S_0），采用 $T=\bar{X}+2S_0$ 计算异常下限理论值，结合元素地球化学特征确定异常下限值，各元素背景值和异常下限值见表7-4。

根据元素分布特征对元素进行异常浓度分级，根据异常下限值以 T 圈定一级异常，$2T$ 圈定二级异常，$4T$ 圈定三级异常。主要地球化学参数有：①全区各元素含量平均值（$\bar{X}$）：$\bar{X}=\Sigma Xi/n$；（Xi 为区内某元素在 i 点的元素数据；n 为区内参与统计的某元素数据个数）；②全区标准离差（S_0）：$S_0=\sqrt{\Sigma(Xi-\bar{X})^2/(n-1)}$；③变化系数（$C_v$）：$C_v=S_0/\bar{X}$；④富集系数（$K_k$）：$K_k=\bar{X}/$元素背景值；⑤异常极大值（$C_{max}$）：异常范围内该元素最高含量；⑥平均异常强度（$A_i$）：$A_i=\Sigma Y_i/n$（$Y_i$ 为某异常元素 i 点的含量，n 为该异常元素在各点的数据个数）；⑦异常衬度（A_c）：$A_c=A_i/T$（T 为异常下限值）；⑧异常面积(A_a)：按异常控制的范围计算；⑨异常规模(N_{AP})：$N_{AP} = A_a \cdot A_c$（规格化面金属量）。

表7-4 各元素背景值和异常下限值及浓度分级值表

元素	样品数	平均值	中位数	最小值	最大值	标准差	偏度	峰度
VHg	1142	46.2	39.0	11.0	115.5	25.27	0.84	−0.23
RHg	1201	9.6	8.2	2.6	22.0	4.75	0.80	−0.28
Au	1101	1.03	0.99	0.37	1.89	0.33	0.47	−0.37
Ag	1089	0.065	0.063	0.026	0.123	0.02	0.65	−0.08
As	1138	13.76	12.11	1.70	36.68	8.20	0.77	−0.18
Sb	1100	1.52	1.32	0.35	3.70	0.77	0.79	−0.27
Cu	1138	20.5	18.2	2.7	46.9	10.1	0.72	−0.19
Pb	1044	28.3	26.1	16.3	48.8	7.5	0.79	−0.24
Zn	1206	59.06	57.17	6.75	143.8	29.9	0.44	−0.37

注：Au 含量单位为 ng/g，其他元素含量单位为 μg/g。

3. 汞气异常圈定及分布特征

（1）壤中汞气

经剔除离群样品后，对分布于 11 ~ 115.5ng/m³ 的数据进行统计表明研究区内壤中汞气的平均值为 46.2ng/m³，中位数为 39ng/m³，标准离差为 25.27ng/m³。对所测数据用 Statistica 6 软件的箱图功能，剔除离群样后再求其背景和异常下限值。宰便铜铅锌多金属成矿区内壤中汞气的背景值为 46.2ng/m³，异常下限值为 83.5ng/m³。

用 MAPGIS 成图（图 7-16）可见，壤中汞气异常主要分布具有两个特点，一是在研究区南端沿东西断裂带分布，其中 32 ~ 34 线是通过已知矿体的并向西延伸至 21 线，表明壤中汞气异常是能指示深部铅锌矿体的。二是沿南北向分布的异常，如沿 4 线和 31 线分布的异常，可能反映有南北向断裂的存在，结合下文讨论的其他指标推测 4 线分布的汞异常可能是一断裂显示。从已知矿体上方所显示的汞气异常面积和强度看，与其他地区相比，该区的汞异常强度不算强，可能与埋深大且矿体主由方铅矿组成，其中的闪锌矿较少有关。

（2）土壤热释汞

根据数据预处理剔除离群样品后，并用统计软件对分布于 2.6 ~ 22ng/g 的数据进行统计求得土壤热释汞（吸附态汞，下同）的背景值为 9.6ng/g，异常下限值为 16.7ng/g。用 MAPGIS 制作土壤热释汞的地球化学异常如图 7-17。

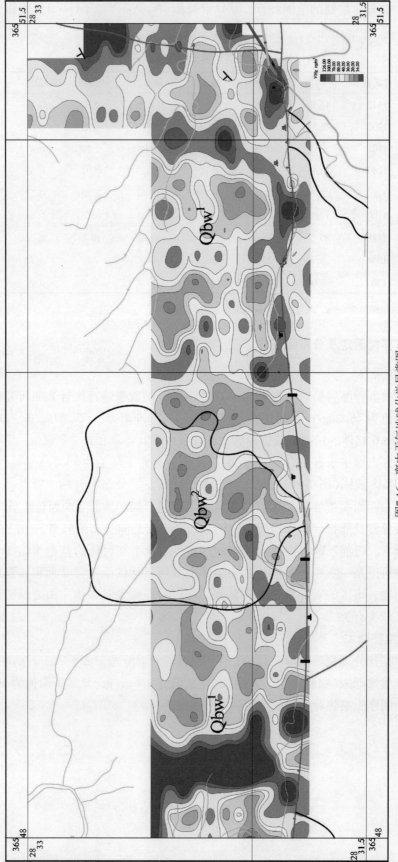

图7-16　襄中汞气地球化学异常图

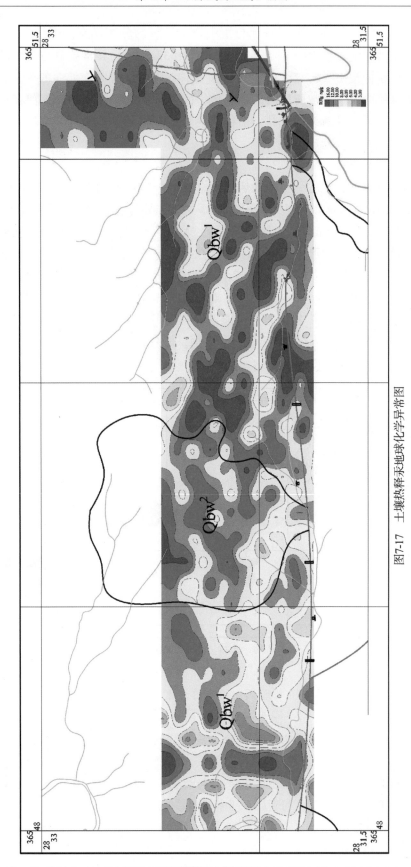

图7-17　土壤热释汞地球化学异常图

可见土壤热释汞的异常分布特征与壤中汞气异常的分布既有相似性又有差异性。在研究区的南端异常是指 19～33 线的异常，其中 32～33 的异常位置与已知矿体相吻合，异常向西延伸至 19 线，反映矿化断裂的延伸。在 4 线分布南北向的异常，其特征和指示意义与壤中汞气异常所反映的相一致。同时可见在研究区的中部似存在一个东西分布的异常，可能是断裂的反映，但仅有热释汞有显示其他指标无明显指示，所以还需要进一步工作才能确定。

（3）Au 元素异常

经剔出离群数据和正态分布检验后，得出 Au 在土壤中的背景值为 1. 675ng/g，标准离差为 0. 627ng/g，异常下限为 2. 616ng/g。在 Au 异常分布图中（图 7-18），可以圈出异常区共 8 个，其中 Au-2 位置与矿点吻合，Au-1，Au-3 两个异常区分别在矿点的两侧，三个区域相互位置和形态大致呈北西-南东向，与 F_2 断层的走向一致，形成和分布受 F_2 断层的控制。Au-4，Au-5，Au-6 三个异常区分布在顶优已知矿点附近，都呈近东西向分布，与附近 F_2 断层走向一致，受 F_2 断层以及与之伴生的断层的控制，且三者的连线垂直与附近的断层 F_2，推测附近可能发育有一垂直于 F_2 的断层。Au-7 和 Au-8 两个异常区面积较小，分布在断层 F_1、F_{10} 的西侧，沿 Qbw^{1a} 与 Qbj^{2c} 的分界线分布，可能受断层 F_1、F_{10} 以及地层不整合面的控制。

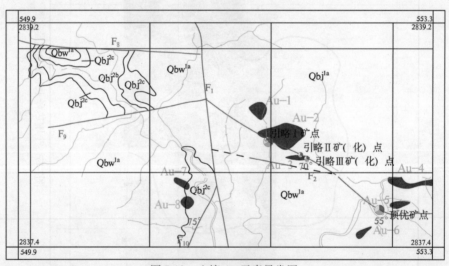

图 7-18　土壤 Au 元素异常图

（4）As 元素异常

经剔出离群数据，正态分布检验后，得出砷元素的在土壤中的背景值为 6. 027μg/g，标准离差为 2. 603μg/g，异常下限为 9. 931μg/g。在 As 元素异常分布图（图 7-19）中共圈出 5 个异常区，可见五个异常区主要分布在工区的东部，都在断层附近，其中最主要的异常区 As-4 的分布与引略、顶优的已知矿点相吻合，分布在断层 F_2 两侧，受断层 F_2 的控制，近北西—南东向（南北向）分布，与断层 F_2 走向一致，其中异常区 As-4 的上部异常范围呈近南北向展布，与断层 F_1（宰便断层）走向一致，该异常区可能受断层 F_1（宰便断层）、F_2 的共同控制，异常区下部靠近顶优矿点的展布方向与断层 F_2 近垂直，此处可能发育有垂直于断层 F_2 的裂隙或者断层。异常区 As-2，As-3 分布在断层 F_8 沿线，靠近断层 F_1，异常区范围呈近南北向，与断层 F_1（宰便断层）的走向一致，受断层 F_1（宰便断层）、F_8 的共同控制。异常区 As-1，As-5 分布在在断层 F_9 的南侧，范围较小，受断层 F_9、F_1（宰便断层）控制。

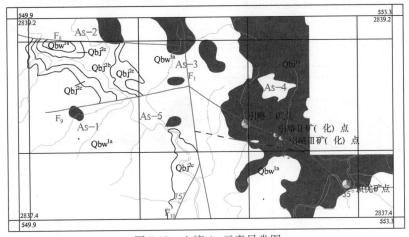

图 7-19　土壤 As 元素异常图

（5）Sb 元素异常

经剔出离群数据，正态分布检验后，得出锑元素的在土壤中的背景值为 $1.236\mu g/g$，标准离差为 $0.419\mu g/g$，异常下限为 $1.864\mu g/g$。在 Sb 元素异常分布图（图 7-20）中共圈出 4 个异常区，都分布在断层附近。异常区 Sb-3、Sb-4 的分布与已知的引略、顶优已知矿点吻合，且异常区 Sb-4 的分布方向垂直于断层 F_2，与已知矿点附近的 Au、As 元素异常分布范围吻合，受垂直于附近的断层 F_2 的控制。异常区 Sb-3 的旁侧有两个比较小的异常区，应该是受断层 F_2 的伴生的断层或较深的裂隙的影响。异常区 Sb-1 主要分布在断层 F_8、F_9，受到两个断层的共同控制，展布方向近垂直于两断层。异常区 Sb-2 分布在断层 F_1（宰便断层）和 F_8 的交汇处，受到两个断层的共同控制，且在断层 F_1 的右侧有狭长的异常带分布，表明断层 F_8 可能在断层 F_1 的右侧有延伸。

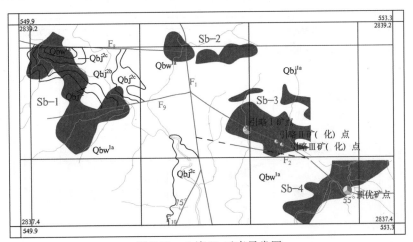

图 7-20　土壤 Sb 元素异常图

（6）Hg 元素异常

经剔出离群数据，正态分布检验后，得出汞元素的在土壤中的背景值为 $0.102\mu g/g$，标准离差为 $0.037\mu g/g$，异常下限为 $0.158\mu g/g$。在 Hg 的异常分布图（图 7-21）中共圈出 5 个异常区。异常区 Hg-2、Hg-4、Hg-5 分布在已知的矿点附近，且都位于断层 F_2 的北侧，其中异常区 Hg-2 不位于断层 F_1、F_8 交汇点东侧，北西—南东向展布，可能受到断层 F_2 以及与之伴生的断层的影响，另外断层 F_8 在断层 F_1 的东侧可能有延伸。异常区 Hg-4 位于已知矿点的北部，暗示矿体可能在矿点北部有延伸。

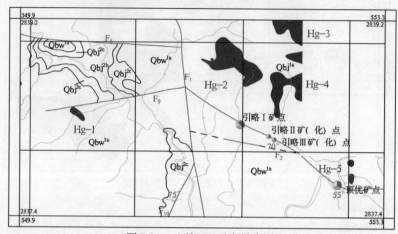

图 7-21　土壤 Hg 元素异常图

（7）Cu 元素异常

经剔出离群数据，正态分布检验后，得出铜元素的在土壤中的背景值为 $29.396\mu g/g$，标准离差为 $17.067\mu g/g$，异常下限为 $54.996\mu g/g$。在 Cu 元素异常图（图 7-22）中圈出异常范围共有 7 个区域，都分布在调查区的西部。异常区 Cu-4，Cu-5，Cu-6 面积较大，都分布在断层附近，受断层（F_1、F_8、F_9）的控制，靠近断层 F_9 有三个较小的异常区。异常区 Cu-7 位于断层 F_1、F_9 的交汇处，断层裂隙较发育，共有 6 个较小的异常区构成，且都集中在两断层的交汇点附近。异常区 Cu-3、Cu-4（四个小区域）、Cu-5 都为晕状，纵向上呈近直线分布，且三者连线近垂直于断层 F_8、F_9。

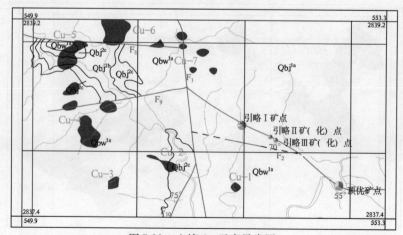

图 7-22　土壤 Cu 元素异常图

（8）Pb 元素异常

经剔出离群数据，正态分布检验后，得出铅元素的在土壤中的背景值为 26.767μg/g，标准离差为 4.435μg/g，异常下限为 33.42μg/g。在 Pb 元素异常图（图 7-23）中共圈出 8 个异常区。分为两个部分，异常区 Pb-6、Pb-7、Pb-8 分布在断层 F_1 的东侧，其中 Pb-6 下部与已知引略矿点吻合，受断层 F_2 控制，面积较大，上部沿断层 F_1 分布，受断层 F_1、F_2 的共同影响。异常区 Pb-7 与已知的顶优矿点相吻合。异常区 Pb-8 位于断层 F_2 的南侧，受可能经过附近的垂直于 F_2 的伴生断层控制。异常区 Pb-1、Pb-3、Pb-4、Pb-5、的面积较小，集中分布在调查区的西部，位于断层 F_8、F_9 的附近，四个异常区都围晕状，在纵向上呈一直线状分布，表现出一定的规律性。

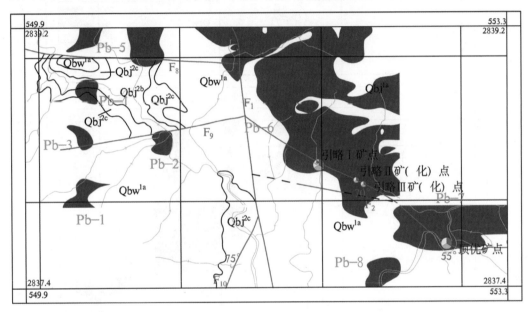

图 7-23　土壤 Pb 元素异常图

（9）Zn 元素异常

经剔出离群数据，正态分布检验后，得出锌元素的在土壤中的背景值为 86.179μg/g，标准离差为 22.298μg/g，异常下限为 119.627μg/g。在 Zn 元素异常图（图 7-24）中共圈出 6 个异常区。异常分布主要有两个特点，一部分分布在已知的矿点附近，都受到断层 F_2 的控制。其中异常区 Zn-5 与已知引略矿点吻合、Zn-6 与已知顶优矿点基本吻合，且向矿点的东侧有延伸，此处可能发育有垂直于断层 F_2 的断层，另一部受断层 F_8 控制，分布在 F_8 的南侧，面积较小。

（10）W 元素异常

经剔出离群数据，正态分布检验后，得出 W 元素的在土壤中的背景值为 1.536μg/g，标准离差为 0.767μg/g，异常下限为 2.686μg/g。在 W 元素异常图（图 7-25）中共圈出 4 个异常区。主要分布在断层 F_1、F_2 的东侧，其中异常区 W-2、W-3 的面积较大，与已知的引略、顶优矿点吻合，且在引略矿点的北部、顶优矿点的东侧有较大面积的延伸。表明矿体在已知矿点的东部和北部有延伸。W-2 位于断层 F_1、F_8 交汇处附近，受其影响，几个较小异常区呈晕状零散分布。

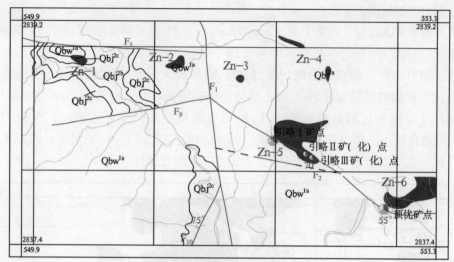

图 7-24　土壤 Zn 元素异常图

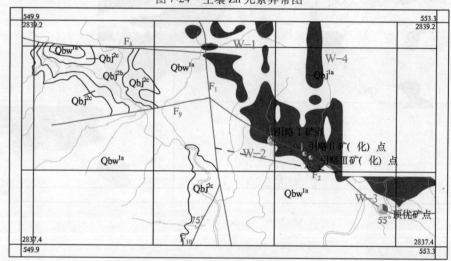

图 7-25　土壤 W 元素异常图

（11）Ag 元素异常

经剔出离群数据，正态分布检验后，得出银元素的在土壤中的背景值为 0.049μg/g，标准离差为 0.026μg/g，异常下限为 0.088μg/g。在 Ag 元素异常图（图 7-26）中共圈出 6 个异常区，可见 Ag 异常分布区主要集中在断层 F_1-F_2 沿线（Ag-2、Ag-3、Ag-4、Ag-5、Ag-6）。异常区 Ag-5 的分布与已知引略矿点吻合，异常区 Ag-6 的分布于已知顶优矿点基本吻合，且向顶优矿点的东侧有延伸。异常区 Ag-2、Ag-3、Ag-4 面积较小都分布在断层交汇处。

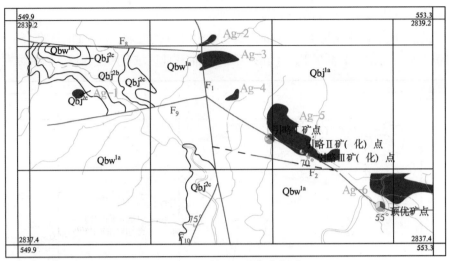

图 7-26 土壤 Ag 元素异常图

（12）Sn 元素异常

经剔出离群数据，正态分布检验后，得出锡元素的在土壤中的背景值为 $4.229\mu g/g$，标准离差为 $0.499\mu g/g$，异常下限为 $4.977\mu g/g$。在 Sn 元素异常图（图7-27）中共圈出 7 个异常区。其中主要分布在调查区的西侧（Sn-3、Sn-4、Sn-5、Sn-6、Sn-7），且 Sn-4、Sn-5 的展布方向呈南北向，两者轴线近垂直于断层 F_8、F_9。异常区 Sn-1、Sn-2 与已知的矿点基本吻合，都稍偏向于已知矿点的北部。指示矿体在已知矿点的北部可能有延伸。

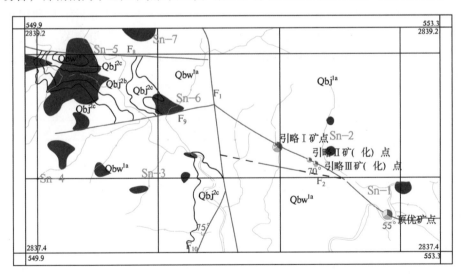

图 7-27 土壤 Sn 元素异常图

综上，单元素异常区分布主要集中在以下几个区域（图7-28）：一是在已知矿点及其附近地区，在 F_2 断层沿线引略矿点附近，Au、As、Sb、Pb、Zn、W、Ag 异常明显；顶优矿点东西两侧，As、Sb、Pb、Zn、W、Ag 元素异常明显，表明断层 F_2 对该区域的元素的异常富积有一定的作用。二是在引略矿点西北部，断层 F_8 与断层 F_1 的交汇处以及 F_8 的延长线附近，此区域 As、Sb、Pb、Hg、W、Ag 异常明显，受断层 F_1 及 F_8 的影响，此外推测断层 F_8 在 F_1 的东侧可能有延伸。

三是断层 F_8、F_9 距断层 F_1 约 1km，宽 500～800m 的区域，Sn、Pb、Cu、Sb 元素富积，推测此处异常除了受断层 F_8、F_9 的控制外，推测此区域有断层或较大的裂隙发育。

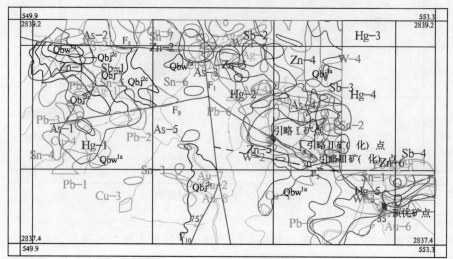

图 7-28　土壤单元素综合异常图

4. 元素组合异常特征

（1）相关分析

相关系数是反映两个变量之间亲密程度的统计参数，在统计分析中常利用相关系数定量地描述两个变量之间线性关系的紧密程度，也是研究元素组合关系的最基本的参数。在显著水平为 0.01 下，根据元素间的双尾检验概率值判断相关性，研究区各元素相关系数如表 7-5。

表 7-5　摆松-顶优 1∶1 万土壤 10 种元素相关系数表

	Au	As	Sb	Hg	Cu	Pb	Zn	W	Ag	Sn
Au	1									
As	0.444	1								
Sb	0.38	0.374	1							
Hg	0.028	0.103	0.312	1						
Cu	0.208	0.03	0.305	0.165	1					
Pb	0.478	0.683	0.314	0.086	0.06	1				
Zn	0.224	0.32	0.19	0.192	0.155	0.377	1			
W	0.07	0.422	0.283	0.373	0.098	0.272	0.257	1		
Ag	0.173	0.274	0.329	0.216	0.26	0.288	0.348	0.328	1	
Sn	0.019	-0.04	0.024	0.119	0.073	0.011	0.091	-0.019	0.121	1

由表 7-5 知，元素之间的正相关性比较弱，只有 As 与 Pb 之间，As 与 W 之间，以及 Au 与 Pb、As 之间的相关性较强。Sn 与 As、W 之间有一定的负相关。相关性较好的组合有：Au-As-Pb-Sb 组合和 Sb-Ag-Zn-Hg-W-Cu 组合。

（2）元素聚类分析

聚类分析是一种根据数字特征进行分类的方法，所以不受研究对象的了解程度的限制，而且所得结果是一张树枝状谱系图，可以根据问题的性质与资料的多少，选择不同的相似性水平，做出合理的分类和解释。在对异常进行评价或对其他地质对象进行研究时，这种分类的方法是经常用到的。本次研究的土壤 10 种元素 R 型聚类如图7-29 所示，可见在 0.87 距离上，Au-As-Pb 一组，Sb-Cu-Zn-Ag-Hg-W 一组，暗示这些成矿元素来源复杂。

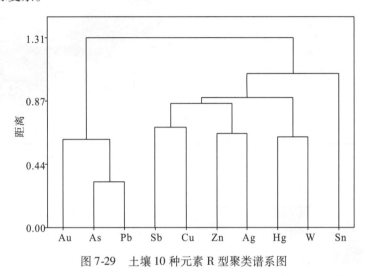

图 7-29　土壤 10 种元素 R 型聚类谱系图

（3）累加综合异常图

累加综合异常图是一种简单快捷圈定综合异常的综合性图件，在编制累加综合异常图时，往往选择那些性质相近，在找矿或研究作用相似的元素或元素组，这样编制出的图件能起到强化作用，可以更清楚地反映出某种规律性来，所以在做累加综合异常图时必须选择相关性比较好的元素进行制图，一般来说，该图件是在相关分析和聚类分析的基础上制作出来的。累加异常图制作过程如下：①分析相关分析和聚类分析的结果，选出元素相关性比较好的元素组合；②将所选出来相关性较好元素的原始数据标准化，将组合好的元素数据加在一起，得出元素组合加和后的数据；数据标准化公式：（某个元素的某个对数数据-该元素的全部数据对数的平均值）/该元素的全部数据对数的标准离差；③利用坐标和每组加和后的数据制作元素累加综合异常图。

根据 10 种元素的单元素异常图以及各元素之间的相关性和聚类分析，选定了Au-As-Pb-W-Sb（图 7-30）和 Sn-Hg-Cu-Zn（图 7-31）两个组合来制作元素累加异常综合图。由 Au-As-Pb-W-Sb 组合异常图（图 7-30）可以看出，Au-As-Pb-W-Sb 元素组合大都分布在断层 F_1、F_2 沿线，在断层 F_1、F_8 交汇处有范围较小的异常分布，主要集中分布在已知矿点附近，并在矿点的北部有延伸。由 Sn-Hg-Cu-Zn 组合异常图（图 7-31）可以看出，Sn-Hg-Cu-Zn 元素组合异常主要分布在两个区域，一是断层 F_1、F_2 沿线，集中在已知矿点以及断层 F_1、F_8 交汇处附近。二是在断层 F_8、F_9，距断层 F_1 约 800m 的长方形区域。根据单元素异常分布图以及元素组合异常图可以看出，调查区的断层对该区的元素异常分布即成矿起主导作用。

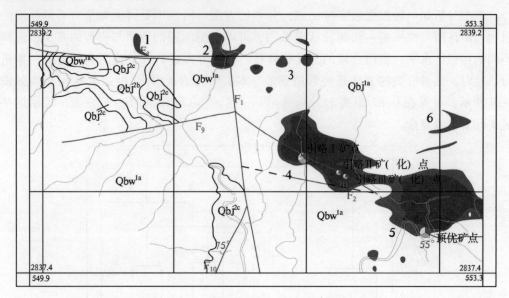

图 7-30 土壤 Au-As-Pb-W-Sb 组合异常图

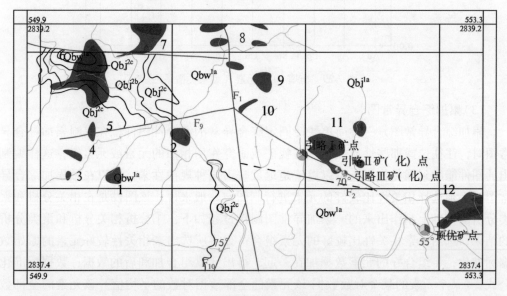

图 7-31 土壤 Sn-Hg-Cu-Zn 组合异常图

5. 成矿预测区优选

土壤地球化学异常主要集中在两个区域，一是分布在已知矿点附近，主要是分布在断层 F_2 沿线，并在断层北部有一定的延伸；二是在断层 F_1 与断层 F_8 交汇处附近；三是在断层 F_8、F_9 的一个狭长区域。根据各元素的异常特征和组合关系，结合调查区的地质背景，划出了四个预测远景区（图 7-32），其中预测区Ⅲ和预测区Ⅳ位于已知的矿点位置附近，为主要的金矿、银矿预测区，同时锌、铅、砷的异常在这一区域也有发育。预测区Ⅱ为多金属矿的远景区，主要为铅、钨、砷、汞的异常较明显。预测区Ⅰ

主要发育有铜、锡、锑的异常，同时在这一区域也有一定铅异常分布。综上，预测区Ⅲ和预测区Ⅳ为金银矿的有利远景区，预测区Ⅰ和预测Ⅱ为多金属矿的有利远景区。

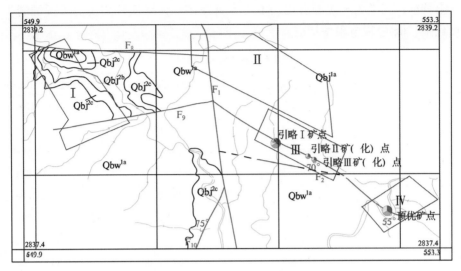

图 7-32　从江宰便铜铅锌多金属成矿区土壤地球化学异常预测区

三、地球物理测量

1. 测区分布和方法

从江县 200 多 km² 探矿权范围内，包括那哥东部矿区和西部矿区、友能矿区、肯楼矿区、平忙矿区、陇雷—岩脚寨矿区。主要方法包括音频大地电磁测深法（AMT），高精度磁测法，激发极化法（剖面、测深），双频激发极化法，电阻率法（剖面、测深），自然电位法，井中物探（含电阻率电位、极化率电位、电阻率方位、极化率方位），属矿测井（含三侧向电阻率、自然伽马、声波测井、自然电位、极化率电位、电阻率电位、井温测量、井斜测量），物性测试（标本架、野外微四极）。主要采用的仪器为 WD-FZ-5A 大功率激电测量系统、WDFZ-10A 大功率激电测量系统、PSJ-2 测井系统、SQ-3C 双频激电仪、PMG-1 质子磁力仪和 V8 电法工作站。由于各测区方法相同，成果特征相似，本书以平忙测区中间梯度法成果为代表介绍电性特征，以肯楼矿区磁测法成果介绍磁性特征。

2. 物性参数

（1）电性参数

经过对各矿测试电性参数的综合统计（表 7-6），该区电性参数基本可以分为三大类，一类为矿石类，主要为铅锌矿石、金矿石。矿石类具有高视极化率，低-中视电阻率特征，视极化率变化较大。视极化率高低与矿石含量和结构的关系极其复杂；二类为围岩类，主要为 Qbw 岩类、Qbj 岩类、辉绿岩（βμ）、花岗斑岩类、石英石、破碎带。

总体具有低视极化率特征，视电阻率特征极其复杂，变化范围极大。该区破碎带具有低视电阻率特征，花岗斑岩、石英石具有极高视电阻率特征，其斜岩类视电阻率中等至高电阻特征；三类为干扰源岩类，主要为黄铁矿、铁锰质片岩类。干扰源岩类具有高视极化率、低-中视电阻率特征。

表7-6 电性参数统计表

序号	岩　性	视极化率/%	视电阻率/(Ω·m)
1	铜铅锌矿石	4.47~9.8	185~1100
2	金矿石	4.21~15.06	1160~3830
3	Qbw 岩类	2.59~4.82	1700~7300
4	Qbj 岩类	1.19~3.97	1780~4000
5	石英岩	2.49~2.88	7980~20000
6	辉绿岩（βμ）	1.92~3.99	1500~6100
7	花岗斑岩 Wbj2c	1.00~2.20	4400~21200
8	破碎带	1.00~2.00	800~1200
9	黄铁矿类	8.45~14.88	200~1600
10	铁锰质片岩类	4.28~5.88	1800~3800

（2）磁性参数

对于磁性参数，以野外实际采集的岩、矿石标本，用标本盒架法采用高斯第一位置分别对每块标本进行测定和统计分析。详细磁性参数统计分别见表7-7。

表7-7 磁参数统计表

岩矿石名称	磁化率 K 均值/ $\times 10^{-6} \times 4\pi * SI$	剩余磁化强度 Ir 均值/ $\times 10^{-3} A/m$
石英脉	−7.48E−04	0.033
铜铅矿	−5.62E−04	0.035
大理岩	2.14E−03	0.048
辉绿岩	2.65E−03	0.063
砂岩	2.87E−03	0.087
板岩	6.96E−03	0.105
片岩	4.27E−02	0.956

从表7-7统计结果看，磁化率 K 由弱到强的依次是：石英脉≤铜铅矿≤大理岩≤辉绿岩≤砂岩≤板岩≤片岩；剩余磁化强度 Ir 由弱到强的依次是：石英脉≤大理岩≤辉绿岩≤铜铅矿≤砂岩≤板岩≤片岩。从矿区岩石的磁性统计资料看，该区的片岩普遍变形变质较强，其中上部绿泥石片岩中富含磁铁矿，板岩普遍含碳质和细粒状黄铁矿，砂岩里往往夹锰质片岩，由于铁锰都是强磁性物质，也称铁磁性物质，具有比其他岩矿石都强得多的磁化率和剩余磁化强度，这就是砂岩、板岩、片岩的磁化率和剩余磁化强度反而比基性的辉绿岩还强的原因。因此直接通过磁法来找铜铅锌矿体、辉绿岩

体是不太可能的。但岩体侵入是往往带来热磁性物质，在岩体外面通常形成一层磁性壳，这层磁性壳具有比一般岩矿石强得多的磁性，而且具有连续性和稳定性，可以利用这个特点来寻找圈定侵入岩体及其接触带。

3. 异常影响因素及判别

（1）山谷地形影响

平忙测区有 5 条曲线近似垂直横切河流，地形切割非常强烈，总体呈"V"字形，在水平跨度 200m 左右的地带，高差变化达 100m 以上，视电阻率在背景值为 5100Ω·m 的基础上，在山谷有高达 20000Ω·m 以上的正异常（图 7-33），视极化率曲线略有降低，但不明显。在初步解释时曾一度认为该高视电阻率正异常为隐伏花岗岩引起，但证据不充分。后经综合分析，将视电阻率正异常解释为假异常具有充分依据。一是明显的山谷地形具备产生假异常的基础；二是视电阻率异常峰值与河谷中心具有一一对应关系，即曲线峰值随弯延曲折的河谷中心而移动；三是异常无地质基础。根据地质资料，5 条测线视电阻率曲线异常部位及其左右分布地层为甲路组（Qbj）、乌叶组（Qbw），地层视电阻率 5000Ω·m 左右。地表未见地质断层、花岗岩之类高阻地体，因此，除山谷地形产生正异常外，无其他地质因素。

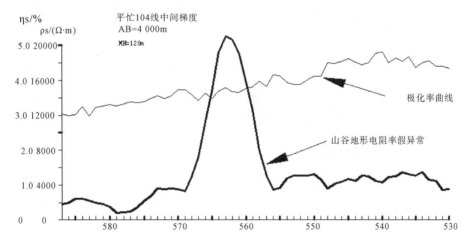

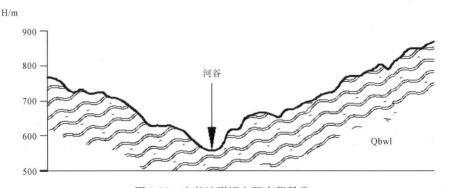

图 7-33 山谷地形视电阻率假异常

（2）山脊地形影响

平忙测区有4条曲线近似垂直横切山脊地形（图7-34），地形切割也非常强烈，坡度极陡，山脊具有明显负异常（视电阻率值几至几十Ω·m，该段地层为乌叶组一段和乌叶组二段，地层视电阻率4500Ω·m左右）。视极化率曲线异常被抬高，综合研究解释为假异常，其依据与山谷地形基本相同。

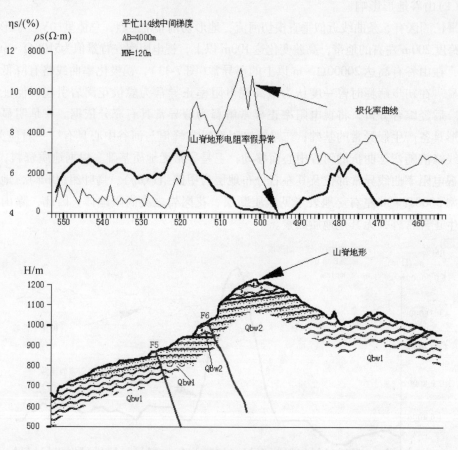

图7-34　山脊地形视电阻率假异常

（3）异常干扰

区内产生视极化率异常干扰的岩层主要为乌叶组第一段（Qbw^1）中部的炭质粉砂质板岩；乌叶组第二段（Qbw^2）炭质粉砂质板岩、炭质千枚岩、炭质片岩，细粒状黄铁矿。区内视极化率背景值通常小于3%，根据各测区的测量结果，视极化率异常下限划定为4%，即视极化率值大于4%时视为异常，区内的干扰岩层视极化率通常为4%～5%，部分可达6%，其中细粒状黄铁矿随粒度变小、规模增大视极化率异常增大，干扰变得太大时，矿体产生的视极化率异常或被淹没、或被叠加，增加了区分难度。但该区视极化率干扰异常也具有特征，一是干扰异常值一般在4%～5%波动；二是干扰异常范围大，在友能、那哥、平忙都出现范围达数百米以上的视极化率干扰异常，其中平忙异常达1500m以上。见图7-35。

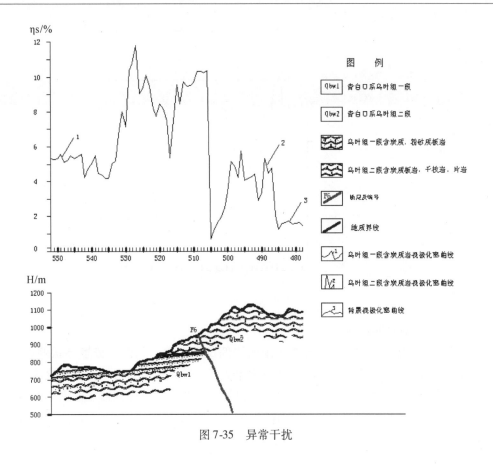

图 7-35　异常干扰

4. 中间梯度成果特征

（1）参数剖面特征

测区采用的主要方法为激发极化法，定性异常以视极化率为主，其他参数为辅，区内视极化率背景值小于3%，含矿体视极化率为高视极化率，由于受乌叶组二段岩石含炭质及黄铁矿干扰影响（视极化率4%～5%），异常下限为6%，即视极化率大于6%为异常，矿体一般异常在6%～13%，矿体视极化率异常明显可分，异常一般由多个峰值组成。

矿体视极化率与其他参数具高视极化率、低-极低视电阻率、负自然电位组合特征，视极化率较高；视电阻率变化很大而且复杂，视电阻率一般在0～3000Ω·m，局部在全区具有最小值（即视电阻率为0Ω·m）。自然电场在视极化率异常处总体表现为负异常，异常范围30～140mV（图7-36）。

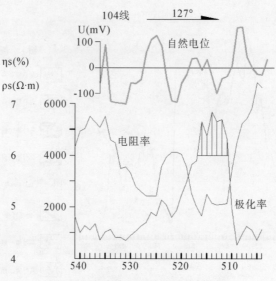

图 7-36　104 线中间梯度参数剖面图

（2）测深反演垂向特征

背景值小于视极化率3%，分布于地面浅部及左上角，总体趋势呈层状顺坡分布；区域视极化率小于6%；右下角区域视极化率大于6%，分布不均匀，中间夹 4 个高视极化率区，视极化率大于8%。视电阻率等值线总体杂乱，总体规律呈向右下角倾斜之趋，视电阻率高、低相间，视电阻率值 1500 ~ 11000Ω·m。视电阻率在测点范围形态杂乱。根据测区异常规律及特征，视极化率大于8%的部分圈定为异常（测深反演图7-37 和图 7-38）。

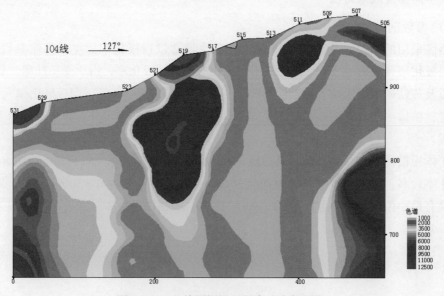

图 7-37　104 线测深视电阻率反演断面图

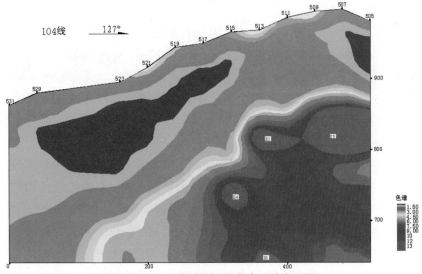

图 7-38　104 线测深视极化率反演断面图

（3）异常平面分布状况

图 7-39 是平忙矿区采用纵向中梯装置所圈定的视极化率（ηs）异常，异常被 F_{16} 断层分为两部分，北部异常位于 F_{16} 断层以北偏东方向、F_5 断层东南方向一侧，地表出露地层为乌叶组第一段；南部异常位于 F_{16} 断层以南偏西方向、F_5 断层东南方向一侧覆盖 F_6 断层，地表出露地层主要为乌叶组第二段。

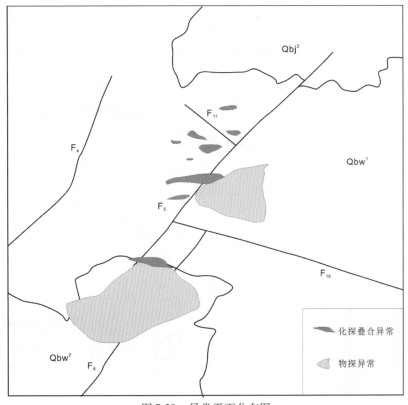

图 7-39　异常平面分布图

（4）异常规模

异常平面分布总体呈北东-南西向，异常总长度约 1800m，其中北东异常相对较小，长约 500m，宽约 400m；南西异常相对较大，长约 810m，宽约 440m。

（5）物探异常与化探异常组合关系

北部异常位于化探异常位置上游，即化探异常位置比物探异常在地形上要高。南部异常分布位置与化探异常位置基本重迭。

（6）解释推断

根据对中间梯度曲线、104 测线测深反演断面异常特征及测区曲线总体规律的综合研究，528 测点视电阻率反演等值线突变，左边阻值高而密，右边阻值低而稀，等值线呈近似直立分布，根据经验解释推断为断层，断层倾向南东，倾角为 86°，编号 WF1；505 测点以右无测点，视电阻率反演等值线浅部为低值（标高 900m 处）有向小号测点延伸之势，509～507 测点标高 840m 以下视电阻率反演等值线突变，左边阻值低而稀，右边阻值高而密，根据经验将 503 号测点解释推断为断层破碎带，断层倾向北西，倾角为 74°，编号 WF2。

104 号测线 528～503 测点之间视电阻率总体呈低阻区夹高阻区，反应地层破碎，将此区块解释推断为断层破碎带，断层破碎带地表宽度 500m，标高 600m 处宽度约 382m，呈上大下小的近似梯形。断层破碎带中碎块为 Qbw^1 地层中的炭质粉砂质板岩。该断层破碎带为导矿、储矿空间。

断层破碎带内因存在含炭质、黄铁矿岩类干扰，异常视极化率值被抬高，根据异常下限、实测均方相对误差计算，结合经验综合研究，将视极化率大于 8% 的 4 个区块解释推断为多金属矿体。矿体基本呈椭球体，椭球体断面大小最小约 32m×20m、最大 125m×70m。见图 7-40。

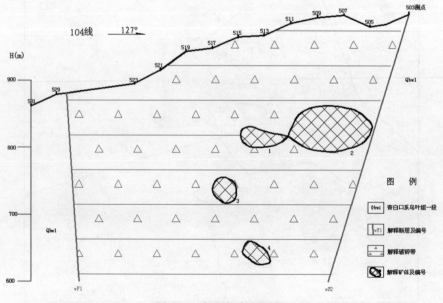

图 7-40　解释推断断面图

5. 磁性特征及解释推断

全区实测 ΔT 最小值为 $-176.8nT$，最大值为 $81.1nT$，极差为 $257.9nT$。如此小的极值和极差，不具有磁铁矿特征，推断解释为弱磁性矿物。

全区磁异常变化平缓，异常梯度不大。除测区中南部的 T1 异常具有一定规模以外，其余异常均较小，呈零星散布的特点。区内负磁异常面积较大，大都变化平缓，但绝对值较大、梯度较大的负磁异常呈穿珠状环绕 T1 异常分布。据此推断 T1 异常为隐伏侵入岩体，有一定埋深。周围零星异常，推断解释为经断层错动后，从 T1 异常源剥离出来的异常，并可能经历了风化剥蚀。按负磁异常的分布结合正磁异常的展布看，推断区内存在两条有一定埋深的断层，编号为 F_{c1} 和 F_{c2}。F_{c1} 呈北东向，贯穿南北测区，区内控制长约 1610m；F_{c2} 呈北西向，区内长约 1200m。见图 7-41，7-42 和图 7-43。

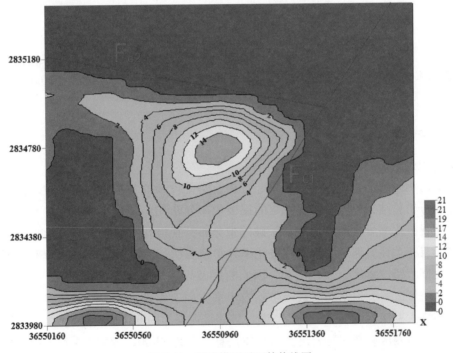

图 7-41　反演模型平面等值线图

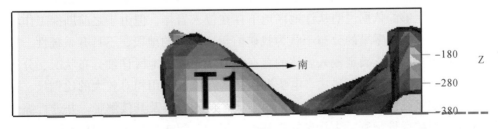

图 7-42　肯楼磁异常三维反演正面俯视图

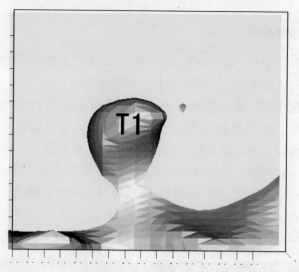

图 7-43　肯楼磁异常三维反演正西面剖截图

从三维反演图（图 7-42 和图 7-43）看，测区确有一隐伏岩体由下而上，由南往北侵入。侵入体南倾，上顶埋深约 100m，下延远超 400m；东西宽约 520m，南北长约 680m。

6. 靶区预测

（1）靶区预测原则

根据对测区的那哥、友能、平忙、肯楼、陇雷投入的各类物探方法技术的成果资料的综合分析总结，各测区发现圈定的视极化率异常均与地质工作确定的断层破碎带有关，即视极化率异常基本上沿断层破碎带分布，视极化率异常分布与化探异常基本吻合或具有相关性。那哥圈定的视极化率异常经探（采）矿工程、钻探工程验证视极化率异常为铜、铅、锌多金属矿引起，因此断层破碎带是本区寻找金、银、铜、铅、锌多金属矿靶区之一，追索断层破碎带除沿水平方向追索外，还应尽可能在垂向方向追索，即用增大勘探深度的方法，追索断层破碎带在深部的变化情况。

根据陇雷测区有花岗斑岩出露的地质信息、那哥 ZK001、ZK1304 钻孔揭露的花岗斑岩出露的地质信息、肯楼磁测圈定的侵入岩体以及其他测区电法大极距下的高视电阻率特征，有足够的依据说明从江地区地下存在侵入岩体，但由于之前勘探工作具有选择性，即勘探工程零星的分布于认为找矿前景比较好的地段，不具有系统性，且投入工作量都不多，虽能确定侵入岩体的存在，但对于整个地区详细分布状况、分布规模仍不清楚，因此可以应用磁法、电法勘探技术在该区采用相对较大的比例尺、在较大面积内开展基础性扫面工作，以此来圈定该区侵入岩体及其接解带，并进行综合分析、筛选、成矿远景预测，为找矿提供基础靶区和工程布置依据。因此，圈定侵入岩体是本区寻找金、银、铜、铅、锌多金属矿靶区之一。

（2）具体靶区预测

在前面的靶区基本预测中，总结了靶区预测的两个基本方法，即"追索断层破碎带"和"圈定侵入岩体"。根据地球物理资料，预测靶区一是那哥铜铅矿床深边部地球化学和地球物理异常叠加区；二是平忙矿区圈定的视极化率异常。

四、关键找矿标志

岩浆岩标志：宰便地区铜铅锌多金属矿床的形成与酸性岩浆活动有关，已发现的矿体几乎全部分布在隐伏花岗斑岩体外接触带1~2km内。酸性岩体的出现可作为找矿有利的标志，岩体与围岩的接触带及其附近是找矿的有利地段（张均等，2012）。辉绿岩与铜矿化关系密切，铜矿体多分布在辉绿岩附近，辉绿岩可作为寻找铜矿体有利的标志。

构造标志：区内滑脱构造及隐伏岩体顶部断裂构造为成矿提供了有利的赋存空间，是控制矿带空间展布的有利标志。不同走向的构造叠加复合是矿化富集的有利部位，这些部位是控制矿床、矿体产出的构造标志。

地层及岩性标志：甲路组地层是本区铜铅锌多金属矿床和金矿床的重要赋矿地层，其中甲路组一段和二段的钙质岩系有利于矿化富集沉淀。区内基性火山岩易与含矿热液发生水岩反应，亦为成矿有利岩性。这两类岩石是找矿的有利标志。

围岩蚀变标志：热液矿床形成过程中必然存在围岩蚀变。区内铜铅锌多金属矿床常见的蚀变有硅化、绿泥石化和碳酸盐化。金矿床常见的蚀变有硅化、黄铁矿化、碳酸盐化、褪色化等。围岩蚀变是本区重要的找矿标志。

矿产露头标志：矿产露头可以直接指示矿产的种类、可能的规模大小、存在的空间位置及产出特征，是最重要的找矿标志。区域出现的多处氧化露头，如：地虎矿区的孔雀石、褐铁矿的次生矿物，摆容矿点的铁帽等。另外，局部地区出现的原生露头更是直接的找矿标志，如那哥矿床经尾洞溪切割而出露地表，有能矿点在沟谷切割处见铅锌矿化露头。

地球化学标志：1:5万及更大比例尺的水系沉积物（土壤）Cu-Pb-Zn和Au-Ag组合异常或两者组合异常具有规模大、浓集中心突出的特点；1:1万汞气和土壤地球化学测量单元素异常区域。异常多沿断裂展布，可作为良好的找矿标志。

地球物理标志：物探电阻率和激电异常与区内各级含矿断裂在空间上和成因上有较好的耦合关系，常分布于已知矿体倾向延伸或走向延长部位。以那哥矿区为例，铜铅锌多金属矿体具有中低视电阻率和中高极化率特征。需要注意的是，区内乌叶组地层中存在多个沉积黄铁矿层，可引起高激化率异常。物探大地电磁测深可以有效推断隐伏岩体的空间位置和埋深，根据电阻率圈出高阻体常和低阻体空间位置，可作为间接找矿标志。

五、找矿方向

1. 深部找矿

区内花岗质岩体分布区(包括那哥隐伏花岗斑岩体)有找寻钨(锡)铜多金属矿床前景,依据如下:①区内花岗质岩体(那哥隐伏花岗斑岩)与桂北九万大山—元宝山地区的含锡(钨)岩体无论岩性还是地球化学特征均十分相似;②岩性自上而下由花岗斑岩变为中细粒花岗岩,岩体中既发育云英岩化,又见黄铁矿化和黄铜矿化。推断其可能经过多期次侵入,这是区域成矿岩体的重要特征;③那哥隐伏岩体钨含量高达 850×10^{-6},最高达 1200×10^{-6},是世界花岗岩丰度值(1.5×10^{-6})的 500 多倍,说明钨元素已有很大程度的富集,而桂北九万大山—元宝山地区已在与之相当的富钨花岗岩中找到了厚达 34m 的钨矿体;④研究区矿床保存条件较好,目前仅剥蚀到中温铜铅锌多金属矿床的上部(张均等,2012)。

滑脱构造带深部具有铜铅锌多金属找矿前景,但成大矿条件有限:①滑脱构造为张性构造,深部张性空间逐渐闭合,不利于成矿;②加里东期金矿化的强度有限,难以形成较大规模的矿体;③研究区剥蚀程度大于黔东—湘西南地区,不利于浅成金矿床保存;值得注意的是,通过与邻区对比分析,认为区内具备找寻与沃溪、黄金洞相似的深成矿床类型的条件,应注意发现此类矿床(张均等,2012)。

2. 已知矿区外围找矿

那哥铜铅多金属矿床西延部分,地虎—九星铜金多金属矿床东西向延伸部分存在物、化探异常,有找矿前景。研究区东南部发育多条滑脱构造带且与花岗质岩体空间相依,具有找寻铜铅锌多金属矿床的前景。叠加矿化使得矿体品位和规模变大,地虎—九星铜金多金属矿床外围有一定的找矿前景。滑脱带向两侧延伸且被北北东向断裂-褶皱构造叠加部位是矿区重要找金矿地段(张均等,2012)。

第四节　小　结

黔东南从江宰便铜铅锌多金属成矿区内具有代表性的地虎—九星铜金多金属矿床、那哥铜铅多金属矿床和友能铅锌多金属矿床成矿物质来源较为复杂,但主要由地层岩石(中-新元古代变质沉积火山建造)提供,矿床成因属于中-低温变质热液型,但与岩浆关系极为密切,即岩浆不仅提供了部分成矿金属(如 Cu 等)和矿化剂(如 S 等),还控制矿床(点)的分布和元素组合类型。遥感地质解译显示深部可能存在隐伏岩体,后经钻孔揭露,那哥—加榜花岗斑岩侵位使宰便地区构造体系与区域构造不协调,但花岗斑岩的侵位年龄约为 852Ma,暗示深部可能还存在更年轻的岩体。汞气和土壤地球化学测量,圈定了多个异常靶区,部分靶区与已知的矿床(点)吻合,表明该方法在研究区具有应用前景。在那哥、友能等探矿权范围内汞气和土壤地球化学异常区开展的地球物理电法和磁法测量，进一步缩小成矿靶区。综合地质、地球化学、地球物理和遥感地质构建的找矿模型与成矿模型结合，在筛选关键找矿标志的基础上，最终优选两处有望取得突破的找矿靶区，在那哥铜铅多金属矿床边部实施的工程验证，揭露多条铜铅锌多金属矿(化)体，并为区域找矿指明了方向。

第八章　主要认识及存在的问题

通过对黔东南从江宰便铜铅锌多金属成矿区内地虎—九星铜金多金属矿床、那哥铜铅多金属矿床和友能铅锌多金属矿床，宰便和那哥—加榜辉绿岩体，那哥隐伏花岗斑岩和大坪电气石岩等系统详实的成岩成矿作用研究，获得了较为系统的地质-地球化学及年代学数据，并对本区成岩成矿机理有了新的认识。通过成矿模型和找矿模型的对比，初步建立了区域立体成矿与找矿模型，并实现找矿新突破。尽管如此，由于在本区实施的项目，目标不同且受地质条件和经费预算等方面的限制，在构造-岩浆-矿化时空耦合机制、多金属成矿年代、大型多金属矿床预测等方面的研究，还存在诸多不足或问题，有待后续项目补充和完善。

第一节　主　要　认　识

研究区出露地层主要为中元古界四堡群、新元古界下江群和第四系，其中下江群火山沉积建造是主要的含矿岩石单元。区内主构造以近南北向和北西—北东向为主，其中断裂、韧性剪切带和层间滑动带是重要控-容矿构造。区内新元古代辉绿-辉长岩、基性火山岩、花岗质岩浆岩等均有分布，其中辉绿岩与区内铜矿化具有密切的成因联系。

地虎—九星铜金多金属矿床和那哥铜铅多金属矿床间流体包裹体地球化学特征相比，前者具有较高的成矿温度（82～417℃），二者具有相似的成矿盐度（4～22wt.% NaCl）和成矿流体密度（0.8～1.1g/cm^3）；微量和稀土元素含量和配分模式相比，二者相似，指示成矿流体中部分成矿金属和稀土元素主要来自赋矿围岩；二者氢-氧同位素组成相比，均为变质水和大气降水的混合水，只是前者更贴近变质水；硫同位素组成相比，前者为岩浆硫和海水硫的混合，后者与岩浆硫相似；二者的铅同位素组成略有差别，但均位于上地壳源铅区间内，暗示成矿流体中的铅金属都主要由中-新元古代火山沉积建造岩石提供；铜同位素组成相比，二者间没有明显的差别，均指示成矿流体中的铜金属来自基性岩浆岩（辉绿岩）。成矿流体、微量和稀土元素及 H-O-S-Cu-Pb 同位素对比表明，地虎—九星、那哥和友能多金属矿床可能具有内在的成因联系，即它们可能属于同构造热事件的产物，成因类型可能属于中-低温变质热液型。

宰便辉绿岩侵位结晶年龄约为848Ma、那哥辉绿岩侵位结晶年龄约为832Ma，它们均属于钙碱性玄武质岩系，起源于过渡型地幔，形成于板内拉张环境，侵位过程受到地壳物质的混染。那哥隐花岗斑岩结晶年龄约为852Ma，属于过铝质系列，成分与摩天岭、秀塘、南加、刚边等地出露的花岗质岩浆相似，属于同构造热事件的产物。从江宰便铜铅锌多金属成矿区内出露的新元古代岩浆岩可能为导致新元古代 Rodinia 超大陆裂解地幔柱活动的产物。大坪电气石岩属于黑电气石-镁电气石固溶体系列，属于喷气成因，与本区过铝花岗质岩石具有密切的成因联系，是喷气型矿化的重要找矿标志。

　　在地质-地球化学及年代学综合研究基础上，建立了切合本区实际的受构造控制的中-低温变质热液矿床成因模型。对成矿有利部位进行遥感线环构造地质解译，对线环构造交汇部位、构造线密集部位等区域开展 1：1 万汞气和土壤地球化学测量，在成矿元素浓集区域内进行高密度地球物理测量，进而建立切实的立体成矿与找矿模型，圈定多个矿致异常靶区，在优选的有利成矿靶区内实施工程验证，目前已发现多个铜铅锌矿（化）体，有望新增铜＋铅＋锌金属资源量大于 5 万 t。

第二节　存在的问题

　　对研究的地虎—九星铜金多金属矿床、那哥铜铅多金属矿床和友能铅锌多金属矿床，缺乏精确可靠的成矿年代学数据，是存在的最主要问题。究其原因是这些矿床内缺乏适合（如 Rb-Sr、Sm-Nd 法等）定年的矿物。硫化物 Re-Os 法在热液矿床中已有较多成功事例，在后期实施其他项目过程中，着重考虑该方法，力争获得精确可靠地成矿年龄。

　　由于缺乏成矿年代学和单个流体包裹体数据及基于它们的数值模拟，对宰便铜铅锌多金属成矿区内构造-岩浆-矿化时空耦合机制的认识存在不足，特别是新元古代中酸性岩浆活动对多金属成矿的具体贡献，还缺乏有效的约束。

　　尽管集成了地质、地球化学、地球物理、遥感地质等综合找矿信息，找矿突破已现曙光，但本区大型多金属矿床的找寻仍需开展更为系统的综合研究，后期需要通过多种渠道，整合多学科资源联合攻关，找矿有望取得更大突破。

　　限于著者水平，书中还可能存在论述不严谨、剖析不深入及其他错漏等，部分文献引用也可能存在引而未列或列而未引的情况，请被引原文作者谅解，本书著者感谢您的理解和支持。

参 考 文 献

鲍淼，周家喜，黄智龙，等.2011.铅锌矿床定年方法及川－滇－黔铅锌成矿域年代学研究进展.矿物学报，31(3)：391－396

鲍振襄，万溶江，鲍珏敏.1998.湖南漠滨金矿成矿地质地球化学特征.黄金地质，3：55－61

曹新志，高秋兵，徐伯骏，等.1994.矿区深部矿体定位预测的有效途径和方法研究：以山东招远界河金矿为例.武汉：中国地质大学出版社

陈德潜，陈刚.1990.实用稀土元素地球化学.北京：冶金工业出版社

陈芳，周家喜，王劲松，等.2011.黔东南那哥铜多金属矿床微量元素地球化学.矿物学报，31(3)：412－418

陈国达.1985.成矿构造研究法.北京：地质出版社

陈文西，王剑，付修根，等.2007.黔东南新元古界下江群甲路组沉积特征及其下伏岩体的锆石 U－Pb 年龄意义.地质论评，53(1)：126－131

陈永清，韩学林，赵红娟，等.2010.内蒙花敖包特 Pb-Zn-Ag 多金属矿床原生晕分带特征与深部矿体预测.地球科学-中国地质大学学报，36(2)：236－246

陈毓川，毛景文.1995.桂北地区矿床成矿系列和成矿历史演化轨迹.南宁：广西科学技术出版社

代西武，杨建民，张成玉，等.2000.利用矿床原生晕进行深部隐伏矿体预测-以山东上阜金矿为例.矿床地质，19(3)：245－254

戴传固，杨大欢.2000.贵州南加花岗岩类特征及其与成矿的关系.贵州地质，17(3)：160－165

樊俊雷.2009.江南-雪峰构造带西南缘构造特征研究.西安：西北大学硕士论文

樊俊雷，罗金海，曹远志，等.2010.黔东南新元古代花岗质岩石的特征及其地质意义.西北大学学报(自然科学版)，40(4)：672－678

冯琳.2007.黔东南从江翁浪金矿矿石物质组分初步研究.贵阳：贵州大学硕士论文

冯学仕，等.2004.贵州省区域矿床成矿系列与成矿规律.北京：地质出版社

高林志，戴传固，刘燕学，等.2010.黔东南-桂北地区四堡群凝灰岩锆石 SHRIMP U-Pb 年龄及其地层学意义.地质通报，29(9)：1259－1267

葛文春，李献华，李正祥，等.1996.桂北"龙胜蛇绿岩"质疑.岩石学报，16(1)：111－118

葛文春，李献华，李正祥，等.2001.龙胜地区镁铁质侵入体：年龄及其地质意义.地质科学，36(1)：112－118

贵州省地矿局 102 地质队.2010.贵州省从江县那哥铅锌多金属矿详查地质报告

贵州省地矿局 102 地质队.2010.贵州省从江县平忙铅锌多金属矿 1：1 万汞气测量报告

贵州省地矿局 102 地质队.2012.贵州从江地区铅锌金多金属矿远景调查陇雷-岩脚寨重点调查区土壤地球化学测量报告

贵州省地质矿产局.1987.贵州省区域地质志.北京：地质出版社

贵州省地质调查院.2001.贵州右江造山带北东侧铜金银成矿带评价

贵州省地质调查院.2003.1/50000 宰便—高武区域地质调查报告

贵州省国土资源厅.2011.贵州省从江县地星多金属矿(整合)/资源储量核实报告

郭学全，熊继传，邱永进，等.1993.湖北阳新岩体西北段构造地球化学研究.武汉：中国地质大学出版社，11－27

何江，马东升，陈伟，等.1998.湘西低温汞、锑、金矿床成矿作用地球化学研究.北京：地质出版社

胡云中.1989.桂北地区锡矿带地层地球化学.北京：北京科学技术出版社

黄隆辉，胡廷辉，曾昭光，等.2007.贵州从江及毗邻地区岩浆岩形成时代探讨.贵州地质，24(2)：122－125，129

黄智龙，陈进，韩润生，等.2004.云南会泽超大型铅锌矿床地球化学及成因-兼论峨眉山玄武岩与铅锌成矿的关系.北京：地质出版社

季克俭，吕凤翔.2007.交代热液成矿学说：热液矿床成因的佐证.北京：地质出版社

来志庆.2009.桂西北地区摩天岭和元宝山花岗岩岩石地球化学及其成因研究.青岛：中国海洋大学硕士学位论文

黎彤，倪守斌.1990.地球和地壳的化学元素丰度.北京：地质出版社

李红阳，阎升好，王金锁，等.1996.试论地幔柱与成矿-以翼西北金银多金属成矿区为例.矿床地质，15(3)：
　　249－256

李方林，张志，董勇，等.2011.贵州省从江探矿权区域铅锌多金属矿地球化学找矿研究报告(内部资料)

李伟，王建新.2003.R型聚类分析在确定成矿岩体中的应用-以延边复兴-杜荒岭金矿化集中区为例.世界地质，22
　　(2)：147－151

李献华.1999.广西北部新元古代花岗岩锆石U-Pb年代学及其构造意义.地球化学，28(1)：1－9

李献华，李正祥，葛文春，等.2001.华南新元古代花岗岩的锆石U-Pb年龄及其构造意义.矿物岩石地球化学通报，
　　20(4)：271－273

李献华，王选策，李武显，等.2008.华南新元古代玄武质岩石成因与构造意义：从造山运动到陆内裂谷.地球化
　　学，37(4)：382－399

李献华，周汉文，李正祥，等.2001.扬子块体西缘新元古代双峰式火山岩的锆石U-Pb年龄和岩石化学特征.地球
　　化学，30(4)：315－322

凌文黎，王歆华，程建萍.2001.扬子北缘晋宁期望江山基性岩体的地球化学特征及其构造背景.矿物岩石地球化学
　　通报，20：218－221

刘崇民，马生明，胡树起，等.2008.火山热液型铅锌矿床岩石地球化学特征及预测指标.物探与化探，32(2)：
　　154－158

刘丛强，黄智龙，李和平，等.2001.地幔流体及其成矿作用.地学前缘，8(4)：231－244

刘铁庚，叶霖，周家喜，等.2010a.闪锌矿的Fe、Cd关系随其颜色变化而变化.中国地质，37(5)：1457－1468

刘铁庚，叶霖，周家喜，等.2010b.闪锌矿中的Cd主要类质同象置换Fe而不是Zn.矿物学报，30(2)：179－184

刘铁庚，叶霖，周家喜，等.2012.闪锌矿Cd-Fe含量与矿化阶段的关系.矿物岩石地球化学通报，31(1)：78－81

刘伟，周家喜，黄智龙.2011.黔西北铅锌成矿区矿石硫化物中镉的富集规律及机制.矿物学报，31(3)：485－490

刘心开，高建国，周家喜.2013.青海东昆仑果洛龙洼金矿床东区Ⅰ矿体群稀土元素地球化学.地球化学，42(2)：
　　131－142

刘英俊，阎明，马东升.1994.淘金冲金矿成矿流体地球化学和矿床成因研究.矿床地质，(2)：156－162

刘志臣，杜威，毛铁，等.2010.贵州从江那哥铅锌多金属矿地质特征及找矿方向初探.贵州大学学报(自然科学
　　版)，27(5)：19－22

卢焕章，范宏瑞，倪培，等.2004.流体包裹体.北京：科学出版社

卢作祥，范永香，刘辅臣，等.1989.成矿规律和成矿预测学.武汉：中国地质大学出版社

罗献林.1990.论湖南前寒武系金矿床的成矿物质来源.桂林冶金地质学院学报.1：13－26

马思根.2013.贵州从江地虎—九星铜金多金属矿床地质地球化学及成因研究.贵阳.贵州大学博士学位论文

毛景文，宋淑和，陈毓川.2000.桂北地区火成岩系列和锡多金属矿床成矿系列.北京：北京科学技术出版社

牛树银，罗殿文，叶东虎，等.1996.幔枝构造及其成矿规模.北京：地质出版社.

潘勇飞.1983.确定原生晕元素分带序列的计算.地质与勘探，7：63－67

彭建堂，戴塔根.1998.雪峰地区金矿成矿时代问题的探讨.地质与勘探，34(4)：37－41

彭建堂，戴塔根.1999.湘西南金矿床成矿流体地球化学研究.矿床地质，18(1)：76－85

邱检生，周金城，张光辉，等.2002.桂北前寒武纪花岗岩类岩石的地球化学与成因.岩石矿物学杂志，21(3)：
　　197－208

邵跃.1997.热液矿床岩石测量(原生晕法)找矿.北京：地质出版社

舒永宽，杨宏辉，曾昭光，等.2004.高武地区过铝花岗岩特征与构造环境.贵州地质，21(1)：16－22

孙士军.2007.黔桂边境地区摩天岭花岗岩体北缘成矿规律初步探讨-兼论从江地区隐伏矿床的找寻.矿物学报，27
　　(3/4)：483－488

孙书勤, 汪云亮, 张成江. 2003. 玄武岩类岩石大地构造环境的 Th-Nb-Zr 判别. 地质论评, 49(1): 40-47

孙载波, 周家喜, 杨德智, 等. 2009. 黔东南从江地区岩浆岩、构造与多金属成矿关系. 矿物学报, 29(Suppl.): 472

唐红松, 肖禧砥, 刘继顺. 1992. 桂北四堡群中科马提岩系及其成因类型. 矿产与地质, 6(2): 126-138

汪云亮, 张传林, 修淑芝. 2001. 玄武岩形成的大地构造环境得的 Th/Hf-Ta/Hf 判别. 岩石学报, 17(3), 413-421

王劲松, 周家喜, 杨德智, 等. 2010a. 黔东南宰便新元古代镁铁质岩地球化学. 矿物学报, 30(2): 215-222

王劲松, 周家喜, 杨德智, 等. 2010b. 贵州大坪电气石岩的发现及其找矿意义. 矿物岩石学杂志, 29(1): 32-40

王劲松, 周家喜, 杨德智, 等. 2012. 黔东南宰便辉绿岩锆石 U-Pb 年代学和地球化学研究. 地质学报, 86(3): 460-469

王珏, 周家喜. 2013. 黔东南从江那哥铜多金属矿床稀土元素地球化学特征. 矿物学报, 33(2): 241-246

王敏. 1999. 贵州从江地区花岗质斑岩的地球化学特征. 贵州地质, 16(4): 278-281

王睿. 2008. 从江翁浪地区蚀变岩型金矿构造变形及控矿规律研究. 贵阳: 贵州大学硕士学位论文

王尚彦, 陶平, 戴传固, 等. 2006. 贵州东部矿产. 北京: 地质出版社

王孝磊, 周金城, 邱检生, 等. 2006. 桂北新元古代强过铝花岗岩的成因: 锆石年代学和 Hf 同位素制约. 岩石学报, 22(02): 326-342

王秀璋, 梁华英, 程景平, 等. 2000. 华南加里东期金矿床的基本特征. 矿床地质, 19(1): 1-8

魏民, 赵鹏大. 1995. 试论矿化空间分布的有序性规律及矿体定位预测. 地球科学-中国地质大学学报, 20(2): 144-148

吴攀, 叶俊, 余大龙. 2005. 黔东同古金矿床成矿流体地球化学探讨. 黄金, 10: 11-14

杨德智, 周家喜, 王劲松, 等. 2009. 贵州从江宰便多金属矿区成矿规律初探. 矿物岩石地球化学通报, 28(Suppl.): 237

杨德智, 周家喜, 王劲松, 等. 2010a. 黔东南州那哥铜多金属矿床地质地球化学. 矿物岩石地球化学通报, 29(2): 202-208

杨德智, 周家喜, 王劲松, 等. 2010b. 黔东南从江那哥铜多金属矿床成矿流体来源 S-H-O 同位素制约. 地质与勘探, 46(3): 455-461.

杨德智, 周家喜, 王劲松, 等. 2011. 黔东南那哥铜铅多金属矿床构造地球化学特征及矿质来源初探. 矿产与地质, 25(2): 131-137, 167

杨丽贞. 1990. 桂北中元古代的科马提岩. 中国区域地质, 1: 14-24

杨旭, 周家喜, 杨捷, 等. 2011. 贵州从江那哥铜多金属矿床地-物-化特征及找矿前景. 矿物学报, 31(3): 353-359

杨忠琴, 冯琳, 杨佰恒, 等. 2008. 从江翁浪蚀变岩型金矿矿物特征初步研究. 贵州工业大学学报(自然科学版), 2: 1-5

叶锦华, 叶庆同, 王进, 等. 1999. 萨瓦亚尔顿金(锑)矿床地质地球化学特征与成矿机理探讨. 矿床地质, 66-75

袁见齐, 朱上庆, 翟裕生, 等. 1985. 矿床学. 北京: 地质出版社

翟裕生. 1996. 关于构造-流体-成矿作用研究的几个问题. 地学前沿, 3(4): 230-236

曾雯, 周汉文, 钟增球, 等. 2005. 黔东南新元古代岩浆岩单颗粒锆石 U-Pb 年龄及其构造意义, 34(6): 548-556

曾昭光, 刘灵, 舒永宽, 等. 2003. 贵州宰便—高武地区中新元古代火山岩的发现及其意义. 贵州地质, 20(3): 135-138

张传林, 叶海敏, 王爱国, 等. 2004. 塔里木西缘新元古代辉绿岩及玄武岩的地球化学特征: 新元古代超大陆(Rodinia)裂解的证据. 岩石学报, 20(3): 473-482

张桂林. 2004. 扬子陆块南缘(桂北地区)前泥盆纪构造演化的运动学和动力学研究. 长沙: 中南大学硕士学位论文

张家勇. 2009. 从江-翁浪-摆容多金属成矿带构造控矿规律研究. 贵阳: 贵州大学硕士学位论文

张杰, 余大龙, 张先煜, 等. 1998. 贵州天柱磨山-油麻坳金矿化带岩石矿物地球化学研究. 地质与勘探, (2): 32-38

张均, 曹新志, 陈守余, 等. 1997. "鸡肋型"矿化勘查区的诊断性评价-以湖北随枣背部地区为例. 武汉: 中国地

质大学出版社

张均.1994.现代成矿分析的思路·途径·方法-以胶东金矿为例.武汉：中国地质大学出版社

张均.1999.隐伏矿体定位预测方法-以脉状金矿为例.北京：地质出版社

赵鹏大，池顺都，李志德，等.2006.矿产勘查理论与方法.武汉：中国地质大学出版社

赵振华.1997.微量元素地球化学原理.北京：科学出版社

郑明华，张寿庭，刘家军，等.2001.西南天山穆龙套型金矿床产出地质背景与成矿机制.北京：地质出版社

郑永飞，陈江峰.2000.稳定同位素地球化学.北京：科学出版社

周继彬，李献华，葛文春，等.2007.桂北元宝山地区超镁铁岩的年代、源区及其地质意义.地质科技情报，26(1)：11－18

周家喜，陈志明，王劲松，等.2011.黔东南从江隐伏似花岗斑岩的发现及其找矿意义.矿物学报，31(1)：160

周家喜，黄智龙，高建国，等.2012a,.滇东北茂租大型铅锌矿床成矿物质来源及成矿机制.矿物岩石，32(3)：62－69

周家喜，黄智龙，周国富，等.2009.贵州天桥铅锌矿床分散元素赋存状态及规律.矿物学报，29(4)：471－480

周家喜，黄智龙，周国富，等.2010a.黔西北赫章天桥铅锌矿床成矿物质来源：S-Pb 同位素和 REE 制约.地质论评，56(4)：513－524

周家喜，黄智龙，周国富，等.2010b.黔西北铅锌成矿区镉的赋存状态及规律.矿床地质，29(Suppl.)：1159－1160

周家喜，黄智龙，周国富，等.2012.黔西北天桥铅锌矿床热液方解石 C-O 同位素和 REE 地球化学.大地构造与成矿学，36(1)：93－101

周家喜，朱祥坤，黄智龙，等.2011.黔东南那哥铜多金属矿床铜同位素地球化学初探.矿物岩石地球化学通报，30(Suppl.)：517

周金城，王孝磊，邱检生，等.2003.桂北中-新元古代镁铁质-超镁铁质岩的岩石地球化学.岩石学报，19(1)：9－18

周新民，朱云鹤.1993.华南新元古代碰撞－造山缝合带的岩石学证据.北京：中国科学技术出版社

朱笑青，王甘露，卢焕章，等.2006.黔东南金矿形成时代的确定兼论湘黔加里东金矿带.中国地质，33(5)：1092－1099

Barth M G, McDonough W F, Rudnick R L. 2000. Tracking the budget of Nb and Ta in the continental crust. Chem. Geol. , 165: 197－213

Black L P, Kamo S L, Allen C M, et al. 2004. Improved ^{206}Pb/^{238}U microprobe geochronology by the monitoring of a trace-element-related matrix effect; SHRIMP, ID-TIMS, ELA-ICP-MS and oxygen isotope documentation for a series of zircon standards. Chem. Geol. , 205: 115－140

Boynton W V. 1984. Geochemistry of the rare earth elements: meteorite studies. In: Henderson P (Editor), Rare Earth Geochemistry. Elservier, 63－114

Chaussidon M, Albarède F, Sheppard SMF. 1989. Sulphur isotope variations in the mantle from ion microprobe analyses of micro-sulphide inclusions. Earth and Planetary Science Letters, 92: 144－156

Condie K C. 2003. Incompatible element ratios in oceanic basalts and komatiites: Tracking deep mantle sources and continental growth rates with time. Geochem. Geophys. Geosyst. , 4: 1－28

Czamanske G K, Rey R O. 1974. Experimentally determined sulfur isotope fractionation between shpalerite and galena in the temperature 600℃ to 275℃. Econ. Geol. , 69: 17－25

Dejonghe J, Boulegue J, Demaffe D, et al. 1989. Isotope geochemistry (S, C, O, Sr, Pb) of the Chaudfontaine mineralization (Belgium.) Mineral. Deposita, 24: 132－134

Dou S, Zhou J X. 2013. Geology and C-O isotope geochemistry of carbonate-hosted Pb-Zn deposits, NW Guizhou Province, SW China. Chin. J. Geochem. , 32: 7－18

Ernst R E, Buchan K L. 2001. Large mafic magmatic events through time and links to mantle-plume heads. In: Ernst R E,

Buchan K L (Editor), Mantle Plumes: Their identification through time. Geological Society of America, Special Paper, 352: 483 – 575

Harlan S S, Heaman L, LeCheminant A N. 2003. Gunbarrel mafic magmatic event: A key 780 Ma time marker for Rodinia plate reconstructions. Geology, 31: 1053 – 1056

Hofmann A W. 1997. Mantle geochemistry: the massage from oceanic volcanism. Nature, 385: 219 – 229

Hofmann A W. 2003. Sambling mantle heterogeneity through oceanic basalts: isotopes and trace elements, In: Holland H D, Turekin K K (Editor) Treatise on geochemistry. Amsterdan: Elsevier, 69 – 97

Ingle S, Weis D, Scoates J S, et al. 2002. Relationship between the early kerguelen plume and continental flood basalts of the paleo-eastern Gondwanan margins. EPSL, 197: 35 – 50

Ireland T R, Williams I S. 2003. Considerations in zircon geochronology by SIMS. Zircon Mineral Soc Am Rev Mineral Geochem, 53: 215 – 241

Irvine T N, Baragar W R A. 1971. A guide to the chemical classification of the common volcanic rocks. Can. J. Earth Sci., 8: 523 – 548

Kajiwara Y, Krouse H R. 1971. Sulfur isotope partitioning in metallic sulfide systems. Can. J. Earth Sci. 8: 1397 – 1408

Le Maitre R W, Bateman P, Dudek A, et al. 1989. A classification of igneous rocks and glossary of terms. Oxford: Blackwell

Li X H, Li Z X, Ge WC, et al. 2003. Neoproterozoic ranitoids in South China: crustal melting above a mantle plume at ca. 825 Ma? Precam. Res., 122: 45 – 83

Li X H, Li Z X, Sinclair J A, et al. 2006. Revisiting the Yanbian Terrane: implications for Neoproterozoic tectonic evolution of the western Yangtze Block, South China. Precam. Res., 151: 14 – 30

Li X H, Li Z X, Zhou H, et al. 2002. U-Pb zircon geochronology, geochemistry and Nd isotopic study of Neoproterozoic bimodal volcanic rocks in the Kangdian Rift of South China, implications for the initial rifting of Rodinia. Precam. Res., 113: 135 – 154

Li X H, Liu Y, Li Q L, et al. 2009. Precise determination of Phanerozoic zircon Pb/Pb age by multicollector SIMS without external standardization. Geochem. Geophys. Geosyst., 10, Q04010, doi: 10.1029/2009GC002400.

Li X H. 1999. U-Pb zircon ages of granites from the southern margin of the Yangtze Block: timing of Neoproterozoic Jinning Orogeny in SE China and implications for Rodinia Assembly. Precam. Res., 97: 43 – 57

Li Z X, Li X H, Kinny P D, et al. 2003. Geochronology of Neo-Proterozoic syn-rift magmatism in the Yangtze Craton, South China and correlations with other continents: Evidence for a mantle super-plume that broke up Rodinia. Precam. Res., 122: 85 – 109

Li Z X, Li X H, Kinny P D, et al. 1999. The breakup of Rodinia: Did it start with a mantle plume beneath South China? EPSL, 173: 171 – 181

Li Z X, Li X H, Zhou H, et al. 2002. Grenville-aged continental collision in South China: New SHRIMP U-Pb zircon results and implication for Rodinia configuration. Geology, 30: 163 – 166

Li Z X, Wartho J A, Occhipinti S, et al. Early history of the eastern Sibao Orogen (South China) during the assembly of Rodinia: New mica $^{40}Ar/^{39}Ar$ dating and SHRIMP U-Pb detrital zircon provenance constraints. Precam. Res., 207, 59: 79 – 94

Li Z X, Zhang L, Powell C M. 1996. Positions of the East Asian cratons in the Neoproterozoic supercontinent Rodinia. Aust. J. Earth Sci., 43: 593 – 604

Li Z X, Zhang L, Powell C M. 1995. South China in Rodinia: part of the missing link between Australia-East Antarctica and Laurentia? Geology, 23: 407 – 410

Ling W, Gao S, Zhang B R, et al. 2003. Neoproterozoic tectonic evolution of the northwestern Yangtze Craton, South China: Implications for amalgamation and breakup of the Rodinia supercontinent. Precamb. Res., 122: 111 – 140

Liu Y K, Zhou J X, Huang Z L, et al. 2009. Lead isotope and rock geochemistry of Zaibian mafic-ultramafic rock, southeast

Guizhou Province, China. Acta Minalogica Sinica, 29(Suppl.): 70

Long X L, Zhou J X, Huang Z L, et al. 2009. Sulfur isotopes geochemistry of Nage Cu-Pb polymetallic deposit, southeast Guizhou Province, China. Acta Minalogica Sinica, 29(Suppl.): 128

Ludwig K R. 2001. Users Manual for Isoplot/Ex Rev. 2. 49. Berkeley Geochronology Centre Special Publication, No. 1a, 56

Ma Y S, Tao Y, Zhong H, et al. 2009. Geochemical characteristics of the platinum-group elements in the Abulangdang ultramafic intrusion, Sichuan Province, China. Chin. J. Geochem. , 28: 320-327

Meschede. 1986. A method of discriminating between different types of mid-ocean ridge basalts and continental tholeiies with the Nb-Zr-Y diagram. Chem. Geol. , 56: 207-218

Mitchell A H G. 1981. Garson MS. Mineral deposits and global tectonic setting. Academic Press Geology Series.

Paces J B, Bell K. 1989. Non-depleted sub-continental mantle beneath the Superior Province of the Canadian Shield: Nd-Sr isotopic and trace element evidence from mid-continent rift basalts. Geochim. et Cosmochim. Acta, 53: 2023-2035

Park J K, Buchan K L, Harlan S S. 1995. A proposed giant radiating dyke swarm fragmented by the separation of Laurentia and Australia based on paleomagnetism of ca. 780 Ma mafic intrusions in western North America. EPSL, 132: 129-139

Pirajno F. 2000. Ore Deposits and Mantle Plumes. Kluwer Academic Publishers

Qi L, H J, Gregoire D C. 2000. Determination of trace elements in granites by inductively coupled plasma mass spectrometry. Talanta, 51: 507-513

Rudnick R L, Fountain D M. 1995. Nature and composition of the continental crust: A lower crustal perspective. Rev. Geophysics, 33: 267-309

Sawkins F J. 1976. Metal deposits related to intracontiental hotspot and rifting environments. J Geol, 84: 653-671

Sims K W W, DePaolo D J. 1997. Inferences about mantle magma sources from incompatible element concentration ratios in oceanic basalts. Geochim. Cosmochim. Acta, 61(4): 765-784

Stacey J S, Kramers J D. 1975. Approximation of terrestrial lead isotope evolution by a two-stage model. EPSL, 26: 207-221

Sun S S, McDonough S M. 1989. Chemical and isotopic systematic of oceanic basalts: implications for mantle composition and process. In: Saunders A D, Norry M J (Editor), Magmatism in the ocean basins. Geological Society Special Publication, 42: 313-345

Wang J, Li X H, Duan T Z, et al. 2003. Zircon SHRIMP U-Pb dating for the Cangshuipu volcanic rocks and its implications for the lower boundary age of the Nanhua strata in South China. Chin. Sci. Bulletin, 48: 1663-1669

Wang X L, Zhou J C, 2007. Griffin WL, et al. Detrital zircon geochronology of Precambrian basement sequences in the Jiangnan orogen: Dating the assembly of the Yangtze and Cathaysia Blocks. Precam. Res. , 159: 117-131

Wang X L, Zhou J C, Qiu J S, et al. 2004. Geochemistry of the Meso- to Neoproterozoic basic-acid rocks from Hunan Province, South China: implications for the evolution of the western Jiangnan orogen. Precam. Res. , 135: 79-103

Wang X L, Zhou J C, Qiu J S, et al. 2008. Geochronology and geochemistry of Neoproterozoic mafic rocks from western Hunan, South China: Implication for petrogenesis and post-orogenic extension. Geol. Magazine, 145: 215-233

Wang X L, Zhou J C, Qiu J S, et al. 2006. LA-ICP-MS zircon geochronology of the Neo- proterozoic igneous rocks from northern Guangxi, South China: Implication for tectonic evolution. Precam. Res. , 145: 111-130

Whitehouse M J, Claesson S, Sunde T, et al. 1997. Ion-microprobe U-Pb zircon geochronology and correlation of Archaean gneisses from the Lewisian Complex of Gruinard Bay, north-west Scotland. Geochim. Cosmochim. Acta, 61: 4429-4438

Wiedenbeck M, Alle P, Corfu F et al. 1995. Three natural zircon standards for U-Th-Pb, Lu-Hf, trace-element and REE analyses. Geostand News, 19: 1-23

Wingate M T D, Campell I H, Compston W. 1998. Ion microprobe U-Pb ages for Neoproterozoic basaltic magmatism in south-central Australia and implications fro the breakup of Rodinia. Precam. Res. , 87: 135-159

Wingate M T D, Giddings, J W. 2000. Age and paleomagnetism of the Mundine Well dyke swarm, Western Australia: implications for an Australia-Laurentia connection at 755 Ma. Precam. Res. , 100: 335 - 357

Wood D A, Joron J L, Treuil M. 1979. A reappraisal of the use of trace elements to classify and discriminate between magma series erupted in different tectonic settings. EPSL, 45: 326 - 336

Zhao J H, Zhou M F. 2007. Geochemistry of Neoproterozoic mafic intrusions in the Panzhihua District (Sichuan Province, SW China): Implications for subduction2related metasomatism in the upper mantle. Precam. Res. , 152: 27 - 47

Zhao J X, McCulloch M T, Korsch R J. 1994. Characterization of a plume-related 800Ma magmatic event and its implications for basin formation in central-southern Australia. EPSL, 121: 349 - 367

Zheng Y F, Wu R X, Wu Y B, et al. 2008. Rift melting of juvenile arc-derived crust: Geochemical evidence from Neoproterozoic volcanic and granitic rocks in the Jiangnan orogen, South China. Precam. Res. , 163: 351 - 383

Zheng Y F, Zhang S B, Zhao Z F, et al. 2007. Contrasting zircon Hf and O isotope in the two episodes of Neoproterozoic granitoids in South China: Implications for growth and reworking of continental crust. Lithos, 96: 127 - 150

Zheng Y F, Zhao Z F, Wu Y B, et al. 2007. Zircon U-Pb age, Hf and O isotope constraints on protolith origin of ultra-high-pressure eclogite and geneiss in the Dabie orogen. Chem. Geol. , 231: 135 - 138

Zhou J B, Li X H, Ge W C, et al. 2007. Geochronology, mantle source and geological implications of Neoproterozoic ultramafic rocks from Yuanbaoshan area of northern Guangxi. Geological Science and Technology Information, 26: 11 - 18

Zhou J C, Wang X L, Qiu J S, et al. 2004. Geochemistry of Meso- and neoproterozoic mafic-ultramafic rocks from northern Guangxi, China: Arc or plume magmatism? Geochem. J. , 38: 139 - 152

Zhou J C, Wang X L, Qiu J S. 2009. Geochronology of Neoproterozoic mafic rocks and sandstones from northeastern Guizhou, South China: Coeval arc magmatism and sedimentation. Precam. Res. , 170: 27 - 42

Zhou J X, Gao J G, Chen D, et al. 2013a. Ore genesis of the Tianbaoshan carbonate-hosted Pb-Zn deposit, Southwest China: Geologic and isotopic (C-H-O-S-Pb) evidence. Int. Geol. Rev. , 55: 1300 - 1310

Zhou J X, Huang Z L, Bao G P. 2013b. Geological and sulfur-lead-strontium isotopic studies of the Shaojiwan Pb-Zn deposit, southwest China: Implications for the origin of hydrothermal fluids. J. Geochem. Explor. , 128: 51 - 61

Zhou J X, Huang Z L, Gao J G, et al. 2013c. Geological and C-O-S-Pb-Sr isotopic constraints on the origin of the Qingshan carbonate-hosted Pb-Zn deposit, Southwest China. Int. Geol. Rev. , 55: 904 - 916

Zhou J X, Huang Z L, Yan Z F. 2013d. The origin of the Maozu carbonate-hosted Pb-Zn deposit, southwest China: Constrained by C-O-S-Pb isotopic compositions and Sm-Nd isotopic age. J. Asian Earth Sci. , 73: 39 - 47

Zhou J X, Huang Z L, Zhou G F, et al. 2010. Sulfur isotopic compositions of the Tianqiao Pb-Zn ore deposit, Guizhou Province, China: Implications for the source of sulfur in the ore-forming fluids. Chin. J. Geochem. , 29: 301 - 306

Zhou J X, Huang Z L, Zhou G F, et al. 2011. Trace Elements and Rare Earth Elements Geochemistry of Sulfide Minerals of the Tianqiao Pb-Zn Ore Deposit, Guizhou province, China. Acta Geol. Sinica (Eng. Ed.), 85: 189 - 199

Zhou J X, Huang Z L, Zhou M F, et al. 2013e. Constraints of C-O-S-Pb isotope compositions and Rb-Sr isotopic age on the origin of the Tianqiao carbonate-hosted Pb-Zn deposit, SW China. Ore Geol. Rev. , 53: 77 - 92

Zhou J X, Wang J S, Jin S R, et al. 2013f. H-O-S-Cu-Pb isotopic constraints on the origin of the Nage Cu-Pb deposit, southeast Guizhou province, SW China. Acta Geologica Sinica (English Edition), 87: 1334 - 1343

Zhou M F, Kennedy A K, Sun M, et al. 2002. Neoproterozoic arc-related mafic intrusions along the northern margin of South China: Implications for accretion of Rodinia. J. Geol. , 110: 611 - 618

Zhou M F, Ma Y X, Yan D P, et al. 2006. The Yanbian terrane (Southern Sichuan Province, SW China): A Neoproterozoic arc assemblage in the western margin of the Yangtze Block. Precam. Res. , 144: 19 - 38

Zhou M F, Yan D P, Kennedy A K, et al. 2002. SHRIMP U-Pb zircon geochronological and geochemical evidence for Neoproterozoic arc magmatism along the western margin of the Yangtze Block, South China. EPSL, 196: 51 - 67

Zhou M F, Yan D P, Wang C L, et al. 2006. Subduction-related origin of the 750 Ma Xuelongbao adakitic complex (Sichuan

Province, China): Implications for the tectonic setting of the giant Neoproterozoic magmatic event in South China. EPSL, 248: 286 – 300

Zhou M F, Zhao T P, MalPas J. 2000. Cursatl-eontaminated komatiitie basalts in Southern China: Produets of a Proterozoic mnatle Plume beneath the Ynagtze Block. Precam. Res. , 103: 175 – 189

Zhu W G, Zhong H, Deng H L, et al. 2006. SHRIMP zircon U-Pb age, geochemistry and Nd-Sr isotopes of the Gaojiacun mafic-ultramafic intrusive complex, SW China. Int. Geol. Rev. 48, 650 – 668

Zhu W G, Zhong H, Li X H, et al. 2007. ^{40}Ar-^{39}Ar age, geochemistry and Sr-Nd-Pb isotopes of the Neoproterozoic Lengshuiqing Cu-Ni sulfide-bearing mafic-ultramafic complex, SW China. Precam. Res. , 155: 98 – 124

Zhu W G, Zhong H, Li X H, et al. 2008. SHRIMP zircon U-Pb geochronology, elemental and Nd isotopic geochemistry of the Neoproterozoic mafic dykes in the Yanbian area, SW China. Precam. Res. , 164: 66 – 85

Zhu X K, Guo Y, Williams R J P, et al. 2002. Mass fractionation processes of transition metal isotopes. EPSL, 200: 47 – 62

Zhu X K, O' Nions R K, Guo Y, et al. 2002. Determination of natural Cu isotope variation by plasmas source mass spectrometry: Implications for use as geochemical tracers. Chem. Geol. , 163: 139 – 149